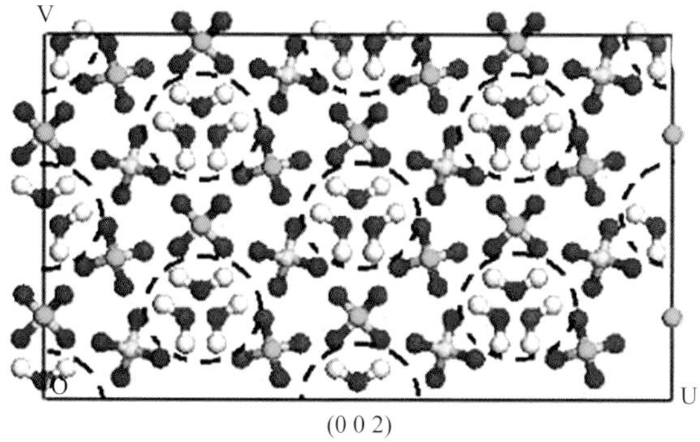

图 1-4　α 半水石膏晶体柱面（0 0 2）上水分子通道分布

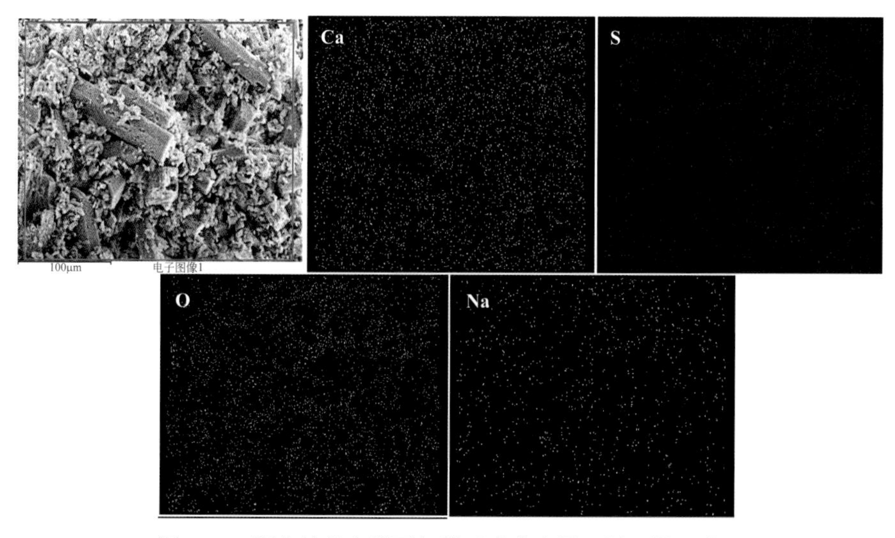

图 3-11　硬化体的电镜面扫描元素分布图（顺丁烯二酸）

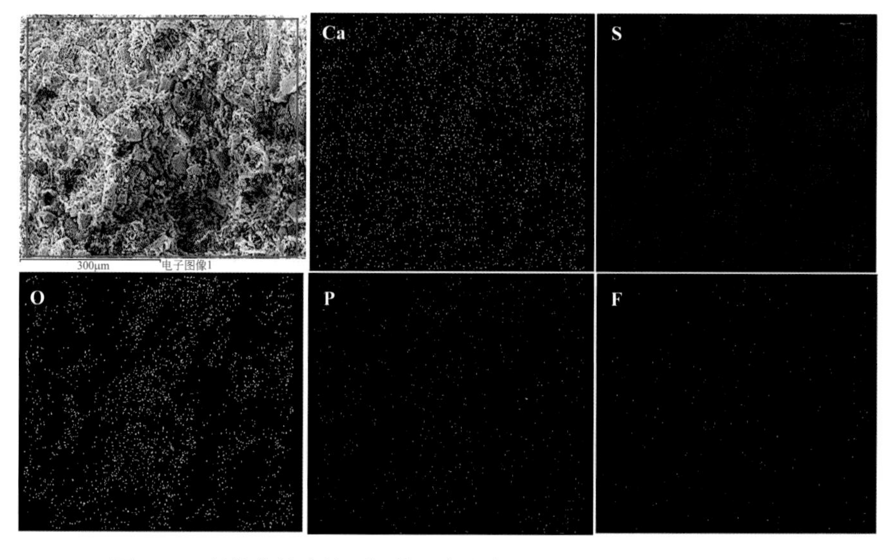

图 3-48　硬化体的电镜面扫描元素分布图（$CaCl_2$ 溶液直接循环）

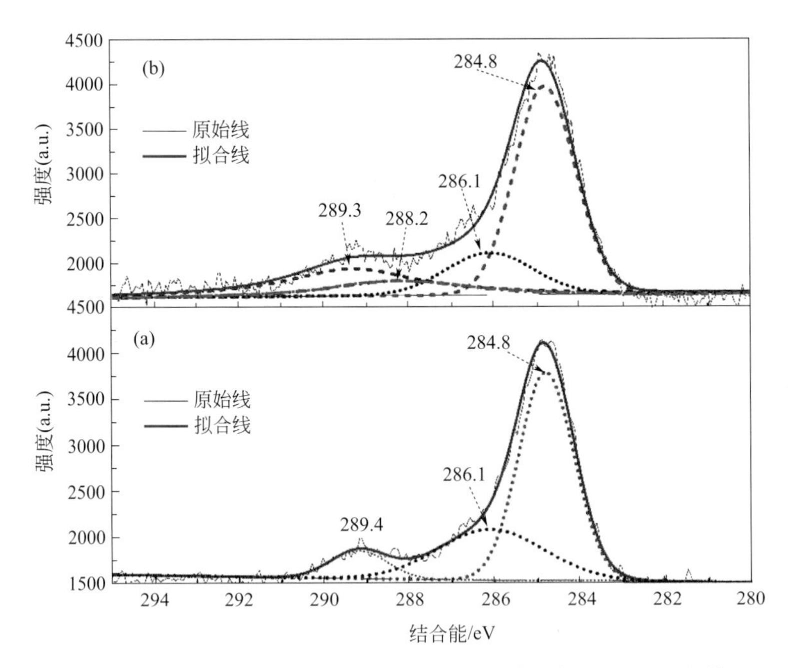

图 4-5　不同顺丁烯二酸浓度下制备 α 半水磷石膏 C 1s XPS 光谱

（a）0 mol/L；（b）1.72×10^{-4} mol/L

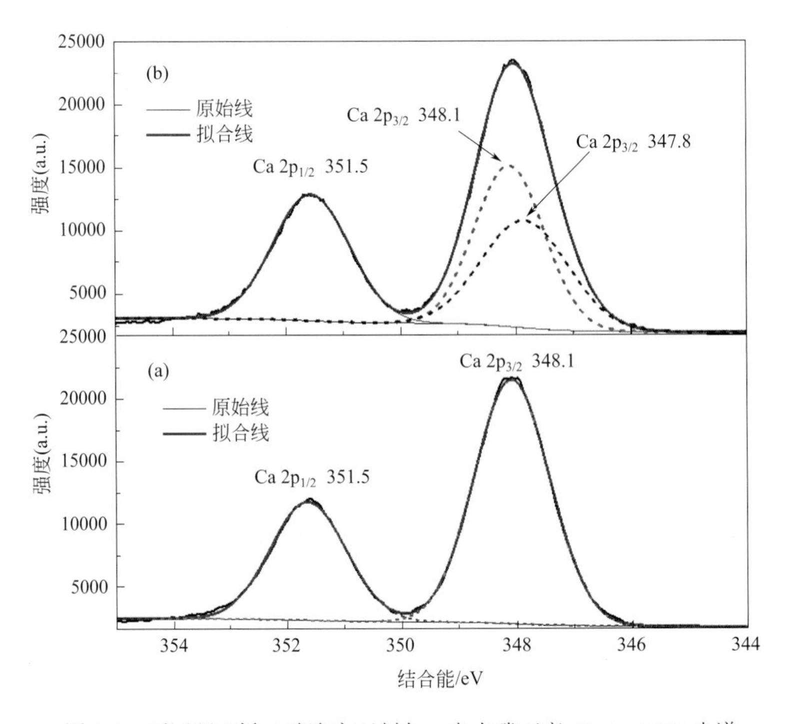

图 4-6　不同顺丁烯二酸浓度下制备 α 半水磷石膏 Ca 2p XPS 光谱

（a）0 mol/L；（b）1.72×10^{-4} mol/L

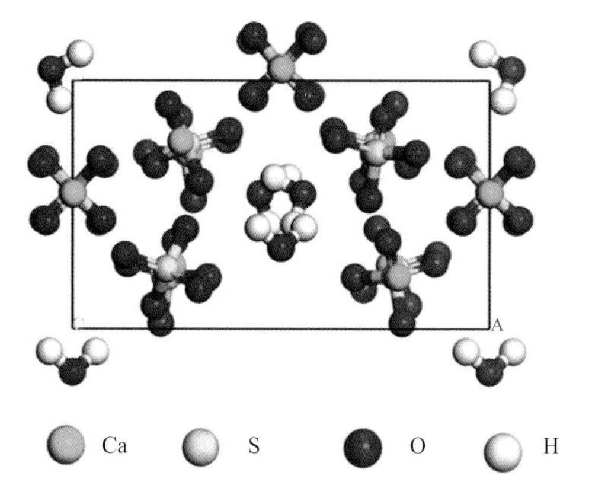

图 4-10　α 半水磷石膏单胞

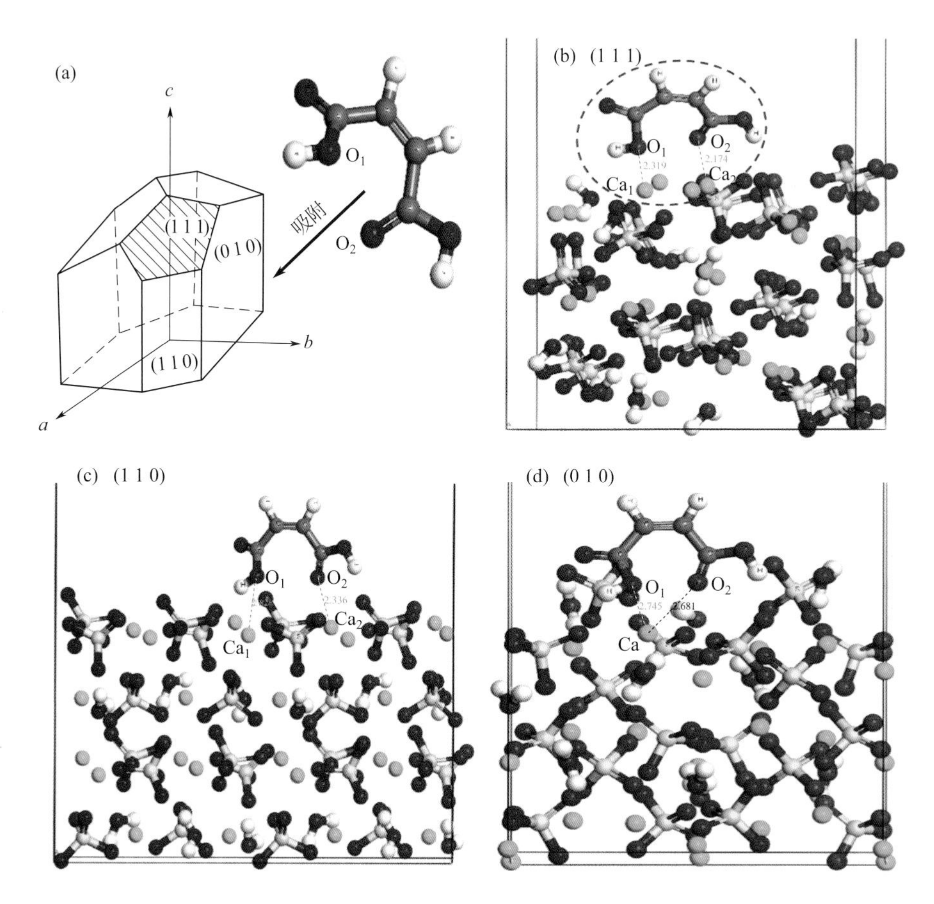

图 4-13　α 半水磷石膏晶形示意图（a），顺丁烯二酸分子在 α 半水磷石膏（1 1 1）面（b）、（1 1 0）面（c）和（0 1 0）面（d）的吸附构型

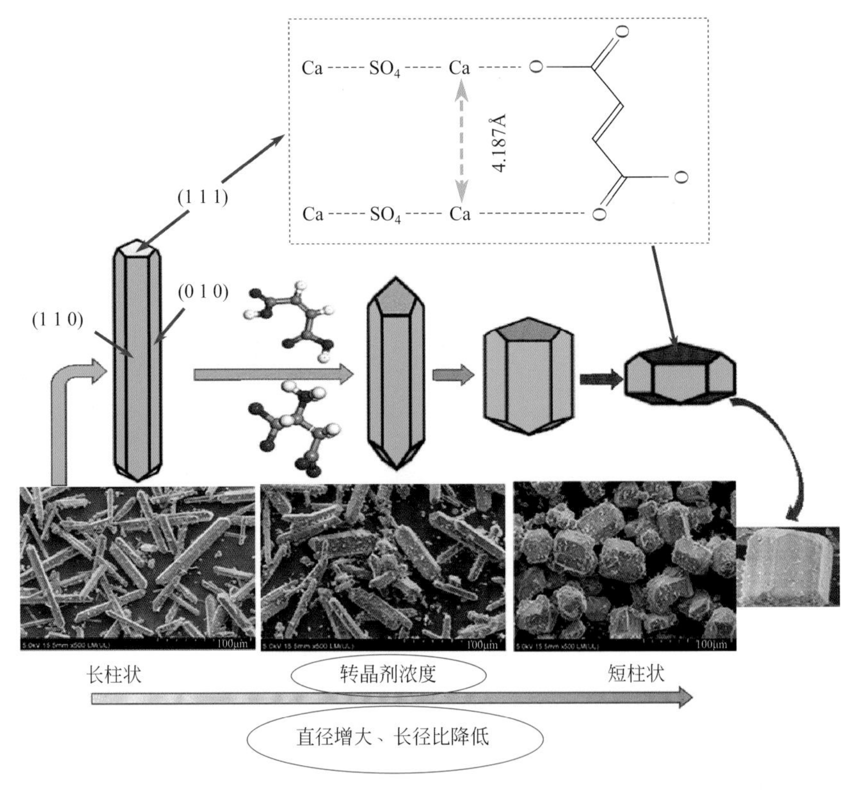

图 4-15　转晶剂调控 α 半水磷石膏晶形的模型

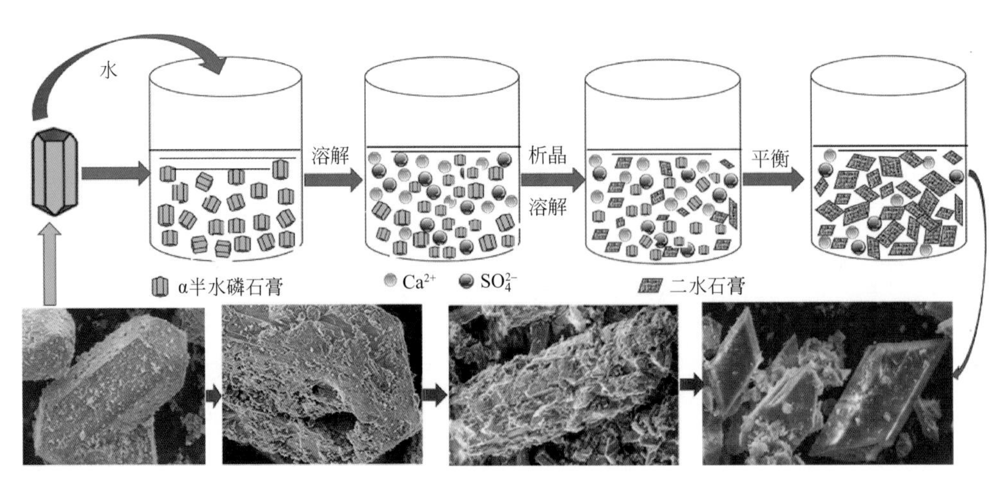

图 5-20　α 半水磷石膏水化过程示意图

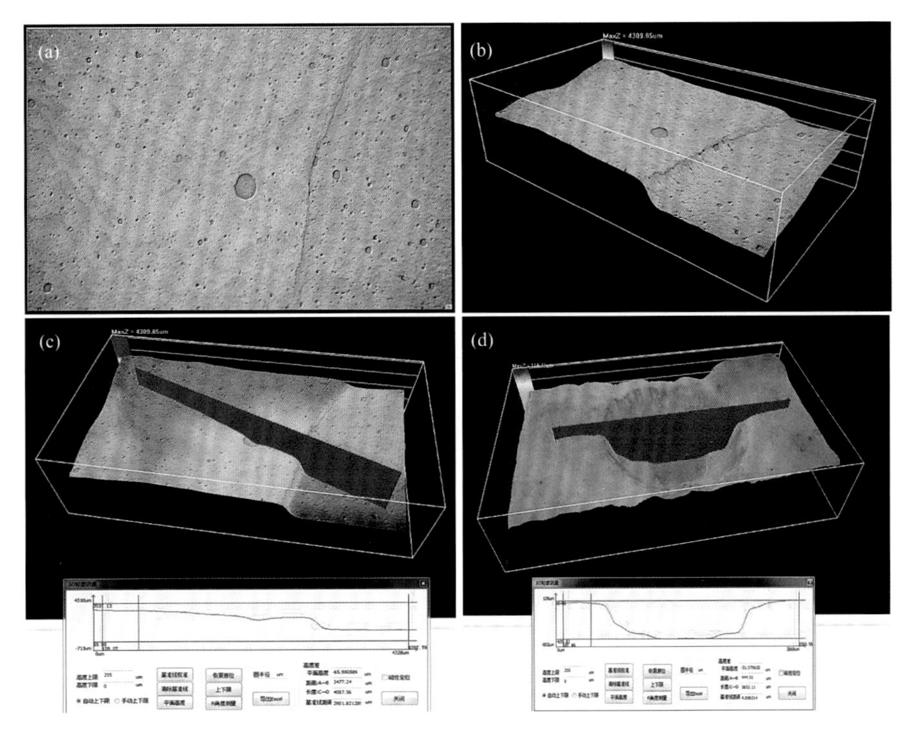

图 5-24　未添加转晶剂条件下所制备 α 半水磷石膏硬化体的断面形貌

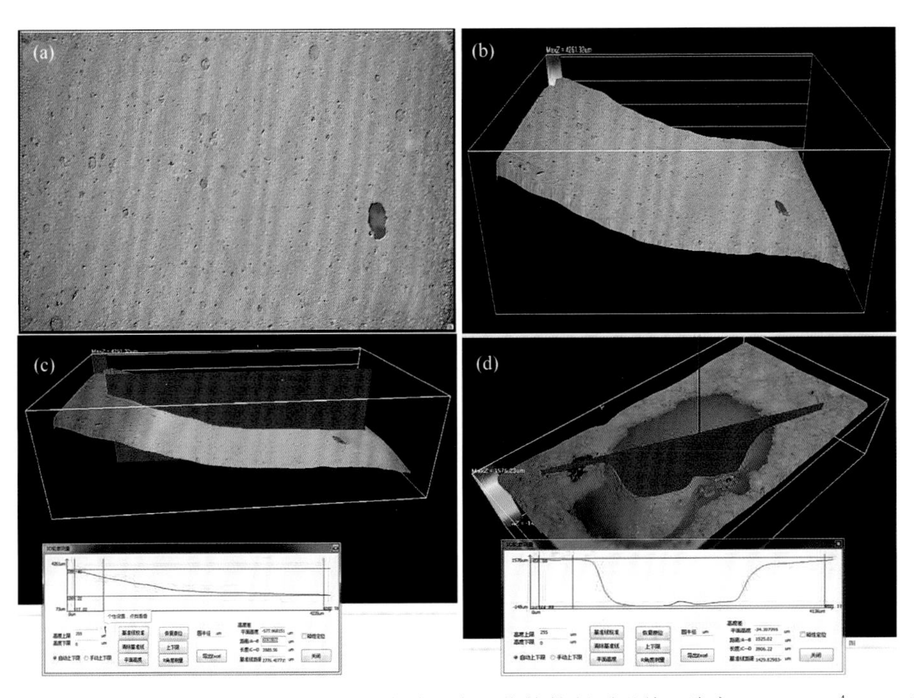

图 5-25　顺丁烯二酸作用下所制备 α 半水磷石膏硬化体的断面形貌（浓度：1.72×10^{-4} mol/L）

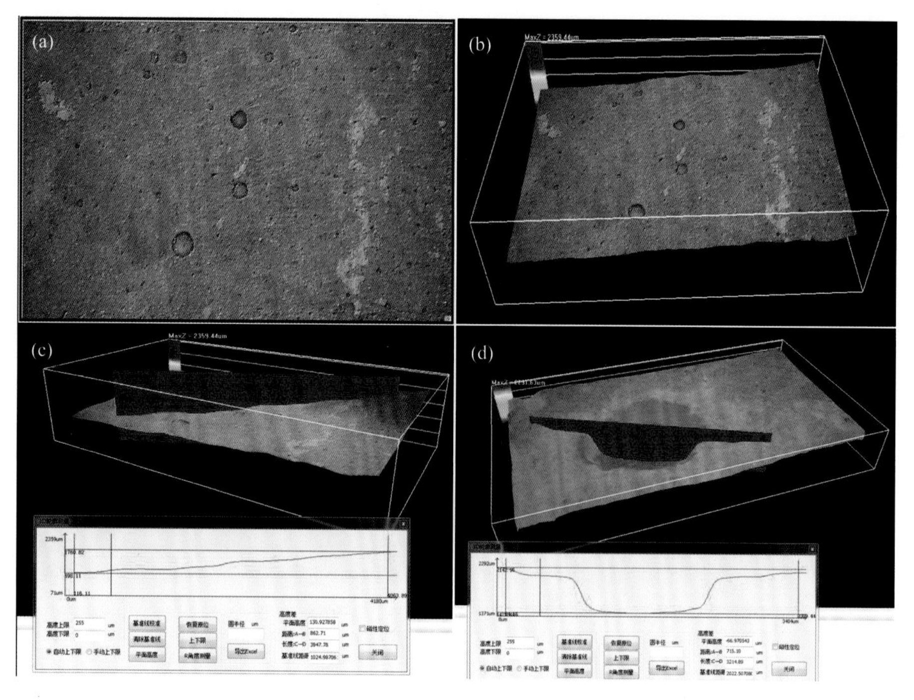

图 5-26　L- 天冬氨酸作用下所制备 α 半水磷石膏硬化体的断面形貌（浓度：2.50×10^{-3} mol/L）

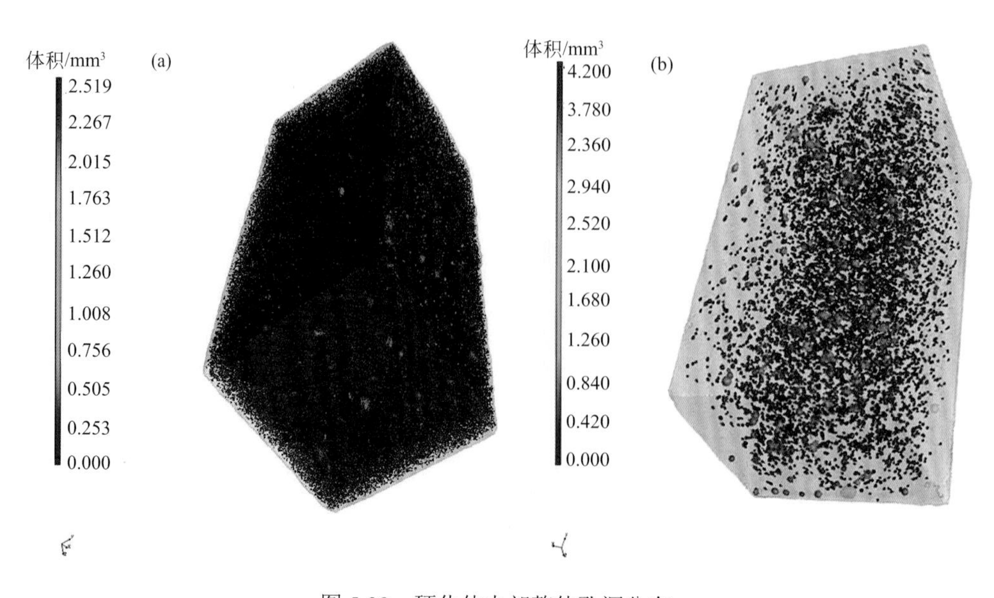

图 5-28　硬化体内部整体孔洞分布

（a）未添加转晶剂；（b）L- 天冬氨酸：2.50×10^{-3} mol/L

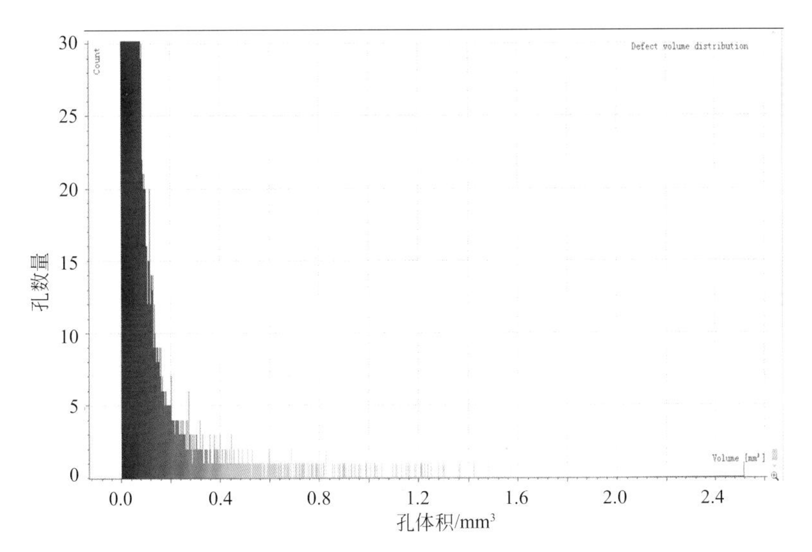

图 5-29　硬化体内部孔洞体积分布（无转晶剂）

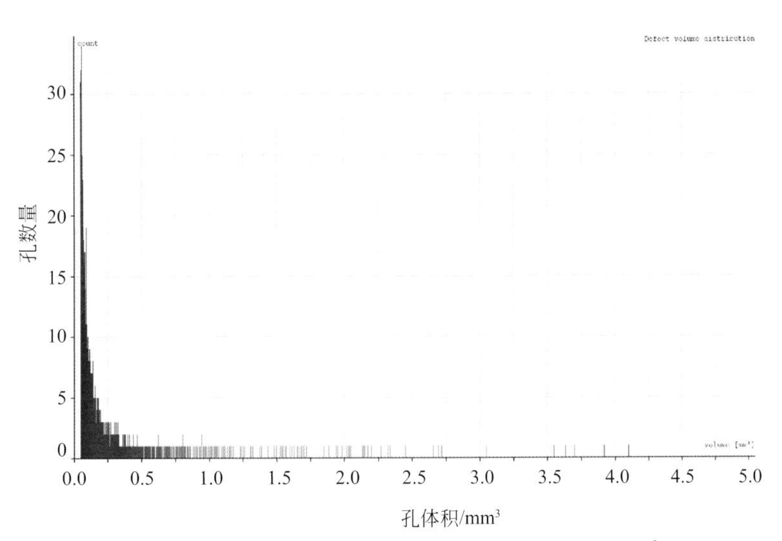

图 5-30　硬化体内部孔洞体积分布（L- 天冬氨酸：2.50×10^{-3} mol/L）

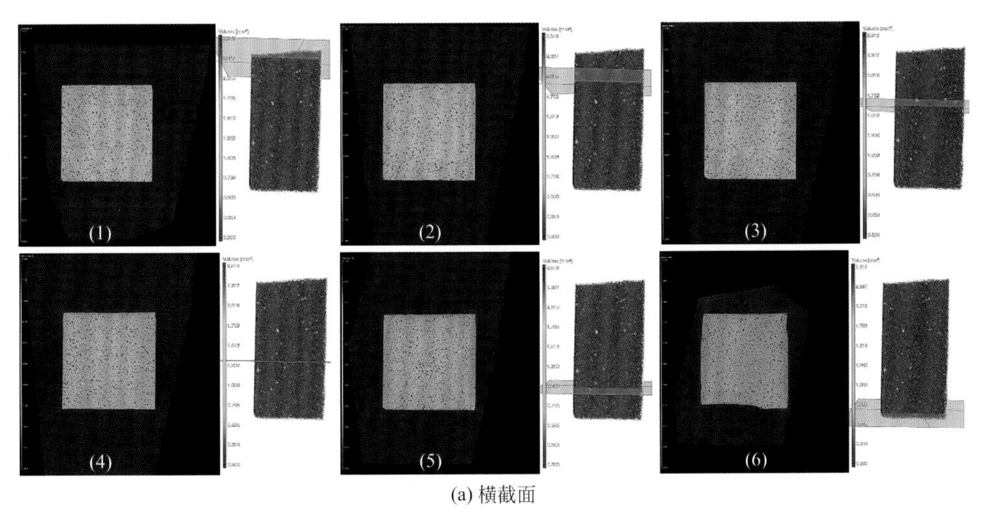

(a) 横截面

图 5-31

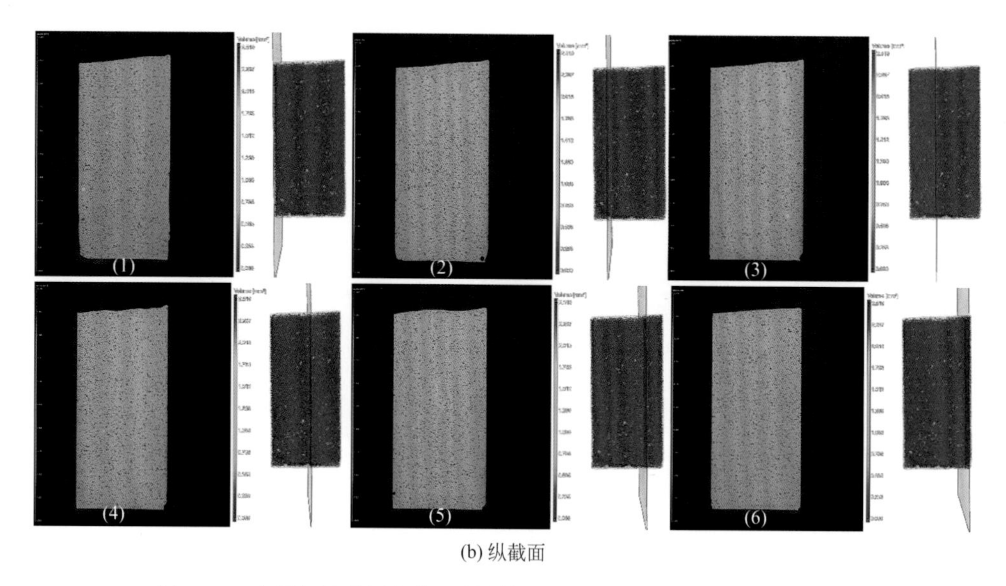

(b) 纵截面

图 5-31　未添加转晶剂条件下所制备 α 半水磷石膏硬化体断层扫描图

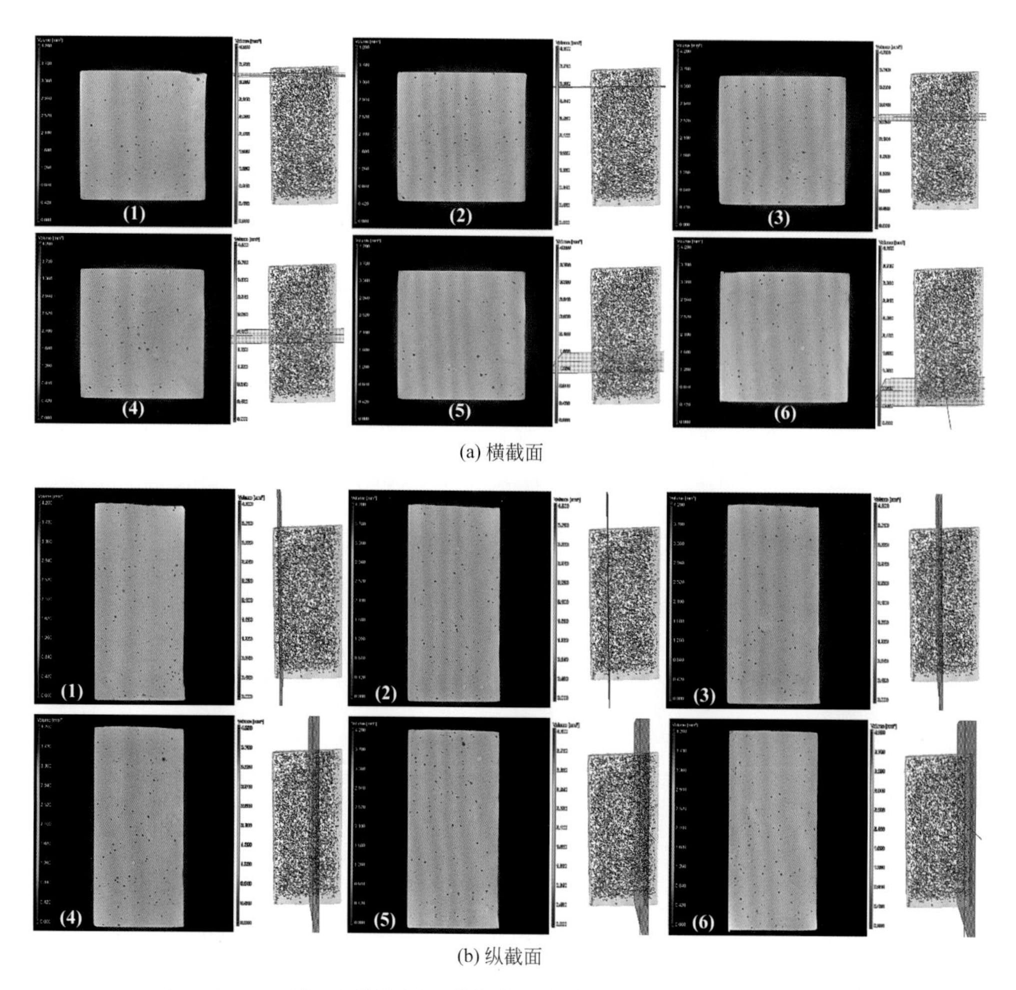

(a) 横截面

(b) 纵截面

图 5-32　L- 天冬氨酸作用下所制备 α 半水磷石膏硬化体断层扫描图

α半水磷石膏的制备与性能

李显波　张覃　著

BANSHUILIN SHIGAO DE
ZHIBEI YU XINGNENG

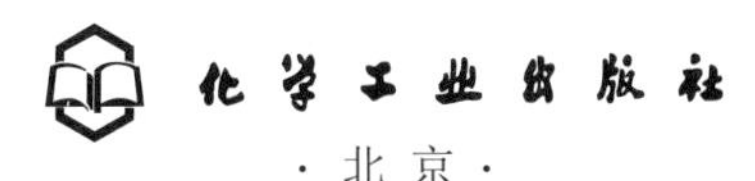

·北京·

磷石膏是我国磷化工行业的大宗危险固体废物，对磷石膏资源化利用的重要方向是将磷石膏转化为α半水磷石膏。《α半水磷石膏的制备与性能》通过研究常压盐溶液中α半水磷石膏的晶形调控以及水化硬化性能，优化了α半水磷石膏的制备条件，探讨了有机酸分子结构对α半水磷石膏晶形调控和力学性能的影响，为进一步利用磷石膏提供了重要的科学依据。

本书可供无机非金属材料工程、矿物资源工程、矿物加工工程等相关专业的高校师生以及科研院所的研究人员阅读参考。

图书在版编目（CIP）数据

α半水磷石膏的制备与性能/李显波，张覃著．—北京：化学工业出版社，2020.6
ISBN 978-7-122-36555-2

Ⅰ.①α…　Ⅱ.①李…②张…　Ⅲ.①磷石膏-制备-研究　Ⅳ.①TQ177.3

中国版本图书馆CIP数据核字（2020）第053669号

责任编辑：袁海燕　　文字编辑：向　东
责任校对：宋　玮　　装帧设计：王晓宇

出版发行：化学工业出版社（北京市东城区青年湖南街13号　邮政编码100011）
印　　装：三河市延风印装有限公司
787mm×1092mm　1/16　印张9½　彩插4　字数229千字　2020年8月北京第1版第1次印刷

购书咨询：010-64518888　　售后服务：010-64518899
网　　址：http://www.cip.com.cn
凡购买本书，如有缺损质量问题，本社销售中心负责调换。

定　　价：88.00元

前言

磷是动植物生长必需的元素，磷矿石既是制备磷肥、保障国家粮食安全和农业可持续发展的重要物质，又是精细磷化工的物质基础，是我国重要的战略性矿产。磷矿石主要用于生产磷酸，用量约占其总量的80%。磷石膏是湿法磷酸生产过程中，用硫酸分解磷矿石萃取磷酸过程中排出的大宗工业固体废弃物。据统计，每生产1t磷酸，约产生5t磷石膏，2018年我国磷石膏产生量为7800万吨，利用率为39.7%。磷石膏的主要成分为二水石膏，由于还含有磷、氟、有机物、放射性物质等杂质，导致其利用难度大，综合利用率低。磷石膏目前主要采用堆存处理，这不仅占用大量土地资源，而且其含有的可溶性磷、氟等物质会对周边水体和土壤造成污染。2006年国家环保总局首次将磷石膏渣定性为危险固体废物；2011年工业和信息化部发布的《关于工业副产石膏综合利用的指导意见》明确指出要提高工业副产石膏综合利用水平，促进工业副产石膏综合利用产业发展；2016年国务院印发的《“十三五”国家战略性新兴产业发展规划》中明确提出要大力推动大宗固体废弃物（含磷石膏）的综合利用；2018年贵州省提出全面实施磷石膏“以用定产”，实现磷石膏产销平衡。因此，磷石膏已成为制约磷化工产业可持续发展的瓶颈，如何加快磷石膏的资源化利用进度是目前研究的重点。

近年来，磷石膏的利用途径主要包括生产半水石膏胶凝材料，用作水泥缓凝剂、土壤调理剂，制硫酸联产水泥或硅钙钾镁肥，制硫酸铵或硫酸钾，充填等方面。其中，采用磷石膏代替天然石膏制备α半水石膏是其高附加值利用的重要方向。α半水石膏具有晶形完整、结构致密、标准稠度用水量低等特点，是一种优质的胶凝材料，其制品具有良好的力学性能、工作性能、生物相容性和环保性能。目前，α半水石膏的制备工艺有加压水蒸气法（蒸压法）、加压水溶液法和常压盐（醇）溶液法。由于反应条件温和，采用常压盐溶液法制备α半水磷石膏有良好的应用前景。然而，由于α半水磷石膏的自然生长习性呈长柱状，因此，选用合适的转晶剂调控α半水磷石膏晶形是制备的关键，使其晶体形貌从针状或长柱状向短柱状转变。相比较于针状α半水磷石膏，短柱状α半水磷石膏的流动性增强、标准稠度需水量降低、硬化体结构更加致密，从而表现出更高的力学强度。

本专著的研究工作获得了国家自然科学基金（U1812402）和国家重点研发计划（2018YFC1903500）的资助。

由于著者的水平有限，书中难免出现不严谨之处，敬请同行和读者不吝批评指正。

著者

2019年

目录

第1章 绪论

1.1 磷石膏的来源及危害

磷石膏是湿法磷酸生产过程中，用硫酸分解磷矿石萃取磷酸过程中排出的大宗工业固体废弃物，也是一种重要的可再生石膏资源[1]。根据副产物石膏（$CaSO_4 \cdot nH_2O$）所含结晶水的不同，湿法磷酸工艺可分为二水法、半水法、无水法及半水-二水法等。其中，由于二水法具有工艺简单成熟、操作稳定可靠、对磷矿石适应性强等优点，在湿法磷酸工艺中居于主导地位。磷矿石的主要有用成分是氟磷灰石，其被硫酸分解的反应式为：

$$Ca_5(PO_4)_3F + 5H_2SO_4 + 2H_2O \longrightarrow 3H_3PO_4 + 5CaSO_4 \cdot 2H_2O + HF\uparrow \tag{1-1}$$

当磷矿石中含有少量白云石和方解石时，它们与硫酸反应生成二水石膏：

$$CaMg(CO_3)_2 + 2H_2SO_4 \longrightarrow CaSO_4 \cdot 2H_2O + MgSO_4 + 2CO_2\uparrow \tag{1-2}$$

$$CaCO_3 + H_2SO_4 + H_2O \longrightarrow CaSO_4 \cdot 2H_2O + CO_2\uparrow \tag{1-3}$$

从反应式可以看出，用硫酸分解磷矿石制取磷酸时，二水石膏的产生量大于磷酸的产生量，据统计，每生产1t磷酸，约产生5t磷石膏，全世界每年约产生2.8亿吨磷石膏[2,3]。据中国磷复肥工业协会统计，2014—2018年我国磷石膏的产生量和利用量如图1-1所示。在5年间，磷石膏的产生量在7500万～8000万吨波动，利用量从2300万吨增加至3100万吨，综合利用率从30.3%增加至39.7%[4]。

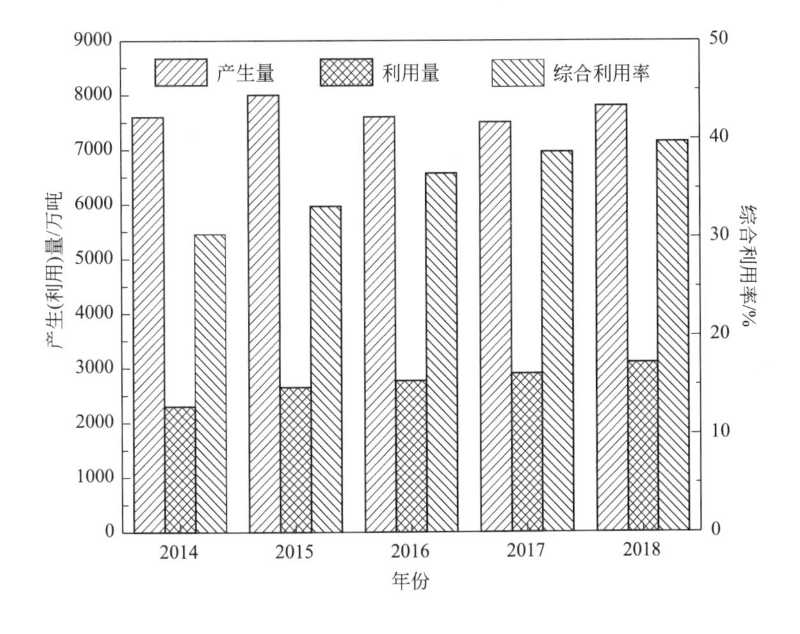

图1-1 2014—2018年我国磷石膏的产生量和利用量

磷石膏的主要成分为二水石膏（$CaSO_4 \cdot 2H_2O$），此外还含有磷、氟和有机物等有害杂质[5,6]。由于磷石膏成分复杂，杂质较多，导致其利用难度大，综合利用率低。磷石膏目前主要采用堆存处理，这不仅占用大量土地资源，而且其含有的可溶性磷、氟等物质对生物体具有腐蚀性，长期堆存会导致有害物质随雨水浸入土壤、地表（下）水体、植被，造成地下水和土壤污染（图 1-2）[7]；其中解离出的 H^+ 使环境的酸性增强，致使大多不耐酸的植物无法正常生长，甚至枯死；可溶磷解离出的 H^+ 进入地下水造成饮用水酸化，饮用这类水质的水对人体健康不利；此外长期饮用氟含量高的水，过量的氟进入人体后，主要沉积在牙齿和骨骼上，形成氟斑牙和氟骨症；磷酸盐通过雨水溶解，流入江河湖泊，从而引起水体富营养化，藻类疯长，使得大量水生生物由于缺氧而濒临灭亡[8]。在干燥气候条件下，磷石膏中部分酸性物质挥发产生刺激性气味，细的粉尘也容易随风到处飞扬污染周边空气，严重影响周边的生态环境[9,10]。2006 年国家环保总局首次将磷石膏渣定性为危险固体废物；2011 年工业和信息化部发布的《关于工业副产石膏综合利用的指导意见》明确指出要提高工业副产石膏综合利用水平，促进工业副产石膏综合利用产业发展；2016 年国务院印发的《“十三五”国家战略性新兴产业发展规划》中明确提出要大力推动大宗固体废弃物（含磷石膏）的综合利用；2018 年贵州省提出全面实施磷石膏“以用定产”，实现磷石膏产销平衡，争取新增堆存量为零；2019 年生态环境部印发《长江“三磷”专项排查整治行动实施方案》，争取利用两年左右时间，基本摸清“三磷”行业底数，重点解决“三磷”行业中污染重、风险大、严重违法违规等突出生态环境问题。因此，磷石膏已成为制约磷化工产业可持续发展的瓶颈，如何加快磷石膏的资源化利用进度是目前研究的重点。

图 1-2　磷石膏堆场

1.2　磷石膏中杂质存在形态及分布规律

磷石膏因含杂质外观多呈灰白色、灰色；结晶形态为菱形板状、片状或针状等，无可塑性，密度为 2.05～2.45g/cm^3；颗粒粒径一般在 40～200μm，并且颗粒级配呈正态分布。磷石膏粉状的颗粒特征使其比天然石膏更易于被利用，节省了粉磨天然石膏所需能耗。但由于磷石膏含有的杂质种类较多，含水率高，一般含有 20%～30%的自由水，且呈酸性，pH 值在 1～3，导致其资源化利用困难[11]。

因磷矿石性质和磷酸生产工艺不同，磷石膏中杂质的形态与含量存在差异[12]。磷石膏中主要杂质如表 1-1 所示。磷石膏中主要杂质有磷酸及其盐、氟化物和有机物等[13]。此外，湿法磷酸生产过程还导致了磷石膏中重金属以及放射性元素的富集。

表 1-1 磷石膏中主要杂质

杂质种类	溶解性	主要存在形式
磷酸及其盐	可溶 共晶 难溶	H_3PO_4、$H_2PO_4^-$、HPO_4^{2-} $CaHPO_4 \cdot 2H_2O$ 磷酸盐络合物(与铁、铝、碱金属等)、未分解的磷灰石
氟化物	可溶 难溶	NaF Na_2SiF_6、CaF_2、$CaSiF_6$
有机物	难溶	2-乙基-1,3-二氧戊烷、异硫氰甲烷、3-甲氧基正戊烷和乙二醇甲醚乙酸酯
其他杂质	可溶 难溶	Na^+、K^+ 石英,铁、镁氧化物与磷酸盐、硫酸盐生产的络合物

1.2.1 磷酸及其盐

磷是磷石膏中主要的杂质，是影响磷石膏使用性能最主要的因素，其含量取决于磷石膏的过滤洗涤工艺，以可溶磷、共晶磷和难溶磷三种形式存在，其中又以可溶磷的影响最大。可溶磷由磷酸引入，主要以 H_3PO_4、$H_2PO_4^-$、HPO_4^{2-} 三种形式存在[14]，分布在二水石膏晶体表面，其含量随磷石膏粒度增加而增加（图 1-3）。可溶磷在石膏水化过程中转化为 $Ca_3(PO_4)_2$ 沉淀，覆盖在半水石膏晶体表面，降低二水石膏析晶过饱和度，使二水石膏晶体粗化，表现为建筑石膏的凝结时间显著延长、结构疏松、强度降低，限制了其在建筑领域的应用[15]。三种形态可溶性磷影响程度为 $H_3PO_4 > H_2PO_4^- > HPO_4^{2-}$。

共晶磷是由 HPO_4^{2-} 同晶取代部分 SO_4^{2-} 进入硫酸钙晶格而成，与 $CaSO_4 \cdot 2H_2O$ 近似的磷酸盐晶体结构参数列于表 1-2 中[16]。$CaHPO_4 \cdot 2H_2O$ 与 $CaSO_4 \cdot 2H_2O$ 均属单斜晶系，晶格常数相似，所以两者易形成固溶体。Ölmez 等[17]用红外吸收光谱证实了共晶磷的存在。共晶磷的含量受萃取工艺条件（如反应温度、液相黏度、SO_4^{2-} 和 H_3PO_4 浓度、析晶过饱和度以及液相组成均匀性等）的影响，其含量一般为 0.2%～0.8%，且随磷石膏颗粒度的增大而减小（图 1-3）。共晶磷对磷石膏性能的影响与可溶磷类似，在水化时从半水石膏晶体中释放出来，降低 pH 值，与 Ca^{2+} 反应形成难溶的 $Ca_3(PO_4)_2$ 沉淀，覆盖在半水石膏表面，阻碍其溶出与水化，延缓半水石膏凝结，降低硬化体强度；但共晶磷对磷石膏性能的影响小于可溶磷。

难溶磷主要以 $Ca_3(PO_4)_2$ 形式存在于未反应的磷灰石粉中，作为惰性填料，不参与石膏的水化，对磷石膏的使用性能影响较小。

表 1-2 与 $CaSO_4 \cdot 2H_2O$ 近似的磷酸盐晶体结构参数[16]

晶体	晶格常数			β
	a	b	c	
$CaSO_4 \cdot 2H_2O$	5.68	15.18	6.52	118°23′
$CaHPO_4 \cdot 2H_2O$	5.82	15.18	6.28	116°25′
$Ca(H_2PO_4)_2 \cdot 2H_2O$	5.67	11.92	6.51	118°31′
$Ca_2(HPO_4)(SO_4) \cdot 2H_2O$	5.67	14.64	6.28	<113°

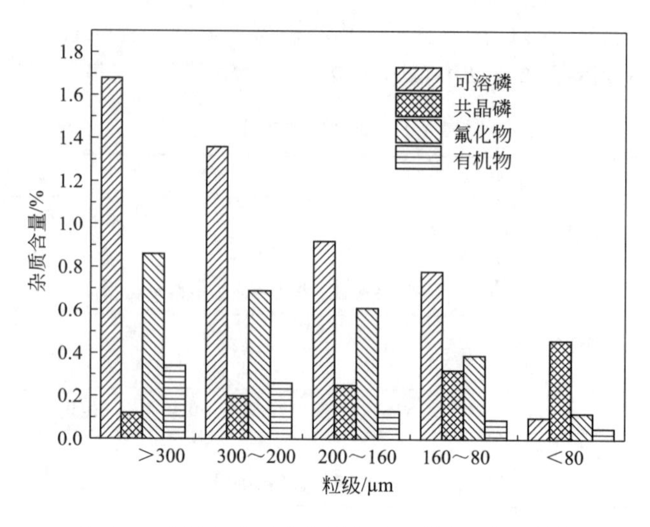

图 1-3　杂质在不同粒级磷石膏中的分布规律[18]

1.2.2　氟化物

磷石膏中的氟来源于磷矿石，在湿法磷酸的生产过程中会产生 HF，其沸点在 20℃左右，所以部分氟以 HF 的形式挥发掉；磷矿石中有 20%～40%氟夹杂在磷石膏中，并以可溶氟（NaF）和难溶氟（CaF_2、Na_2SiF_6）两种形式存在[19,20]，其含量随磷石膏粒度的增加而增加（图 1-3）。

可溶氟使建筑石膏凝结时间缩短，随 F^- 掺量增加促凝作用增强。F^- 含量较低时，对建筑石膏强度影响较小；当其含量超过 0.3%时，强度随 F^- 掺量增加而迅速降低。难溶氟对石膏性能影响较小。

1.2.3　有机物

磷石膏中有机物来源于磷矿石中夹杂的有机杂质（如植物根系）和生产过程中添加的有机物（如消泡剂、洗涤剂、晶型转化剂、除垢剂等）。有机物一般呈絮状，大部分有机物在磷酸过滤时被除去，少量残留在磷石膏中。研究表明：磷石膏中的有机物主要是 2-乙基-1，3-二氧戊烷、异硫氰甲烷、3-甲氧基正戊烷和乙二醇甲醚乙酸酯，且分布于二水石膏晶体表面，其含量随磷石膏粒度的增加而增加（图 1-3）。有机杂质会削弱二水石膏晶体间的结合，使其硬化体强度降低[18,21]。

1.2.4　碱金属盐

碱金属盐带来的主要危害是当磷石膏制品受潮时，碱金属离子沿着硬化体孔隙迁移至表面，水分蒸发后在表面析晶，产生粉化、泛霜[19]。

1.2.5　放射性物质

磷石膏中一般含有少量的放射性元素，不同产地磷矿石中放射性元素含量差异较大[22]，我国磷矿石中放射性元素含量较低。磷矿酸解制酸时铀化合物溶解在酸中的比例较高；但是铀的自然衰变物镭以硫酸镭的形态与硫酸钙一起沉淀，镭像氡等一样有放射性。^{226}Ra、

^{232}Th、^{40}K 等放射性元素会释放出 γ 射线[23]，^{226}Ra 和 ^{232}Th 衰变中也会放出放射性气体氡，一旦这些放射性物质超出标准，将对人体产生极大危害。由于磷石膏主要用途是在建筑行业、农业，因此磷石膏中放射性物质的含量是需要重视的问题，放射性比活度超标的磷石膏不宜利用[24,25]。

1.3 磷石膏预处理工艺

磷石膏中含有的杂质会影响石膏材料的凝结时间，使硬化体结构松散、强度降低，严重制约磷石膏的综合利用[26~30]。因此，预处理除杂是磷石膏高值化利用的基础，通过预处理可以有效除去磷石膏中大部分磷、氟、有机物等杂质，改善磷石膏使用性能[31]。主要的预处理工艺包括：

(1) 水洗法

水洗对磷石膏中可溶磷、可溶氟、有机物和碱金属盐去除率较高，从而消除共晶磷、难溶磷外其他杂质的影响[32]。水洗后的磷石膏晶体干净清晰、轮廓分明。水洗法的缺点是水耗较高，易造成水资源二次污染[33]，通常水洗的效果是通过测定其 pH 值是否接近中性来判断的[34]。在水洗过程中关键点：一是经过水洗必须获得性能稳定且杂质含量符合建材要求的二水石膏；二是解决水洗过程中所造成的二次污染[35]。曾明等[33]在水洗固液比 1∶3、水洗次数 2～3 次、搅拌时间 10min、静置时间 30min 的条件下，测得磷石膏中可溶磷和可溶氟的脱除率分别为 89.72％和 68.18％。

(2) 石灰中和法

由于可溶性杂质的存在，原状磷石膏制备出的 α 半水磷石膏强度低，不易凝结，不能应用于工业生产；经过石灰中和后的磷石膏作为原料，强度较高[36]。其原理是利用石灰与可溶磷和可溶氟反应转化成惰性的 $Ca_3(PO_4)_2$ 和 CaF_2，从而降低可溶杂质的影响[37]。石灰中合法工艺较为简单，无二次污染，成本较低，但不能消除有机物对磷石膏性能的影响。控制石灰掺量是石灰中和预处理磷石膏的关键，石灰掺量以可溶磷和可溶氟等当量计或者以预处理后磷石膏 pH 值 6.5～7.5 为宜，适用于处理有机物含量较低的磷石膏[38]。目前，该工艺已应用于水泥和水泥缓凝剂的生产。

王莹等[39]在含水量为 20％左右的磷石膏中加入 8％的生石灰，陈化 24h，磷石膏中可溶性磷的脱除率达 100％，可溶性氟的脱除率为 70.45％，因此，石灰中和法能有效地脱除磷石膏中的可溶性磷。巴太斌等[40]采用不同掺量的生石灰对磷石膏进行中和预处理，研究发现：随着石灰掺量的增加，磷石膏中可溶磷和可溶氟的含量呈下降趋势，在生石灰掺量为 2％～3％时，磷石膏中可溶磷和可溶氟的脱除效果较好。彭家惠等[41]将石灰加入含水量为 15％的磷石膏中，陈化 24h 后，可将磷石膏中可溶磷和可溶氟全部脱除，但共晶磷和有机物在试验前后含量并未发生变化。

(3) 闪烧法

常规的预处理如水洗和石灰中和均无法去除磷石膏中的共晶磷。闪烧法是预处理磷石膏的一种新工艺，该工艺的理论基础是磷在高温状态下分解成气体或者形成惰性物质[41]，氟以 HF 形式挥发，有机物转变为气体排出，从而消除杂质对磷石膏性能的影响。该工艺流程简单，不需水洗，避免了水污染的问题，但加热能耗较高，且生成物为活性较小的无水石膏，煅烧过程中产生的酸性有害气体会腐蚀设备，对人体造成危害[42]。段庆奎等[43]利用高温（200～400℃）煅烧磷石膏，通过高温将无机磷与钙结合成为惰性的焦磷酸钙，有机磷转变成气体排出。结果表明，闪烧法能有效地脱除磷石膏中有机磷和无机磷等有害杂质。此外，与传统工艺不同，闪烧法在脱除磷石膏中磷、氟和有机物等杂质的过程中不需进行洗涤，解决了水洗污水会造成二次污染的问题。

曾明等[33]对比了水洗法、石灰中和法和闪烧法对磷石膏杂质的去除效果。结果表明：三种预处理方式处理的磷石膏均满足建材制品的使用要求，其中石灰中和法对去除磷石膏中可溶磷效果较好；闪烧法能有效去除磷石膏中的可溶性氟；水洗法不仅能去除磷石膏中的可溶性磷和可溶性氟，还有利于改善磷石膏的性能，但应注意对水洗废水的处理和循环利用，以避免水洗法用水量大和易造成二次污染的缺点，相比之下石灰中和法更经济和适用。

（4）浮选法

浮选法主要用于脱除石英、有机物和部分可溶性杂质，但对可溶性杂质的去除效果不如水洗法，适用于石英和有机物含量高的磷石膏。云南省磷石膏 SiO_2 含量较高，为 12%～15%，采用传统预处理方法不能有效脱除石英，而浮选法被证明有一定的可行性[44]。朱鹏程等[45]在强酸性（pH＝2）条件下，采用烷基醚胺为主的组合捕收剂 H2-Z 正浮选磷石膏，获得精矿二水硫酸钙平均含量为 95.65%、SiO_2 平均含量为 2.69%、二水硫酸钙回收率为 89.30%的脱硅指标，并探讨了分离机理[46]，石膏零电点在 1～2[47]，而石英零电点在 2.3～3[48]；在 pH＞2.3 时，石膏和石英均带负电，均可被阳离子捕收剂吸附，因此石膏和石英表现出很好的可浮性；pH＝2 时，石膏带负电，可以被阳离子捕收剂吸附，而石英带正电或不带电，此时石英不被捕收剂吸附，从而实现石膏和石英的分离。杨勇等[49]介绍了一种磷石膏正浮选除杂工艺，在酸性介质中加入抑制剂水玻璃（形成酸化水玻璃），对磷石膏杂质有强抑制作用，再加入碳原子数为 8～18 的烷基脂肪胺盐正浮选二水硫酸钙。正浮选分离石英和二水硫酸钙的缺点是强酸性条件下对设备腐蚀严重，而且抑少浮多，成本较高。

文书明[50]通过石灰中和法及反浮选法脱硅，使磷石膏悬浮液 pH 值达 10，较好地去除了其中的可溶性磷和可溶氟，采用混合胺作捕收剂、松醇油作起泡剂，SiO_2 脱除率达 80%，同时去除了油质有机杂质。Tao[51]在自然（pH＝3.5）条件下，采用 Flomin C9600 反浮选石膏矿，脱除石英和有色杂质。王进明等[52]通过反浮选除去磷石膏中的有机物及微细矿泥，再通过正浮选浮出石膏；通过浮选闭路试验，磷石膏白度从 31.3%提高到 58%，总磷（以 P_2O_5 计）含量从 1.78%降低至 0.92%，二水硫酸钙纯度达到 96.5%，精矿产率为 65%，并且可溶磷含量也得到降低，磷石膏精矿达到了国标一级品标准。

沈晓林等[53]的发明专利介绍了粗选、精选和深选的反浮选工艺，对脱硫石膏进行提纯，但流程复杂，成本较高。郑绍聪等[54]的发明专利介绍了一种磷石膏反浮选脱硅除杂工艺，反浮选调整剂为 NaOH、Na_2CO_3、水玻璃、CaO、盐酸和硫酸等常规调整剂，捕收剂为脂肪酸类捕收剂、阴离子捕收剂和胺类捕收剂等常规脱硅捕收剂。

（5）酸浸法

酸浸法是用酸性溶液对磷石膏进行酸浸处理，经过滤、水洗涤至中性，脱除磷石膏中磷、氟杂质的工艺。试验发现，酸浸法能有效脱除磷石膏中磷杂质，其脱除率可达 99%，对氟杂质也有较好的脱除效果。孔霞等[55]以硫酸为浸取剂对磷石膏进行酸浸，在浸取时间为 45min、硫酸质量分数 30%、浸取温度 88℃的工艺条件下，磷石膏中杂质氟的脱除率达 84.50%，处理后的磷石膏含氟量仅为 0.036%。此外，酸浸还能提高磷石膏的白度。赵红涛等[56]在硫酸质量分数为 30%、酸浸温度 90℃、酸浸 30min 的条件下，磷石膏中磷的含量由 0.79%降低至 0.02%，表明磷石膏中部分不可溶于水的含磷化合物在硫酸体系中也能发生溶解，这主要是磷石膏中含有的共晶磷以及未分解的磷矿石进一步与硫酸反应，使得杂质磷元素以磷酸的形式进入溶液中；此外，磷石膏中的硅、铝、铁、氟、钾等杂质元素经硫酸酸洗后含量也大幅度降低，分别由 5.82%、0.66%、0.51%、0.87%和 0.14%降低至 3.15%、0.25%、0.29%、0.27%和 0.04%。因此，酸浸法能有效地脱除磷石膏中的磷，但氟的脱除率还有待提高。白有仙等[57]在硫酸质量分数 35%、浸取温度 60℃、浸取时间 4.5h 和液固比 3mL/g 的条件下，可将磷石膏中可溶磷的含量降低至 0.01%。因此，酸浸法是一种有效的脱除磷石膏中磷、氟的预处理工艺。除以硫酸作浸出剂外，还有将盐酸、柠檬酸等酸性介质作为浸取剂脱除磷石膏中磷、氟等有害杂质的研究[55,58]。

（6）球磨法

磷石膏的粒径分布与天然石膏存在显著差异。磷石膏的粒径呈正态分布，粒径分布高度集中。此外，磷石膏中二水石膏晶体均匀、粗大，呈板状结构，导致其胶结材料流动性差、水膏比高、硬化体力学性能差。球磨法是将磷石膏加入球磨机中，通过磨矿改变磷石膏颗粒的形貌和级配，减小磷石膏的粒度[59]。通过磨矿不仅能降低磷石膏颗粒粒径，还会增加其流动性，但采用单一的球磨工艺并不能消除磷石膏中的磷、氟等有害杂质，故球磨法常与其他方法联合使用。

（7）其他处理方法

脱除磷石膏中磷、氟和有机物等有害杂质的预处理工艺还有很多。如陈化法[60]，将磷石膏堆存后，不做任何处理将其自然风干，经过一定时间后，磷石膏中易挥发组分自然挥发，但短期内磷石膏中磷、氟等杂质的含量并不会发生变化；随着时间的延长，陈化效果才会显现出来。该工艺是最简单的一种磷石膏预处理工艺，但陈化挥发的组分对环境造成较大的污染，且该工艺对磷石膏中可溶磷和可溶氟脱除效果不明显。Cerphos 纯化法，通过粒径分级得到纯化的磷石膏。筛分法取决于磷石膏的杂质分布与颗粒级配，当磷石膏中磷、氟等有害杂质在各粒级不均匀分布时，筛分法可大幅度降低磷石膏中磷、氟等杂质的含量，但需与水洗法联合使用。

当采用单一的预处理工艺难以有效脱除磷石膏中的杂质时，可采用联合工艺，该工艺是在以上几种原理的基础上发展起来的。如采用石灰中和+浮选、石灰中和+煅烧、石灰中和+球磨等[61]，可根据磷石膏的性质和实际要求选择合适的预处理工艺。彭家惠等[62]采用石灰中和+球磨联合预处理工艺，将生石灰加入磷石膏后，再进行球磨，试验表明石灰中和+球磨联合预处理工艺能将磷石膏的标准稠度从 0.85 降低至 0.66。因此，球磨法能有效地改善磷石膏硬化体孔隙率高、结构疏松的缺陷。

1.4 磷石膏综合利用现状

与天然石膏相比，磷石膏需预处理除杂，从而增加了应用成本，导致其综合利用率不高，短期内难以实现全部利用。目前，磷石膏的利用主要集中在石膏建材、水泥缓凝剂、制取硫酸联产水泥和土壤调理剂等方面。

1.4.1 磷石膏生产半水石膏胶凝材料

用于生产半水石膏胶凝材料的磷石膏主要有 α 型和 β 型半水石膏，α 半水石膏又称高强石膏，β半水石膏又称建筑石膏。β半水石膏可用于生产各类石膏建材产品，如石膏砌块、石膏板材等。日本、德国、韩国等发达国家的磷石膏利用率较高，60%用于生产石膏建材。2016年我国石膏建材产量为782.1万吨，因此磷石膏在建材行业有十分广阔的应用前景[63]。目前，利用磷石膏生产β半水石膏是磷石膏应用中较为成熟的方法。β半水石膏由磷石膏在常压干燥条件下直接脱去1.5份结晶水转变而成，晶体一般呈不规则纤维状或片状，结构疏松，结晶度差，内比表面积较大，晶体缺陷多，标准稠度用水量高，可达60%～70%，导致其硬化体强度较低，一般在10MPa左右。马金波等[64]研究了磷石膏制备β半水石膏的工艺条件，结果表明：磷石膏在脱水温度和时间分别为170℃和7h、陈化时间4d的条件下，所制备石膏砌块的抗压强度为10.2MPa。

α半水石膏是在加压蒸汽介质或常压盐溶液条件下由二水石膏脱水而生成的晶体，具有晶形完整、结构致密、轮廓清晰、标准稠度用水量低、水化热小以及水化速率慢等优点，是一种优质的胶凝材料。此外，α半水石膏及其制品具有良好的力学性能、工作性能、生物相容性和环保性能，不仅能够替代传统的β半水石膏以增强产品品质，还被广泛应用于精密铸造、高端陶瓷、医疗、功能填料、装饰材料和工艺美术等领域[65,66]。因此，采用磷石膏代替天然石膏制备α半水石膏是磷石膏高附加值利用的重要方向。

1.4.2 磷石膏用作水泥缓凝剂

磷石膏作水泥缓凝剂是我国磷石膏综合利用的主要方向，也是其消纳量最大的领域。2017年我国水泥产量约为22亿吨，若50%的水泥缓凝剂用磷石膏代替，则可消纳2500万～3500万吨磷石膏。将磷石膏加入水泥熟料的目的是调节水泥的凝固时间，使用量为水泥质量的3%～5%[67]。石膏作缓凝剂的机理是其溶解的SO_4^{2-}与水泥中铝酸三钙形成钙矾石沉淀，附着在水泥熟料颗粒表面，减少水泥熟料与水的接触面积，以此减缓水泥熟料的水化速度，从而达到缓凝目的[68]。采用磷石膏代替天然石膏生产水泥缓凝剂，不仅能降低水泥的生产成本，还能增加磷石膏的利用率，但磷石膏中含有的磷、氟、有机物等杂质会影响水泥的凝结时间和强度，其中磷、氟会延长水泥的初凝时间，有机物会使硬化后的水泥结构疏松，导致其力学强度降低。因此，磷石膏在水泥行业还未能实现规模化应用，需对其进行预处理除杂才能使用。针对磷石膏常规处理后用作水泥缓凝剂会导致水泥过缓凝现象，研究蒸养法处理磷石膏对水泥凝结时间及强度的影响，结果表明：磷石膏经电石渣碱中和处理后，在0.8MPa的压力下蒸养2h后用作水泥缓凝剂，其应用性能与天然石膏无异，且水泥后期强度还有所增高；磷石膏经水洗降低总磷、氟后蒸养处理，可缩短水泥的凝结时间[69]。郑建国[70]利用碱性钙质材料改性磷石膏，可有效降低水溶性磷等杂质对水泥性能的不利影响，使其代替天然石膏用作水泥缓凝剂。王英等[71]采用石灰中和磷石膏中的酸性杂质，后在适当温度下煅烧制备的矿渣水泥缓凝剂比单用二水石膏或原状磷石膏的效果好，使水泥初凝、终凝时间提前，抗压强度提高，安定性略有改善。

1.4.3 磷石膏用作水泥矿化剂

水泥生料中掺入含磷、硫和氟等成分的矿物，可以促进生料中碳酸钙的分解，使熟料形成过程中液相提前出现，降低烧成温度和液相黏度，促进液相结晶，有利于固相及液相反应，从而生成有利于熟料矿物的过渡相，促进$2CaO \cdot SiO_2(C_2S)+CaO = 3CaO \cdot SiO_2(C_3S)$反应的进行，$C_3S$晶体得到良好发育。当生料掺入适量的磷石膏后，磷石膏中的

P_2O_5 在较低温度下与 CaO 作用生成磷酸钙盐，这些钙盐能与 C_2S 生成固溶体 C_7PS_2 和 C_9PS_3，从而稳定高温型 C_2S。这些固溶体具有较大的液相值，能降低液相温度、增加液相含量，形成利于 C_3S 生成的环境[72]。

1.4.4 磷石膏制硫酸联产水泥或硅钙钾镁肥

磷石膏制硫酸联产水泥是磷石膏资源化利用的重要途径，同时能实现硫资源的循环利用，有效缓解我国硫资源短缺的状况。该工艺是把磷石膏与焦炭、黏土等辅料配成生料后高温煅烧（一般在 1200℃以上），分解生成 CaO 和 SO_2，CaO 再与 SiO_2、Al_2O_3 等反应生成水泥熟料；SO_2 窑尾气经净化、干燥、吸收、转化、吸收制成硫酸[73]。国内以鲁北企业集团为代表开发的磷石膏制硫酸联产水泥工艺比较成熟[74]。2000 年底建成了一套世界上最大的三产品联产装置，即 300kt/a 的磷铵、400kt/a 的磷石膏制硫酸联产 300kt/a 水泥生产线[75]。磷石膏制硫酸联产水泥没有得到大范围推广应用的主要原因是磷石膏高温分解困难、生产成本高、尾气 SO_2 浓度低、熟料质量较差。Yang 等[76]利用硫黄代替焦炭作还原剂分解磷石膏，每摩尔 SO_2 采用硫黄还原的反应焓比焦炭还原反应低 27.95%，其还能降低 CO_2 的排放。宁平等[77]提出利用黄磷尾气（主要成分为 CO）和高硫煤还原分解磷石膏，对其可行性进行了分析。结果表明：利用黄磷尾气和高硫煤还原分解磷石膏可以降低分解温度，同时磷石膏中存在的杂质会促进其分解，且弱还原性气氛有利于磷石膏的分解和提高烟气中 SO_2 浓度。

磷石膏制硫酸联产硅钙钾镁肥是以湿法磷酸生产所产生的磷石膏作为钙质原料，焦炭为还原剂，在 1100～1250℃的高温下将磷石膏分解成 CaO 和 SO_2 气体，CaO 与配入生料中的钾长石（$K_2O \cdot Al_2O_3 \cdot 6SiO_2$）反应生成硅钙钾镁肥；$SO_2$ 气体则由窑尾排出，经与入窑生料换热降温，再经稀酸洗净化、干燥、转化、吸收等工序制成硫酸[78]。磷石膏制硫酸联产硅钙钾镁肥既解决了磷石膏堆存占用土地资源和污染问题，又利用了不溶性含钾资源，实现了硫的循环利用和钾、钙资源的有效利用[79]。

1.4.5 磷石膏制硫酸铵或硫酸钾

磷石膏制硫酸铵的原理是将磷石膏与碳酸铵反应生成硫酸铵，副产碳酸钙，其反应原理如式(1-4) 和式(1-5) 所示[80]。磷石膏制硫酸铵的反应机理与动力学研究表明：磷石膏与碳酸铵的反应是在固液界面上进行，符合缩芯模型；由于磷石膏微溶于水，反应速率近似地认为只与碳酸铵的浓度有关[81]。

$$2NH_3 + H_2O + CO_2 \longrightarrow (NH_4)_2CO_3 \tag{1-4}$$

$$CaSO_4 \cdot 2H_2O + (NH_4)_2CO_3 \longrightarrow (NH_4)_2SO_4 + CaCO_3 \downarrow + 2H_2O \tag{1-5}$$

磷石膏制硫酸铵工艺技术成熟，生产设备通用，工艺条件易于控制，但硫酸铵产品中的含氮量低，以单位质量的氮计算，生产费用比尿素和硝酸铵高[82]。张天毅等[83]研究了磷石膏粒度、物料配比、反应温度和反应时间对磷石膏转化率的影响，结果表明：在反应温度 65～70℃、反应时间 2～2.5h、固液比 1.05∶1、氨过量摩尔分数 20%的条件下，磷石膏的转化率可达到 96%以上，硫酸铵产品质量达到国家标准 GB 535—1995 一等品的要求。朱鹏程等[84]利用脱硅磷石膏、碳酸氢铵和氨水为原料制备硫酸铵和碳酸钙，优化的反应条件为：反应温度 50℃，反应时间 2h，物料比 1.11，液固比 2.2，搅拌速度 200r/min，此时硫的转化率为 99.66%、回收率为 97.89%，氮的回收率为 89.47%，综合回收率为 93.68%，硫酸铵产品质量达到了国家标准一等品的要求，碳酸钙产品中 $CaCO_3$ 质量分数达到了 97.74%。

硫酸钾是重要的无氯钾肥，采用磷石膏制硫酸钾的方法主要有一步法和两步法[85]：一步法是以氨为催化剂，在氨水（浓度≥36%）介质中将氯化钾直接与磷石膏反应制取硫酸钾并副产氯化钙，其反应式如式(1-6）所示。该法工艺流程简单，氯化钾转化率高，但是副产的氯化钙难分离，且需要在加压或低温条件下进行，工业上应用困难[86]。

$$CaSO_4 \cdot 2H_2O + 2KCl \longrightarrow K_2SO_4 + CaCl_2 + 2H_2O \quad (1\text{-}6)$$

两步法是先将磷石膏与碳酸氢铵反应生成硫酸铵和碳酸钙，再将生成的硫酸铵与氯化钾反应生成产品硫酸钾，其反应式如式(1-7）和式(1-8）所示。该法反应条件温和，能耗低，无污染，投资少，产品质量稳定，但是第二步钾的转化率不高。

$$CaSO_4 \cdot 2H_2O + 2NH_4HCO_3 \longrightarrow (NH_4)_2SO_4 + CaCO_3 + CO_2\uparrow + 3H_2O \quad (1\text{-}7)$$

$$(NH_4)_2SO_4 + 2KCl \longrightarrow K_2SO_4 + 2NH_4Cl \quad (1\text{-}8)$$

1.4.6 磷石膏用作土壤调理剂

磷石膏呈酸性，且含有磷、硫、钙、硅、镁、铁等农作物生长所需的营养元素，可将磷石膏用作土壤调理剂来改变盐碱土壤的物理和化学性质，降低土壤的碱度，对土壤的碱度起到缓冲作用。张丽辉等[87]以磷石膏作土壤调理剂进行小面积改良试验，研究表明：磷石膏中的游离酸可以中和土壤的碱度，使试验区 pH 由原来的 9.4～8.6 降低至 8.4～8.2，土壤碱化度降低 37.0%～10.4%，表明磷石膏中的可溶性钙离子进入土壤后，将吸附在土壤黏粒上的 Na^+ 代换出来，降低土壤碱化度，增加土壤的团聚体，从而改善土壤的通气透水等物理性状。此外，舒晓晓等[88]研究了不同用量的磷石膏与有机肥配比对盐碱土水分变化的影响，结果表明，磷石膏具有保持水分的作用，低含量的磷石膏较高添加量效果好，而且加入有机肥会提高磷石膏的保水效果。

1.4.7 磷石膏充填

磷石膏堆存量大、利用率低，而矿井充填材料消耗量大、原料适应性强；将磷石膏利用与矿井充填相结合，不仅可以解决磷石膏堆存问题，还可以为矿山提供充足的充填材料[89]。用磷石膏作矿山充填材料，以钢渣或水泥熟料为碱性激发剂，充填料中的矿渣在碱性激发剂的激发下溶解沉淀，水化产生水化产物 C-S-H 凝胶和钙矾石，反应剩余的大量石膏作为主体起骨料充填作用，这些水化产物相互搭接交织在一起，将剩余的石膏胶结包裹，并充填其中的空隙，使浆体形成较为致密的结构，从而产生强度。贵州开磷（集团）股份有限公司目前已建成了世界上第一座用磷石膏为主要原料的自胶结充填的无废矿山，实现了磷石膏作为回填材料的大规模利用与高效低损采矿的结合[90,91]。半水磷石膏膏体充填技术在充填成本和磷石膏利用率方面更具优势，成为磷石膏充填技术发展新方向。随着磷石膏充填技术的不断发展成熟，“矿化一体”新型循环经济产业模式将成为磷化工行业和矿山行业的重要发展方向之一[92]。

目前，尽管我国在磷石膏综合利用方面的研究和应用取得较大进展，但与日本、德国等发达国家相比，存在综合利用率低、能耗高、产品附加值低等问题。α 半水石膏以其优异的性能和广泛的用途越来越受关注，但我国在开发 α 半水石膏的制备工艺方面起步较晚，基础理论研究有待深入和完善。

1.5 α半水石膏研究现状

1.5.1 α半水石膏的制备工艺

在研究和工业生产中，α半水石膏的制备工艺主要包括加压水蒸气法（蒸压法）、加压水溶液法和常压盐（醇）溶液法[93]，且多以天然石膏或脱硫石膏为原料[94]。

（1）蒸压法

蒸压法是1899年Lewinski发明的，后经过众多学者的研究而逐步完善，该法是利用蒸汽作为加热和脱水介质，直接将块状二水石膏放入蒸压釜中，向蒸压釜中通入饱和水蒸气，在一定温度（125～140℃）和压力（0.2～0.8MPa）下使二水石膏转化为α半水石膏，干燥和粉磨后得到α半水石膏产品，该工艺是最早应用于工业生产的方法。蒸压法需要高温高压设备，反应过程难以控制，且蒸压釜的有效容积利用率低、转晶剂用量大。此外，该工艺对原料的要求较高，通常是结晶品位较高的天然纤维石膏或雪花石膏，也有研究将含水率6%的磷石膏在260kN压力下压块成型后进行蒸压[95]。蒸压法还存在溶解再结晶条件不够完善、产品质量不稳定、品质差等缺陷。当蒸压和干燥分两步进行时，需要将蒸压后α半水石膏迅速取出放入干燥炉中，α半水石膏经过一个常温常压的过程，易水化成二水石膏；为此，选择的干燥温度远远大于理论干燥温度，目的是使游离水快速挥发，并使部分水化成二水石膏进行第二次脱水生成β半水石膏[96]。此外，当蒸压和干燥过程一步进行时，能耗较高。研究发现：石膏的强度与压力之间有一定的对应关系，当压力较小时，二水石膏的脱水速度较慢，少量的α半水石膏会溶于水重新生成二水石膏，不利于α半水石膏的生成；当压力较大时，二水石膏的脱水速率加快，从液相中析晶出的α半水石膏很快达到饱和，使新析出的α半水石膏晶体结构来不及调整，从而出现发育不完整的细小晶体。因此，只有选取的压力满足半水石膏的生成与发育生长速率，才能得到强度较高的α半水石膏粉[97]。

（2）加压水溶液法

加压水溶液法是在添加有转晶剂的水溶液中加入粉状二水石膏，配制成一定浓度的料浆，放入蒸压釜中加压加热，在饱和水蒸气中维持一段时间，使二水石膏转变为α半水石膏。影响制备过程的主要因素是蒸汽压力、温度与时间、料浆浓度、转晶剂种类与掺量等[98～100]。Garg等[101]采用磷石膏，在蒸压压力为35psi（1psi=6.895×10^3Pa）、蒸压时间2h、琥珀酸钠用量为0.2%的条件下，制备出抗压强度为28.58MPa的α半水石膏。杨林等[102]以磷石膏为原料，在蒸压温度130℃、蒸压时间6h、料浆含水量30%、堆料厚度15mm、转晶剂用量0.13%的条件下，制得强度指标为α30的高强石膏。陈勇等[98]以脱硫石膏为原料，利用动态水热法制备α半水石膏，结果表明：α半水石膏的相转变温度在105～110℃，但温度在130℃以上转变速率较快，完全转变成为α半水石膏在3h左右；料浆浓度在20%～30%，搅拌速率控制在150r/min左右，对α半水石膏的粒径分布较好。董秀芹等[103]进行了脱硫石膏生产α半水石膏粉的工业化试验研究，通过对实际生产料浆浓度、转晶的温度、压力、转晶剂种类及其添加比例、脱水方式和干燥工艺参数的调整，实现了脱硫石膏生产α半水石膏粉的工业化。邓召等[104]以天然石膏为原料采用加压水热法制备高强石膏，考察了水热温度、水热时间、膏水质量比和干燥温度对高强石膏力学性能的影响，在水热温度120℃、水热时间1h、膏水质量比50%、干燥温度110℃的条件下，所制备出抗压强度达到42.41MPa的高强石膏。研究表明：在水溶液中加入少量的盐介质可以提高磷石膏反应速率，降低蒸压温度[105]。与蒸压法相比，加压水溶液法可采用粉状的磷石膏或脱硫石膏为原料，且生产的α半水石膏强度较高，但该法同样是在高温高压条件下进行，工艺条件比较复杂，生产效率较低，制备时间长，导致生产能耗和成本较高[106]。

(3) 常压盐（醇）溶液法

常压盐（醇）溶液法是近年来发展起来的新工艺，目前尚处于实验室研究到半工业试验阶段，还没有工业化生产的报道。与蒸压法和加压水溶液法相比，常压盐（醇）溶液法不需压力容器，具有常压、合成温度和能耗低、反应过程易于控制、生产效率高等优点，具有良好的应用前景。常压盐（醇）溶液法是将粉状二水石膏加入掺有转晶剂的盐（醇）溶液中常压加热，将二水石膏转化为α半水石膏。转化的推动力是二者的溶解度之差，差值越大，α半水石膏越容易结晶析出。

影响常压盐（醇）溶液法制备α半水石膏的主要因素是盐（醇）介质和转晶剂的种类及用量、反应温度、液固比、pH等[107~110]。研究表明：二水石膏在盐溶液中的溶解度与盐溶液浓度正相关，而α半水石膏的溶解度随盐浓度增大先升高后降低[111]。此外，随着温度升高，二水石膏在盐溶液中的溶解度增大，α半水石膏的溶解度降低，从而形成α半水石膏的过饱和溶液，促使α半水石膏的析出与结晶[112]。盐介质在α半水石膏制备过程中的作用是提高α半水石膏的相对过饱和度，降低二水石膏向α半水石膏的转化温度。常用的盐介质主要有NaCl、KCl、$MgCl_2$、$CaCl_2$、$Ca(NO_3)_2$、$MgSO_4$和K_2SO_4等，近年来也有采用复合盐溶液作为介质。常用的醇介质有丙三醇、乙二醇和甲醇等。

目前在以脱硫石膏为原料，采用常压盐溶液法制备α半水石膏方面的研究较多。官宝红等[113]在利用脱硫石膏制备α半水脱硫石膏方面做了系统研究，在Ca-Mg-K-Cl混合盐溶液中，考察了料浆初始pH对脱水速率和产物晶形的影响，结果表明随着pH从1.2增大至8.0，脱硫石膏脱水速率降低，α半水脱硫石膏颗粒增大，长径比降低[114]。在实验室研究的基础上，进行了500～1000kg/次的中试试验，在$CaCl_2$、$MgCl_2 \cdot 6H_2O$和KCl浓度分别为25%、2%和1%，反应温度为94℃，合成时间为5～6h的条件下，制备出纯度为95%、干抗压强度为29.6～37.9MPa的α半水脱硫石膏[115]；添加适量的晶种和转晶剂（Al^{3+}和有机酸）有利于获得短柱状的α半水脱硫石膏[116]。此外，中试过程中盐介质回收研究表明，盐的回收率为56%，且回收盐溶液对产品质量影响较小[117]。在4mol/L $Ca(NO_3)_2$和8.75mmol/L K_2SO_4的无氯混合盐溶液中，反应时间为6.7h，制备出纯度为98%的α半水脱硫石膏，3d抗折强度和抗压强度达到11.2MPa和37.4MPa[118]；增大K_2SO_4浓度会加快反应速度，但会降低α半水脱硫石膏的力学强度。赵俊梅等[119]认为在常压NaCl介质中制备α半水脱硫石膏是可行的，但产品形貌多为棒柱状或针状。

在磷石膏常压盐溶液法制备α半水磷石膏方面，茹晓红等[120~122]考察了活度剂种类和用量对制备α半水磷石膏的影响，结果表明磷石膏在NaCl和$CaCl_2$溶液中均可以发生相变反应，但在NaCl溶液中反应产物含有杂质相omongwaite，而在$CaCl_2$溶液中较强的酸性环境是磷石膏相变反应的必要条件，即反应只有在pH<1.8的酸性环境中才能进行，当pH>2.0时，相变反应不会发生。在Na-Ca-Cl混合溶液中，增大NaCl含量会缩短反应时间，但会导致产物中杂质Na_2O含量增加[123]。马保国等[124]研究了电解质浓度与转晶剂用量对常压水热反应产物晶体形貌与强度的影响，结果表明：当$CaCl_2$浓度为23.0%时，水热反应在5h内完成，且α半水磷石膏晶体生长情况与强度相对良好；随着转晶剂掺量从0增加至

0.15%，α 半水磷石膏晶体由长柱状转化为短柱状乃至片状。米阳[125]探究了盐溶液浓度和温度对磷石膏转化速率的影响，在 $Ca(NO_3)_2$ 浓度为 3.3～3.8mol/L 水溶液中，反应温度为 91～102℃的常压条件下，成功地将磷石膏转化成 α 半水磷石膏，增加 $Ca(NO_3)_2$ 浓度或提高反应温度均可加快磷石膏转化为 α 半水磷石膏的速率。刘伟等[126]以云南、贵州的磷石膏为原料，采用常压水热法制备的 α 半水磷石膏性能差异较大，用贵州磷石膏制备的 α 半水磷石膏强度高，而云南磷石膏晶体较小、含杂多、颗粒级配差，所制备的 α 半水磷石膏强度偏低。王鑫[127]在 Ca-Mg-K-Cl 复合盐溶液中制备 α 半水磷石膏，考察了 pH 和 Ca^{2+} 浓度对转晶速率的影响，并建立了磷石膏溶解动力学模型，结果表明：pH 降低，磷石膏的溶解速率变快，反应速率加快；Ca^{2+} 浓度增大，磷石膏溶解速率变慢；磷石膏的溶解过程受表面反应控制。

在常压醇溶液法制备 α 半水石膏方面，吴传龙等[128]以磷石膏为原料，采用常压醇水法制备 α 半水磷石膏，考察了醇质量分数、反应温度、反应时间和转晶剂种类及用量等因素对产物结晶形貌的影响，在丙三醇质量分数为 50%、反应温度 105℃、固液比 1∶5、反应时间 4h、添加丁二酸和顺丁烯二酸用量分别为 0.5%和 0.05%时，获得长径比分别为 3∶1 和 1∶1 的短柱状 α 半水磷石膏晶体。从动力学角度来看，醇-水体系不利于 α 半水石膏的生成，因此仅在丙三醇水溶液中，磷石膏很难转化生成 α 半水石膏[129]。在丙三醇溶液中加入少量的 NaCl 可以调节脱硫石膏的转化速率，加速 α 半水脱硫石膏的成核与生长[130]。蒋光明等[131]研究了常压非电解质乙二醇-水溶液脱硫石膏制备 α 半水石膏工艺和不同金属离子对于转化过程的调控作用，结果表明脱硫石膏在乙二醇水溶液中（乙二醇摩尔分数 80%，反应温度 95℃）可转化为 α 半水石膏，添加微量的金属阳离子 K^+、Mg^{2+} 可显著加快转化速率，而 Fe^{3+} 的加入则会减缓转化。在甲醇溶液中利用二水石膏制备 α 半水石膏，增加甲醇浓度会降低转化温度并提高转化速率[132]。

1.5.2 α 半水石膏的形成机理

由于不同工艺条件下所制备 α 半水石膏的形成机理可能不同，故目前对其形成机理和转化路径尚无定论[133]。多数研究者认为在蒸压条件下，二水石膏转化为 α 半水石膏符合溶解-析晶原理[134,135]。张巨松等[136]认为尽管在加压水溶液中 α 半水石膏的生长符合溶解-析晶原理，但 α 半水石膏晶体的生长是以二水石膏转变为 α 半水石膏后的晶体为结晶中心，而后在其表面继续生长，但不排除自发成核后继续生长的可能。此外，也有研究表明在常压盐溶液中，脱硫石膏转化 α 半水脱硫石膏遵循溶解-重结晶机理[137,138]。同时，热力学分析揭示二水石膏转化为 α 半水脱硫石膏是由于两种石膏的溶解度之差[139]。

部分学者认为二水石膏转化为 α 半水石膏初期按局部化学反应机理进行，即二水石膏先脱水生成 α 半水石膏，而后期按溶解-析晶机理进行[140]。然而，彼列捷尔认为二水石膏先分解成无水石膏和游离水后，与水分子结合时才生成 α 半水石膏；但是胥桂萍等[141]发现溶液结晶法从脱硫残渣中制备 α 半水石膏的机理是脱硫石膏首先脱水生成 β 半水石膏，再由 β 半水石膏转化为 α 半水石膏。此外，也有研究表明 α 半水石膏的结晶路径随 $CaCl_2$ 浓度的变化而改变，在 $CaCl_2$ 浓度为 2.5～3.5mol/L 时，亚硫酸钙经二水石膏向 α 半水石膏转化，且增大 $CaCl_2$ 浓度会缩短二水石膏的存在时间，二水石膏的形成是由快速的非均相成核造成的；而在 4mol/L $CaCl_2$ 溶液体系中，亚硫酸钙直接转化为 α 半水石膏[142,143]。

1.5.3 α半水石膏晶形调控

制备α半水石膏的关键在于对其晶形进行调控。在不添加转晶剂的情况下，α半水石膏的自然生长习性呈针状或长柱状，长径比大，导致其流动性差、力学强度低。加入转晶剂的目的是控制α半水石膏不同晶面的生长速率，使其晶体形貌由长柱状或针状向短柱状转变，制备出长径比接近1∶1的短柱状晶体，从而显著提高α半水石膏的力学强度[144~147]。一般情况下，晶体较大、长径比小、等轴的短柱状α半水石膏晶体有较好的力学性能[148,149]。晶体生长理论认为，晶面的相对生长速度对晶体形貌特征有重要影响，每个晶面的相对生长速度会受到外部环境的影响；外部环境不同，得到的晶体形貌也不同，但目前对转晶剂的作用机理尚无成熟的理论[150]。

转晶剂主要分为无机盐类、有机酸及其盐类、大分子类和表面活性剂类。其中，有机酸及其盐类转晶剂是目前研究最多且对α半水石膏晶形调控效果较好的转晶剂。

（1）无机盐类

无机盐类转晶剂主要为含Al^{3+}、Fe^{3+}等高价阳离子的盐。研究表明，无机盐类转晶剂对α半水石膏的晶形调控效果不好。刘红霞等[144]研究发现硫酸铝作用下α半水石膏的晶体形貌变化不明显，仍保持细长针状，这是由于硫酸铝的加入增加了溶液中SO_4^{2-}的浓度，使溶液过饱和度增加、析晶速率加快，导致生成的α半水石膏晶体更细。林敏[65]研究表明硫酸铝和硫酸铁的调控效果均较差，制得的α半水石膏晶体均为细长棒状。添加4%硫酸铁、3%硫酸铝可以使α半水石膏的长径比变小，向短棒状发展，但产物中晶体发育不均齐、缺陷较多，不能得到发育良好的晶体形态。原因可能是Fe^{3+}、Al^{3+}的作用主要是通过吸附或固溶形式影响α半水石膏的成核与生长，对α半水石膏晶体沿直径方向的生长的影响有限，不适合作为转晶剂[120]。采用硫酸钠、硫酸钾、硫酸镁、硫酸铁四种硫酸盐作为转晶剂，采用水热法制备α半水磷石膏，结果表明：随着SO_4^{2-}浓度增大，产物长径比减小；不同金属离子浓度对产物形貌及粒径影响较大，其中低浓度的Na^+、Mg^{2+}有助于获得小直径、高长径比的α半水磷石膏；K^+、Mg^{2+}、Fe^{3+}对晶须的生长均有抑制作用，其中Mg^{2+}、Fe^{3+}浓度升高时，α半水磷石膏的直径越大、长径比越小，产物由针状变为板状、颗粒状，分散性变差[151]。

（2）有机酸及其盐类

常用的有机酸及其盐类转晶剂包括酒石酸（钠）、丁二酸（钠）[152,153]、苹果酸[154]、柠檬酸[155]和EDTA[156]等。有机酸转晶剂的种类和料浆pH对磷石膏加压水溶液法制备α半水磷石膏晶形影响较大，随着丁二酸、酒石酸和顺丁烯二酸用量的增加以及料浆pH值（3.5～9.0）的增大，α半水磷石膏的长径比降低，通过EDS分析发现在α半水磷石膏端面有C元素的峰，而在柱面上没有探测到C元素[157]。管青军等[158]以甘油水溶液为反应介质、苹果酸为转晶剂，考察了苹果酸添加量和甘油浓度对α半水石膏晶体形貌和粒度影响，结果发现苹果酸通过与α半水石膏晶体表面的钙质点发生络合吸附实现对晶体形貌的调控，甘油的主要作用在于对晶体粒度的控制，其影响不是通过甘油直接在晶体表面吸附或者影响苹果酸吸附实现的。Shen等[159,160]对比了酒石酸钾钠、柠檬酸钠和丁二酸对脱硫石膏制备α半水脱硫石膏晶形的调控效果，结果表明丁二酸和柠檬酸钠会降低α半水脱硫石膏的长径比，而酒石酸钾钠会增大α半水脱硫石膏的长径比。彭家惠等[161]研究发现丁二酸会改变α半水脱硫石膏晶体的生长习性，使其由长棒状转变为短柱状或片状，晶体尺度增大，制备出长径比为1∶1的短柱状α半水脱硫石膏。在$CaCl_2$溶液中，以“清洁磷石膏”（HCl-H_2SO_4法）为原料，当柠檬酸钠用量从0增加至0.045%，α半水磷石膏的长径比从10.3∶1降低为0.6∶1[162]。此外，研究表明EDTA、氨三乙酸、顺丁烯二酸等转晶剂能明显改善α半水石膏的晶体形貌，使之由细长的针棒状向短柱状转变，但FTIR分析表明在转晶剂作用下制备的α半水石膏的特征吸收峰与空白样品相比，除了吸收强度稍微不同外，FTIR图谱中吸收峰的位置和数量基本没有变化；同时EDS分析也未能确定样品中C的来源，因此推断在α半水石膏晶体表面没有形成特殊官能团[163,164]。在丙三醇溶液中添加丁二酸及丁二酸钠能够获得短柱状的α半水脱硫石膏，增加丙三醇含量会增大丁二酸解离常数并降低溶液中羧酸根离子含量[165,166]。

（3）大分子类

大分子类转晶剂主要为一些蛋白质的水解物，如角蛋白、酪蛋白、白蛋白的水解物。常用的有明胶、糊精等[167]。研究表明[168]：随着明胶用量的增加，α半水石膏晶体长度缩短、直径增大，由针状逐渐变为短柱状；虽然明胶对α半水石膏沿长度方向的生长有明显的抑制作用，但生成的α半水石膏晶形不太理想，晶体缺陷较多，表面不太完整光滑，且很多晶粒黏附在一起，可能与明胶自身的黏性有关。糊精的掺入对α半水石膏的晶体形貌基本没有影响，α半水石膏仍呈针状。

（4）表面活性剂类

表面活性剂具有降低溶液表面张力、增大表面活性的作用。加入表面活性剂能降低晶体的成核速率，增大晶体的成长速率，且表面活性剂容易在晶体的某些晶面和边缘棱角处选择性吸附，抑制该部位的成长，从而使结晶习性发生改变，更容易在小晶体上吸附，因此加入表面活性剂后可以出现大的晶体[144]。常用的表面活性剂包括十二烷基苯磺酸钠、十二烷基硫酸钠[169]、十六烷基三甲基溴化铵[170]等。适量的十二烷基苯磺酸钠、木质素磺酸钠可使α半水石膏晶体长径比变小，向短棒状发展，但晶体发育不均齐、形貌不理想，晶体直径大小不一、长径比大于3，因而不适合作为磷石膏制备α半水石膏的高效转晶剂。随着十二烷基苯磺酸钠和木质素磺酸钠掺量从0.05%提高到0.5%，磷石膏相变反应的时间变化不大，产品的抗压强度先缓慢增大后降低，当十二烷基苯磺酸钠掺量为0.3%时，出现少量长径比为4～6的α半水石膏柱状晶体，但晶体发育不均齐，有少量直径小于4μm的针状晶体；当木质素磺酸钠掺量为0.1%时，晶体发育均齐性有所提高[133]。周晓东等[171]研究发现以十二烷基苯磺酸钠为转晶剂，在120℃条件下反应10h，可获得结构良好的纳米级α半水石膏晶须。XRD分析表明，以十二烷基苯磺酸钠为转晶剂时，所制备α半水石膏的衍射峰强度明显高于使用尿素为转晶剂制备的α半水石膏的衍射峰强度，而添加EDTA为转晶剂时反应产物仍为二水石膏。因此，添加十二烷基苯磺酸钠有利于α半水石膏的形成。

（5）复合转晶剂

由于单一的无机盐类转晶剂效果较差，可将无机盐与有机酸混合成复合转晶剂，且合适的复合转晶剂比例和掺量有利于α半水石膏晶体向短柱状方向发展[172,173]，如将硫酸铝和柠檬酸钠复合能产生协同效应，进一步降低α半水石膏的长径比[174,175]，其作用机理是金属阳离子和具有更强烈吸附作用的阴离子基团共同作用，在c轴方向形成网络状吸附层，阻碍结晶基元在该方向上的生长[176]。XPS分析表明转晶剂以化学吸附的形式吸附在α半水石膏表面[177]。在$Ca(NO_3)_2$溶液中添加硫酸铝会加快磷石膏的脱水速率，但会降低α半水石膏的粒度；当硫酸铝和丁二酸分别为5.84mmol/L和0.15%时，α半水石膏的长径比为

1.2∶1[178]。掺入0.6%的硫酸铝和0.06%明胶作复合转晶剂，以磷石膏为原料，采用蒸压法可制得长径比约为2∶1的短柱状α半水石膏晶体[179]。栾扬等[180]考察了复合转晶剂对磷建筑石膏转晶效果的影响，选用酒石酸钾钠、醋酸镁、硫酸铝、硫酸铝钾4种转晶剂，通过单掺和复掺的方式与磷建筑石膏相互作用，结果表明：当硫酸铝和酒石酸钾钠掺量分别为0.15%和0.03%，二者协同作用于磷建筑石膏中时，比单掺时更有利于提高硬化体的力学强度；使用复合转晶剂时，硫酸铝较硫酸铝钾可以提供更多的Al^{3+}，有助于羧基间距更大的酒石酸钾钠同时与Ca^{2+}和Al^{3+}吸附配位，形成网状络合有机大分子，使晶面的稳定性提高，减缓了晶体在c轴的生长速度。然而，也有研究认为无机盐和有机酸复合转晶剂并不能产生协同效应，在复合转晶剂中，起晶形调控作用的仍然是有机酸[168,181]。

彭家惠等[182,183]研究了有机酸结构对脱硫石膏制备α半水脱硫石膏晶体形貌的影响及其调晶机理，结果表明，一元有机酸没有晶形调控效果，COOH间隔为三个碳原子的二元或多元有机酸具备调晶能力。有机酸是通过羧基与Ca^{2+}作用，选择吸附在α半水脱硫石膏（111）面，阻碍Ca^{2+}扩散和晶面生长，从而改变α半水脱硫石膏晶体生长习性和形貌。

1.6 α半水石膏水化硬化

1.6.1 α半水石膏的水化机理

α半水石膏具有亚稳定特性，在水溶液中只能稳定一段时间，而后向稳定相的二水石膏转化[184]。关于α半水石膏的水化机理，目前还未形成统一的认识，主要有两种理论：一种是胶体理论，另一种是溶解-析晶理论[185]。

胶体理论认为在半水石膏水化过程的某一中间阶段，半水石膏首先与水分子直接结合生成某种吸附络合物（即水溶胶），水溶胶凝聚形成胶凝体，后由胶凝体进一步转化为结晶态的二水石膏[186]。由于半水石膏结构具有蜂窝形长链通道，结晶水以氢键的形式部分填充在通道内，从而形成直径约为0.3nm的水分子通道，该通道允许外来水分子直接进入半水石膏晶体内部发生水化转变。因此，水分子通道的存在使得半水石膏在较短的时间内就能完全水化[187]。杨林[188]进一步证实了水分子通道主要分布在α半水石膏晶体柱面（0 0 2）上（图1-4），在平行于z轴的锥面（1 1 0）和（1－1 0）上没有水分子通道，当α半水石膏进行水化反应时，外来水分子只能沿晶体柱面的水分子通道进入到晶格中发生水化转变，不能

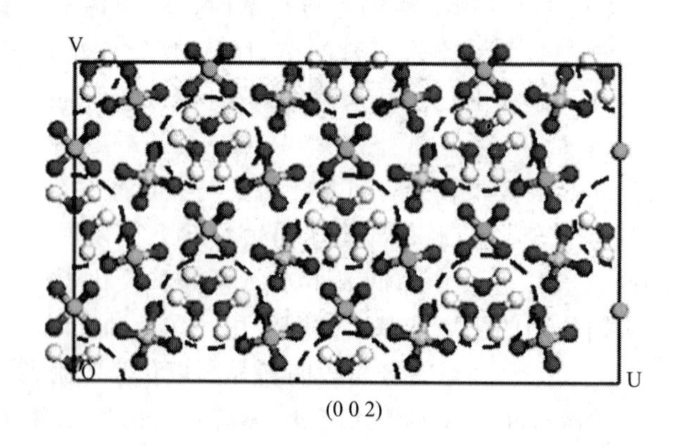

图1-4　α半水石膏晶体柱面（002）上水分子通道分布

从晶体锥面进入。通过单晶衍射研究表明：在空气相对湿度为 40%和室温条件下，半水石膏（$CaSO_4 \cdot 0.5H_2O$）属单斜晶系；但在空气相对湿度为 75%、温度为 298K 的条件下水化吸收水分子转变成三斜晶系的 $CaSO_4 \cdot 0.625H_2O$[189]。通过 zeta 电位测试表明 α 半水石膏水化时可以形成胶团结构，使其 zeta 电位为负值[190]。

溶解-析晶理论认为半水石膏的饱和溶解度对二水石膏的平衡溶解度而言是高度过饱和的，故在半水石膏的溶液中二水石膏的晶核会自发地形成并长大[191]。该理论对硬石膏的水化同样适用，即未达到硬石膏自身溶解平衡前就已析出二水石膏晶体[192]。Boisvert 等[193]考察了丙烯酸钠（PANa）对半水石膏水化的影响，结果表明：PANa 的吸附不会阻碍半水石膏的溶解，但会阻碍二水石膏的均相和非均相的成核和生长。在半水石膏的过饱和溶液中，采用时间-分辨冷冻电镜（TR-cryo-TEM）研究发现半水石膏水化成二水石膏为多级粒子形成模型，随着水化的进行，先由纳米无定形簇演变成无定形颗粒，后在 10s 内重新组织成二水石膏晶体，而添加少量的柠檬酸会显著延长石膏颗粒的重组时间[194]。采用高分辨率显微镜和原位-快速时间分辨小角 X 射线衍射发现溶液中二水石膏的成核和结晶可分为四个阶段（图 1-5），第一阶段是快速形成结晶良好、长度小于 3nm 的 $CaSO_4$ 初始物种；第二阶段是初始物种开始聚集；第三阶段是初始物种聚集和自组装形成不规则的形貌；第四阶段是初始物种生长和合并成聚合物，通过结构重组充分结晶成二水石膏晶体。其中，初始物种的自组装是控制二水石膏形成的关键步骤[195,196]。此外，研究表明，二水石膏的成核机理不受过饱和度和温度的影响，但 Mg^{2+} 和柠檬酸会影响二水石膏的成核路径和生长动力学[197]。

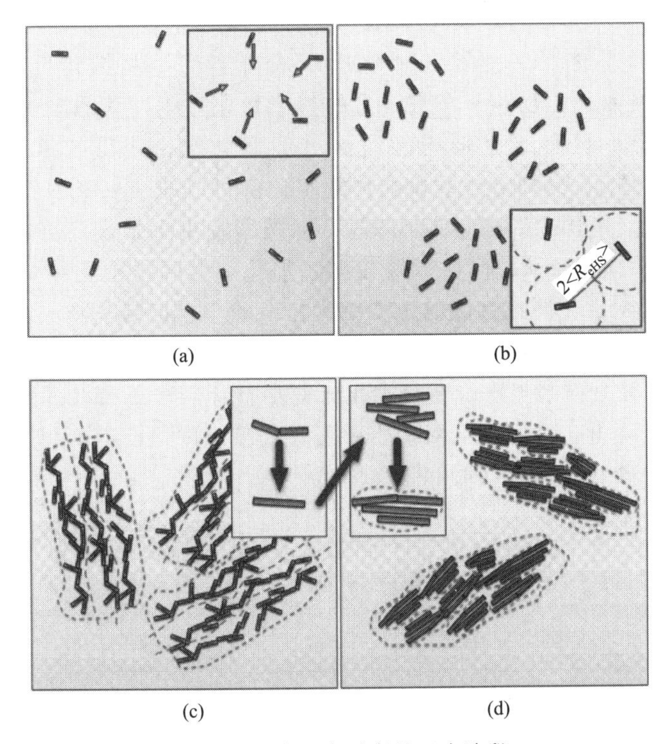

图 1-5　形成二水石膏的四个阶段

采用时间分辨同步 X 射线衍射研究半水石膏向二水石膏的转变，发现不管使用 α 半水石膏还是 β 半水石膏作为初始原料，生成的二水石膏产物非常相似；α 半水石膏的诱导时间比β半水石膏的诱导时间短，且α半水石膏的转化率更高[198]。

1.6.2 α半水石膏水化硬化性能

α半水石膏的水化硬化即α半水石膏水化和二水石膏结晶结构网的形成过程[199]。石膏硬化体主要是由水化产物二水石膏彼此交联而形成的、具有一定力学强度的多孔网状结构[200]。在水化初期，小颗粒α半水石膏快速水化，并在大颗粒α半水石膏周围形成二水石膏晶体网络结构，促使石膏凝结成致密的微观结构[201]。α半水石膏的力学性能与其晶体形貌及硬化体结构密切相关，只有晶体粒度大小合适、形貌为六方短柱状、晶面完整的α半水石膏才具有较高的力学性能[172]。由于短柱状α半水石膏所需的标准稠度用水量小，水化后硬化体中的二水石膏多呈短柱状或板状且粒度较粗，所形成的水化硬化体网状交织、相互搭接致密，晶体间接触面积大，从而表现出良好的力学性能[202]。然而，针状α半水石膏由于标准稠度用水量大，水化而成的硬化体中的二水石膏粒度较小且多呈长柱状或针柱状，相互搭接造成大量的孔隙，从而导致其硬化体力学强度低。

对α半水石膏和β半水石膏水化过程中产物的物相和形态特征进行分析，发现两者最终的水化产物均为二水石膏，但水化速率和产物形态差异较大。α半水石膏结晶度高，粒度大，比表面积小，水化速度慢，易水化生成自形程度较高的短柱状二水石膏晶体；而β半水石膏水化产物为纤维状或针柱状的二水石膏且粒度较细，此外还存在无定形的胶凝物质，胶凝物质脱水收缩会形成孔洞，导致其力学强度较低[186]。

α半水石膏颗粒细度及分布宽度对其标准稠度用水量、水化过程和力学性能影响较大，合适的颗粒级配（$D_e \approx 35\mu m$，$n \approx 0.82$）使α半水石膏需水量降低，水化后获得粒度均匀、晶形良好的二水石膏晶体，并使石膏硬化后形成密实的结晶结构网，因而抗压强度较高[203~205]。聚羧酸减水剂能加速α半水石膏的整个水化过程，萘系减水剂能加速早期水化和降低后期水化速率，两种减水剂均能增加最高水化热，获得的水化产物结构更加致密[206]。然而，姚明珠等[207]研究发现聚羧酸超塑化剂可以减缓α半水石膏水化速率，延长α半水石膏凝结时间，其合适的掺量为0.3%，标准稠度用水量最高可以降低22.22%，抗压强度最高可以提高262.72%，但过量聚羧酸超塑化剂会降低硬化体抗压强度。此外，杂质也是影响α半水石膏水化硬化性能的重要因素，磷酸盐会抑制α半水石膏早期水化，并通过化学作用吸附改变二水石膏晶体生长习性，使其由长棒状转化为板状，并使晶体粗化，硬化体强度降低[208]。碱会抑制半水磷石膏水化成二水石膏，改变二水石膏的晶体形貌，导致水化和相互搭接程度降低，因此碱会对半水磷石膏的凝结硬化产生不利影响，尤其是在添加缓凝剂时会导致半水磷石膏过分缓凝和强度降低[209]。

第2章 α半水磷石膏的制备

2.1 α半水磷石膏的制备与表征

2.1.1 试验材料

2.1.1.1 磷石膏及其性质分析

磷石膏样品取自贵州某磷石膏堆场，外观呈灰白色至灰色，粉末状，有结块，含游离水9.23%（质量分数，下同）；呈酸性，pH值为2.71。

（1）化学组成分析

磷石膏的化学组成如表2-1所示。由表2-1可以看出，磷石膏的主要成分为二水石膏，含量约为91.32%，SiO_2含量为5.29%。此外，还含有一定量的磷、氟、有机物等有害杂质。总磷含量为0.75%，其中可溶磷含量为0.18%；总氟含量为0.14%，其中可溶氟含量为0.01%；有机物含量为0.02%。

表2-1　磷石膏的化学组成

化学组成	CaO	SO_3	SiO_2	t-P_2O_5	w-P_2O_5	t-F	w-F	结晶水	有机物	其他
含量/%	34.07	40.24	5.29	0.75	0.18	0.14	0.01	19.11	0.02	0.38

注：t-P_2O_5为总磷含量，w-P_2O_5为可溶磷含量；t-F为总氟含量，w-F为可溶氟含量。

（2）放射性分析

天然放射性核素超标是限制固体废物资源化利用的重要因素之一。磷石膏中一般含有极少量的天然放射性核素，且各地区的磷石膏放射性水平不同。因此，在利用磷石膏时应先对其进行放射性比活度检测，结果如表2-2所示。由表2-2可以看出，磷石膏的放射性符合建筑主体材料和A类装饰装修材料（GB 6566—2010）的要求。因此，磷石膏可用于制备半水石膏胶凝材料。

表2-2　磷石膏放射性检测结果

检测项目	放射性核素比活度/(Bq/kg)					内照射指数 I_{Ra}	外照射指数 I_r
	^{226}Ra	^{232}Th	^{40}K	^{235}U	^{238}U		
磷石膏	61.0	2.3	3.3	2.7	28.0	0.31	0.17
建筑主体材料(GB 6566—2010)						≤1.0	≤1.0
A类装饰装修材料(GB 6566—2010)						≤1.0	≤1.3

（3）物相组成分析

磷石膏的XRD图谱如图2-1所示。二水石膏的特征衍射峰位于11.648°、20.758°、23.418°和29.148°，共晶磷（$CaHPO_4 \cdot 2H_2O$）与二水石膏在11.648°和23.418°有重合的

特征峰[210]。由图 2-1 可以看出，磷石膏的主要物相为二水石膏，同时含有少量的石英和共晶磷。其中，二水石膏的半定量计算结果为 90%。

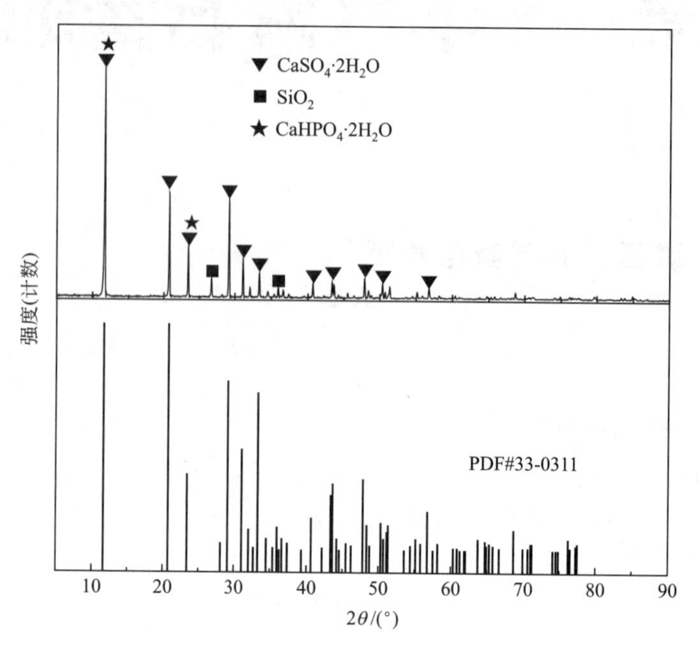

图 2-1　磷石膏的 XRD 图谱

（4）表面基团分析

磷石膏的红外光谱如图 2-2 所示。石膏中 SO_4^{2-} 有 4 个振动模式，分别是对称伸缩振动 υ_1、对称性弯曲振动 υ_2、反对称伸缩振动 υ_3 和反对称弯曲振动 υ_4。[H_2O] 的振动模式分为对称伸缩振动 υ_1、对称性弯曲振动 υ_2 和反对称伸缩振动 υ_3。由图 2-2 可以看出，$601cm^{-1}$和 $668cm^{-1}$ 为 [SO_4] 反对称弯曲振动 υ_4；$1138cm^{-1}$ 为反对称伸缩振动 υ_3，$457cm^{-1}$属于对称性弯曲振动 υ_2。羟基 [OH] 的振动峰 $3546cm^{-1}$和 $3404cm^{-1}$分别属于对

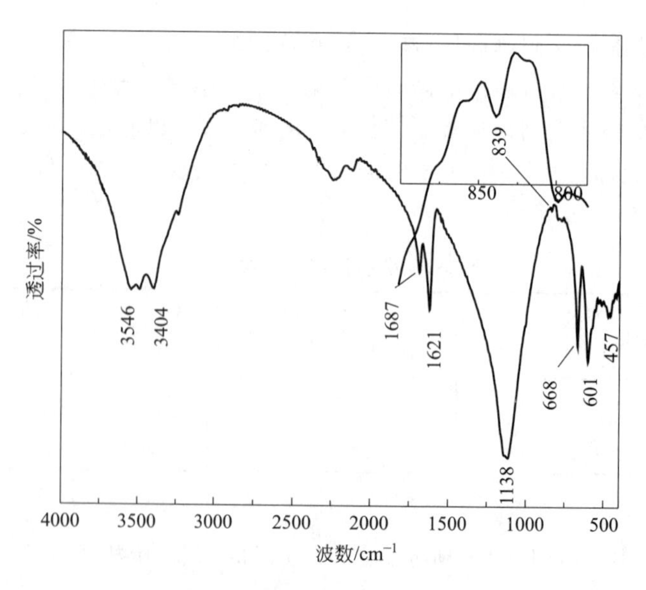

图 2-2　磷石膏红外光谱图

称伸缩振动 υ_1 和反对称伸缩振动 υ_3，1621cm^{-1}属于对称性弯曲振动 υ_2[211]。839cm^{-1}属于共晶磷的特征吸收峰，表明磷石膏中确实存在共晶磷[212,213]。

（5）微观形貌分析

磷石膏晶形的微观形貌如图 2-3 所示。由图 2-3 可以看出，磷石膏的结晶形态主要呈菱形块状，部分呈长板状，晶形较完整。

图 2-3　磷石膏晶形的微观形貌

（6）粒度组成分析

磷石膏的粒度分布如图 2-4 所示。由图 2-4 可以看出，磷石膏颗粒集中分布在 10～200μm 的范围内，颗粒级配呈正态分布，平均粒径（D_{mean}）为 72.72μm，中值粒径（D_{50}）为 64.76μm，D_{90} 为 148.8μm。与天然石膏相比，磷石膏呈粉状，粒度较细。因此，采用常压盐溶液法制备 α 半水磷石膏的过程中，可以省去磨矿步骤。

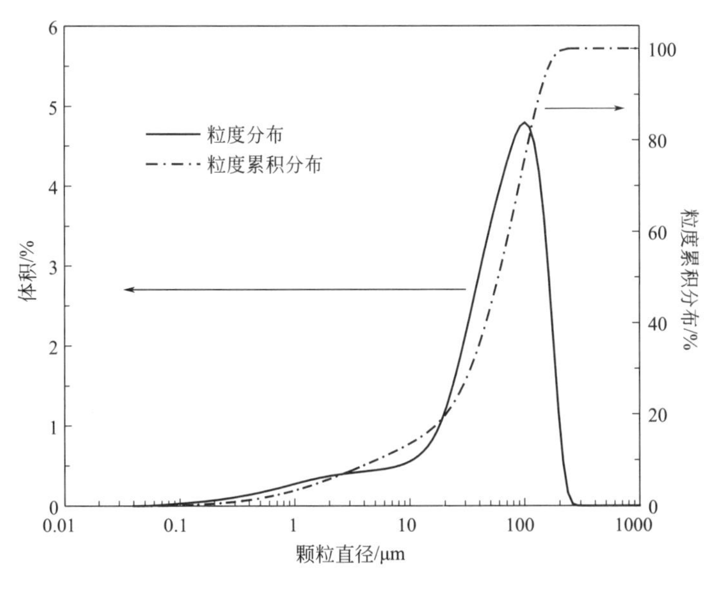

图 2-4　磷石膏的粒度分布

（7）热稳定性分析

磷石膏的 TG-DSC 曲线如图 2-5 所示。由图 2-5 可以看出，磷石膏样品在 160℃处有一个吸热峰，并伴随有一个较大的失重，质量减少 6.51%，这是二水石膏脱掉 1.5 个结晶水生成半水石膏所致；此外，在 176.5℃处有一个吸热峰，这对应半水石膏脱水生成无水石膏[138]。磷石膏在 230℃受热失重 19.23%，与所测的结晶水含量 19.11%相近。

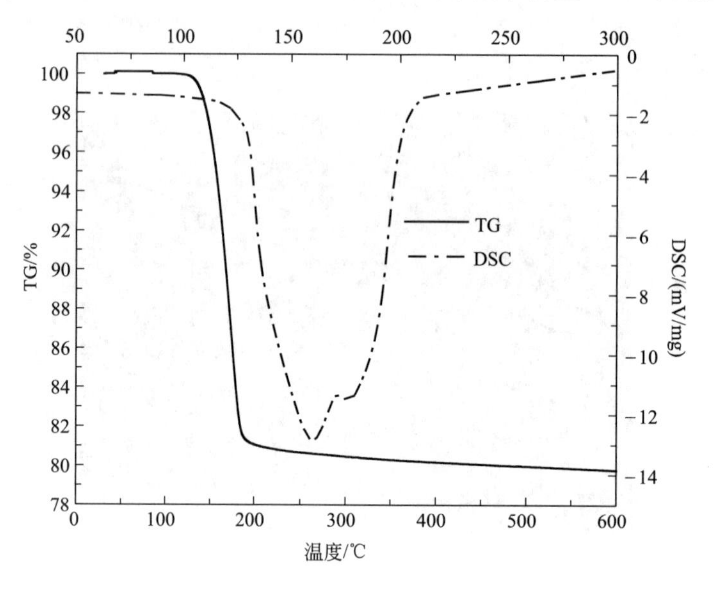

图 2-5　磷石膏的 TG-DSC 曲线

2.1.1.2　试验药剂

试验过程中所使用的主要药剂列于表 2-3 中。

表 2-3　试验主要药剂一览表

药剂名称	化学式	品级	生产厂家
生石灰	CaO	分析纯	天津市致远化学试剂有限公司
无水氯化钙	$CaCl_2$	分析纯	天津市恒兴化学试剂制造有限公司
无水硫酸钠	Na_2SO_4	分析纯	天津科密欧化学试剂有限公司
氯化钠	$NaCl$	分析纯	天津市致远化学试剂有限公司
硝酸钠	$NaNO_3$	分析纯	天津市致远化学试剂有限公司
六水氯化镁	$MgCl_2 \cdot 6H_2O$	分析纯	天津博迪化工股份有限公司
顺丁烯二酸	$C_4H_4O_4$	分析纯	天津市光复精细化工研究所
丁二酸	$C_4H_6O_4$	分析纯	天津市光复精细化工研究所
柠檬酸	$C_6H_8O_7$	分析纯	天津市光复精细化工研究所
L-天冬氨酸	$C_4H_7NO_4$	生物试剂	酷尔化学科技(北京)有限公司
L-谷氨酸	$C_5H_9NO_4$	生物试剂	酷尔化学科技(北京)有限公司
L-天冬酰胺	$C_4H_8N_2O_3$	生物试剂	南京都莱生物技术有限公司
邻苯二甲酸	$C_8H_6O_4$	分析纯	国药集团化学试剂有限公司
间苯二甲酸	$C_8H_6O_4$	分析纯	国药集团化学试剂有限公司
对苯二甲酸	$C_8H_6O_4$	分析纯	国药集团化学试剂有限公司
乙二酸	$C_2H_2O_4$	分析纯	国药集团化学试剂有限公司
丙二酸	$C_3H_4O_4$	分析纯	国药集团化学试剂有限公司
丙酮	CH_3COCH_3	分析纯	国药集团化学试剂有限公司
无水乙醇	C_2H_5OH	分析纯	成都金三化学试剂有限公司

2.1.2 试验仪器和设备

试验过程中所使用的主要仪器和设备列于表 2-4 中。

表 2-4 试验主要仪器和设备一览表

设备名称	设备型号	生产厂家
扫描电子显微镜	SU8010	日本日立公司
X 射线衍射仪	X'Pert PRO	荷兰帕兰科公司
X 射线荧光光谱仪	Axios 4kW	荷兰帕兰科公司
X 射线光电子能谱仪	Escalab 250Xi	美国赛默飞世尔科技公司
工业 CT/X 射线扫描仪	XTH 225 ST	日本尼康公司
激光粒度分析仪	LS13320	美国贝克曼公司
zeta 电位分析仪	DelsaTM Nano C	美国贝克曼公司
傅里叶变换红外光谱仪	VERTEX 70	德国布鲁克公司
热重-差热同步分析仪	STA 449C	德国耐驰公司
微机控制抗压抗折试验机	YAW-300B	浙江英松仪器设备制造有限公司
行星四筒球磨机	XPML-Φ100 *4	武汉探矿机械厂
电热鼓风干燥箱	101-4	北京科伟永兴仪器有限公司
集热式恒温磁力搅拌器	DF-101T	郑州予创仪器设备有限公司
pH 计	PHS-3C	上海仪电科学仪器股份有限公司
偏光显微镜	CX21-P	日本奥林巴斯株式会社
分子模拟软件	Materials Studio 8.0	美国 Accelrys 公司

2.1.3 α 半水磷石膏的制备方法

以原状磷石膏作为反应原料，添加生石灰配制成料浆预处理 24h 后去除表面漂浮的有机物，后 40℃烘干备用。首先配制一定浓度的盐溶液和转晶剂溶液，将溶液混合后倒入配有温度计、电动搅拌装置和球形冷凝管的 2L 三口烧瓶中，后将三口烧瓶置于油浴锅中加热。当盐溶液加热至设定温度后，加入磷石膏，配制成一定浓度的浆体，进行恒温动态反应，搅拌速度约为 200r/min。从磷石膏与盐溶液混合开始，每隔一定时间用移液管从反应料浆靠中间位置迅速吸取约 20mL 浆体，置于 G4 熔接玻璃坩埚中快速抽滤，滤液用于分析溶液中 SO_4^{2-} 浓度；滤饼立即用沸水洗涤三次，再用无水乙醇洗涤两次后，在 45℃的鼓风干燥箱内烘至恒重，用于结晶水含量、XRD、SEM 分析等。最终将反应完成的产品快速抽滤，利用沸水洗涤后 120℃烘干，球磨改性后得到 α 半水磷石膏粉。

2.1.4 产品分析与表征方法

(1) 磷石膏和反应料浆 pH 值的测定

按照水固质量比 10∶1 向磷石膏中加入清水，搅拌均匀后静置 4h，经过中速定性滤纸过滤后用精密实验室酸度计测定溶液 pH 值。取适量待测反应料浆用中速定性滤纸过滤后，用精密实验室酸度计测定溶液 pH 值。

(2) 磷石膏中杂质含量的测定

磷石膏中的吸附水、总磷、可溶磷、总氟、可溶氟及二水硫酸钙含量按照标准《磷石膏》GB/T 23456—2018 进行测试。

(3) 反应产物结晶水含量的测定

参照《建筑石膏 结晶水含量的测定》GB/T 17669.2—1999 测定反应产物结晶水含

量。准确称取 2g 样品，放入已干燥至恒重带有磨口塞的称量瓶中，在 230℃±5℃的烘箱内加热 45min，用坩埚钳将称量瓶取出，盖上磨口塞，放入干燥器中于室温下冷却 15min，称重，再将称量瓶敞开盖放入烘箱内于同样的温度下加热 30min，取出，放入干燥器中于室温下冷却 15min。如此反复加热、冷却、称量，直至恒重。

（4）水化产物结晶水含量和液相离子浓度的测定

按 15∶1 的水固质量比将 α 半水磷石膏粉末加入去离子水中，搅拌均匀，在室温下水化一定时间后吸取 50mL 料浆立即过滤，其中滤饼多次用无水乙醇洗涤以终止其水化反应，后将样品置于 40℃真空干燥箱中干燥至恒重，按照《建筑石膏　结晶水含量的测定》GB/T 17669.2—1999 进行结晶水含量测定。采用《水质　钙的测定　EDTA 滴定法》GB 7476—87 测定滤液中的 Ca^{2+} 浓度；采用《水质　硫酸盐的测定　重量法》GB 11899—89 测定滤液中的 SO_4^{2-} 浓度。

（5）标准稠度用水量测定

将预估的标准稠度用水量的水倒入搅拌碗中，称取 400g 制备好的 α 半水磷石膏粉末在 5s 内倒入水中，用拌和棒搅拌 30s 得到均匀的石膏料浆，然后边搅拌边迅速注入稠度仪筒体内，刮去溢浆，使浆面与筒体上端面齐平。从 α 半水磷石膏粉末与水接触开始至 50s 时，提升筒体，测定料浆直径扩展为 180mm±15mm 时的加水量，该加水量与 α 半水磷石膏粉末的质量比，即为标准稠度用水量。

（6）力学性能测试

参照 JC/T 2038—2010《α 型高强石膏》标准进行 α 半水磷石膏的烘干抗折强度和抗压强度的测定。称取适量制备好的 α 半水磷石膏粉末，按照标准稠度用水量加水搅拌均匀后用 40mm×40mm×160mm 试模成型。试件脱模后在试验条件（温度 20℃±2℃，相对湿度 65%±5%）下养护 24h，后将试块在 40℃±1℃的烘箱中烘至恒重，采用微机控制抗压抗折试验机测试试件的烘干抗折强度和抗压强度，精确至 0.1MPa。

（7）扫描电镜测试

采用扫描电子显微镜（scanning electron microscope，SEM）观察反应产物的晶体形貌和尺寸，采用 Image-Pro Plus 图像分析软件手工测量至少 100 颗 α 半水磷石膏晶体的长度和直径，计算平均长径比。

（8）红外光谱分析

采用溴化钾压片法，在傅里叶变换红外光谱仪（Fourier transform infrared spectroscope，FTIR）上以分辨率 $4cm^{-1}$、扫描次数 16 次、DTGS 检测器、扫描范围 400～$4000cm^{-1}$ 的条件分别对未添加转晶剂和添加不同种类转晶剂条件下制备出的 α 半水磷石膏进行红外光谱测定。

（9）X 射线光电子能谱测试

在未添加转晶剂和添加顺丁烯二酸及 L-天冬氨酸的条件下制备 α 半水磷石膏，反应完成后将样品立即用沸水洗涤三次，再用无水乙醇洗涤两次，在 40℃的鼓风干燥箱内烘至恒重。将样品用不导电的双面胶粘在金属基底的样品台上，采用 X 射线光电子能谱仪（X-ray photoelectron spectroscope，XPS）测试。仪器使用的溅射源为 Al Kα，加速电压和电流分别为 12kV 和 6mA，测试压力低于 10^{-7}Pa。

（10）电子计算机断层扫描测试

采用工业电子计算机断层扫描仪（computed tomography，CT）对 α 半水磷石膏的硬化体进行扫描，将硬化体放入金属转台上，使样品的旋转中心与转台的旋转中心保持一致，然后进行数据采集。工业 CT 的原理如图 2-6 所示，扫描视野直径为 ϕ250mm，高度为 250mm；上限电压为 225kV，最大功率为 225W，综合精度可达 4.5μm。

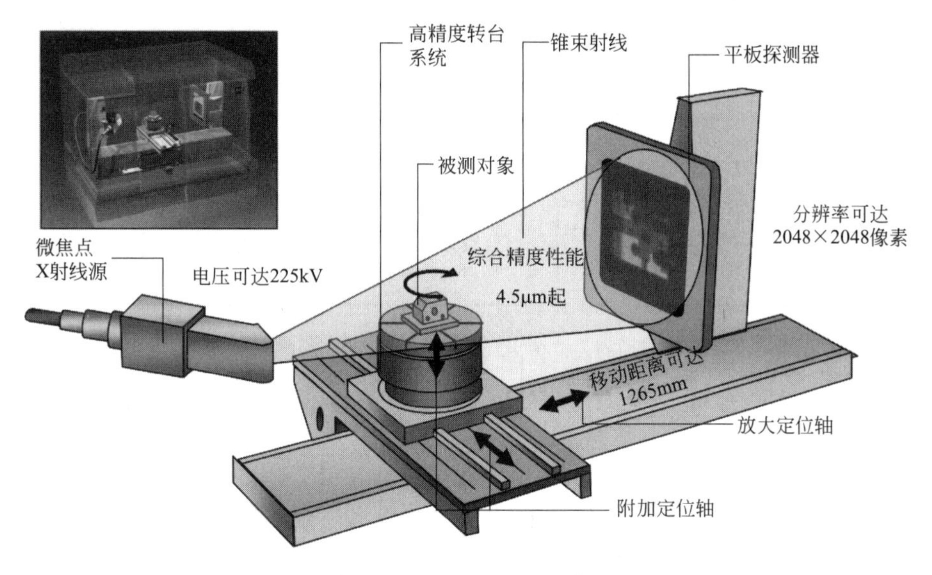

图 2-6　工业 CT 原理示意图

（11）X 射线衍射分析

采用 X 射线衍射仪（X-ray diffraction，XRD）分析反应产物的物相组成。仪器测试条件为：使用 Cu Kα 发射源，管电压为 40kV，管电流为 40mA，采用连续扫描方式，扫描范围（2θ）为 5°～90°，步长为 0.01313°，每步扫描 15s。

（12）zeta 电位测试

首先将制备好的 α 半水磷石膏研磨至－5μm 粉末，添加不同浓度的顺丁烯二酸和 L-天冬氨酸配制成质量浓度为 0.1%的悬浮液，以 1×10^{-3}mol/L 的 KNO_3 作背景电解质，用磁力搅拌器搅拌 1min 后，采用 zeta 电位分析仪测试不同转晶剂浓度下 α 半水磷石膏的 zeta 电位。

（13）热重-差热同步分析

采用热重-差热同步分析仪进行测试，称取 10～15mg 粉末样品放入氧化铝坩埚中，以 N_2 作为保护气体、Al_2O_3 作为参比样，升温速率为 10℃/min，从室温升至 600℃，得到 TG-DSC 曲线。

磷石膏只有在一定的热力学条件下才能转化生成 α 半水磷石膏，因此在采用热力学分析常压水溶液中二水石膏转化为 α 半水磷石膏的基础上，考察盐介质种类和浓度对磷石膏转化为 α 半水磷石膏的速率、物相组成和微观形貌的影响，筛选出有效的盐介质并确定其浓度；研究反应温度、料浆固液比和预处理剂 CaO 用量对磷石膏转化速率的影响，从而确定常压盐溶液法制备 α 半水磷石膏的工艺参数。

2.2　常压水溶液中二水石膏转化为 α 半水石膏热力学分析

为了考察二水石膏在常压水溶液中转化为 α 半水石膏的可行性，计算了不同温度下反应的标准吉布斯自由能。在不同温度的水溶液中，$CaSO_4 \cdot 2H_2O(s)$、$CaSO_4 \cdot 0.5H_2O(s)$、$H_2O(aq)$、$Ca^{2+}(aq)$ 和 $SO_4^{2-}(aq)$ 的热力学数据列于表 2-5 中[214]。

表 2-5 石膏相关的热力学数据

化合物	$\Delta G_T^{\ominus}/(kJ/mol)$			
	25℃	50℃	75℃	100℃
$Ca^{2+}(aq)$	−514.35	−512.20	−510.49	−509.23
$SO_4^{2-}(aq)$	−928.07	−929.22	−929.61	−929.21
$CaSO_4 \cdot 2H_2O(s)$	−2080.51	−2085.56	−2090.98	−2096.77
$CaSO_4 \cdot 0.5H_2O(s)$	−1615.66	−1619.04	−1622.67	−1626.52
$H_2O(aq)$	−306.68	−308.49	−310.42	−312.47

二水石膏转化为 α 半水石膏的反应方程为：

$$CaSO_4 \cdot 2H_2O(s) + aq \xlongequal{} CaSO_4 \cdot 0.5H_2O(s) + 1.5H_2O + aq \tag{2-1}$$

反应的标准吉布斯自由能：

$$\Delta G_{298(反应)}^{\ominus} = \sum \Delta G_{298(产物)} - \sum \Delta G_{298(反应物)} = 4.83kJ/mol$$

因此，从热力学上可以看出，在 25℃ 的水溶液中，二水石膏不能自发转化为 α 半水石膏。同理，可以计算出 50～100℃ 水溶液中二水石膏转化为 α 半水石膏的标准吉布斯自由能，结果列于表 2-6 中。

表 2-6 不同温度水溶液中二水石膏转化为 α 半水石膏的标准吉布斯自由能

温度/℃	25	50	75	100
$\Delta G_{T(反应)}^{\ominus}/(kJ/mol)$	4.83	3.77	2.68	1.55

由表 2-6 可以看出，随着水溶液温度的升高，二水石膏转化为 α 半水石膏的标准吉布斯自由能逐渐降低，但即使在水溶液温度达到 100℃ 时，$\Delta G_{373(反应)}^{\ominus}$ 仍大于 0，这表明在常压状态下，在纯水溶液中二水石膏不能转化生成 α 半水石膏。

由于二水石膏在溶液中有一定的溶解度，因此，当二水石膏转化为 α 半水石膏分为二水石膏的溶解和 α 半水石膏的结晶两个步骤：

$$CaSO_4 \cdot 2H_2O(s) \rightleftharpoons Ca^{2+}(aq) + SO_4^{2-}(aq) + 2H_2O \tag{2-2}$$

$$Ca^{2+}(aq) + SO_4^{2-}(aq) + 0.5H_2O \rightleftharpoons CaSO_4 \cdot 0.5H_2O(s) \tag{2-3}$$

二水石膏溶解反应的标准吉布斯自由能：

$$\Delta G_{298(二水石膏溶解)}^{\ominus} = \Delta G_{Ca^{2+}}^{\ominus} + \Delta G_{SO_4^{2-}}^{\ominus} + 2\Delta G_{H_2O}^{\ominus} - \Delta G_{CaSO_4 \cdot 2H_2O}^{\ominus} = 24.73kJ/mol$$

α 半水石膏结晶反应的标准吉布斯自由能：

$$\Delta G_{298(\alpha半水石膏结晶)}^{\ominus} = \Delta G_{CaSO_4 \cdot 0.5H_2O}^{\ominus} - \Delta G_{Ca^{2+}}^{\ominus} - \Delta G_{SO_4^{2-}}^{\ominus} - 0.5\Delta G_{H_2O}^{\ominus} = -19.90kJ/mol$$

在不同温度下，二水石膏溶解反应和 α 半水石膏结晶反应的标准吉布斯自由能如表 2-7 所示。从表 2-7 可以看出，不同温度的溶液中，二水石膏溶解的标准吉布斯自由能 $\Delta G_{T(二水石膏溶解)}^{\ominus} > 0$，而 α 半水石膏结晶反应的标准吉布斯自由能 $\Delta G_{T(\alpha半水石膏溶解)}^{\ominus} < 0$，这表明二水石膏不能自发溶解生成 Ca^{2+} 和 SO_4^{2-} 并形成过饱和溶液，而 Ca^{2+} 和 SO_4^{2-} 达到过饱和后可以自发结晶析出 α 半水石膏。因此，控制二水石膏转化生成 α 半水石膏的关键是提高二水石膏的溶解度。

表 2-7 不同温度溶液中二水石膏溶解反应和 α 半水石膏结晶反应的标准吉布斯自由能

温度/℃	25	50	75	100
$\Delta G^{\ominus}_{T(二水石膏溶解)}$/(kJ/mol)	24.73	27.16	30.04	33.39
$\Delta G^{\ominus}_{T(\alpha半水石膏结晶)}$/(kJ/mol)	−19.90	−23.38	−27.36	−31.84

当二水石膏溶解达到平衡时，二水石膏的溶度积常数 $K_{sp,二水石膏}$ 为：

$$K_{sp,二水石膏}=\alpha_{Ca^{2+}}\alpha_{SO_4^{2-}}\alpha_{H_2O}^{2}=\gamma_{Ca^{2+}}c_{Ca^{2+}}\gamma_{SO_4^{2-}}c_{SO_4^{2-}}\alpha_{H_2O}^{2} \tag{2-4}$$

当 α 半水石膏溶解达到溶解平衡时：

$$CaSO_4 \cdot 0.5H_2O(s) = Ca^{2+}(aq)+SO_4^{2-}(aq)+0.5H_2O \tag{2-5}$$

α 半水石膏的溶度积常数 $K_{sp,\alpha半水石膏}$ 为：

$$K_{sp,\alpha半水石膏}=\alpha_{Ca^{2+}}\alpha_{SO_4^{2-}}\alpha_{H_2O}^{0.5}=\gamma_{Ca^{2+}}c_{Ca^{2+}}\gamma_{SO_4^{2-}}c_{SO_4^{2-}}\alpha_{H_2O}^{0.5} \tag{2-6}$$

因此，由二水石膏转化为 α 半水石膏的热力学平衡常数 $K_{二水石膏,\alpha半水石膏}$ 为：

$$K_{二水石膏,\alpha半水石膏}=\frac{K_{sp,DH}}{K_{sp,\alpha\text{-}HH}}=\frac{\alpha_{Ca^{2+}}\alpha_{SO_4^{2-}}\alpha_{H_2O}^{2}}{\alpha_{Ca^{2+}}\alpha_{SO_4^{2-}}\alpha_{H_2O}^{0.5}}=\alpha_{H_2O}^{1.5} \tag{2-7}$$

由于溶度积常数 K_{sp} 只是温度的函数，从式(2-7) 可以看出，二水石膏转化为 α 半水石膏的热力学平衡常数 $K_{二水石膏,\alpha半水石膏}$ 由水活度 α_{H_2O} 决定。因此，通过降低 α_{H_2O} 就可以降低二水石膏转化为 α 半水石膏的反应温度。在纯水溶液中，α_{H_2O} 的值为 1，此时二水石膏转化为 α 半水石膏的温度为 107.2℃，而在一个标准大气压下水的沸点为 100℃，因此，在常压水溶液中二水石膏不能转化生成 α 半水石膏。α_{H_2O} 的大小由电解质溶液的组成决定，在水溶液中加入盐类电解质可以明显降低 α_{H_2O}，从而使反应温度降低至 90～100℃，实现在常压条件下反应。

不同温度水溶液中，$CaSO_4 \cdot 2H_2O$（s）、$CaSO_4 \cdot 0.5H_2O$（s）、H_2O（aq）、Ca^{2+}（aq）和 SO_4^{2-}（aq）的标准摩尔生成焓数据列于表 2-8 中。

表 2-8 石膏相关的标准摩尔生成焓数据

化合物	$\Delta H^{\ominus}_{T}$/(kJ/mol)			
	25℃	50℃	75℃	100℃
Ca^{2+}(aq)	−542.66	−537.14	−531.17	−524.76
SO_4^{2-}(aq)	−909.60	−919.25	−929.68	−940.88
$CaSO_4 \cdot 2H_2O$(s)	−2022.63	−2017.88	−2012.92	−2007.77
$CaSO_4 \cdot 0.5H_2O$(s)	−1576.74	−1573.74	−1570.64	−1567.43
H_2O(aq)	−285.83	−284.32	−282.76	−281.16

二水石膏转化为 α 半水石膏反应的标准摩尔生成焓变：

$$\Delta H^{\ominus}_{298(反应)}=\sum\Delta H_{298(产物)}-\sum\Delta H_{298(反应物)}=17.15\text{kJ/mol}$$

不同温度下，二水石膏转化为 α 半水石膏的标准摩尔生成焓变如表 2-9 所示。由表 2-9 可以看出，不同温度溶液中反应的焓变均为正值，表明二水石膏转化为 α 半水石膏是一个吸热反应。

表 2-9 不同温度下二水石膏转化为 α 半水石膏的标准摩尔生成焓变

温度/℃	25	50	75	100
$\Delta H^{\ominus}_{T(反应)}$/(kJ/mol)	17.15	17.66	18.14	18.60

2.3 磷石膏预处理及其对制备 α 半水磷石膏的影响

2.3.1 预处理脱除磷石膏中磷、氟杂质

由于磷石膏中含有一定量的可溶磷、可溶氟、共晶磷等杂质，这些杂质的存在会影响磷石膏的使用性能，需预处理后才能使用。常用的预处理工艺主要有水洗法、石灰中和法和酸浸法，由于水洗易造成二次污染，故研究了石灰中和以及酸浸对磷石膏中磷、氟脱除的影响。

（1）石灰中和法脱除磷石膏中可溶磷和可溶氟

在磷石膏中加入 0.1%～1%的生石灰和 50%的去离子水，陈化 24h，考察石灰用量对磷石膏中可溶磷和可溶氟脱除率的影响，结果如图 2-7 所示。由图 2-7 可知，随着石灰用量的增大，磷石膏中可溶磷和可溶氟的脱除率呈先上升后趋于平稳的趋势。当石灰用量从 0.1%增加到 0.2%时，可溶磷和可溶氟的脱除率缓慢增加；当石灰用量从 0.2%增加到 0.4%时，可溶磷和可溶氟的脱除率增加迅速；当石灰用量为 0.4%时，可溶磷的脱除率达 97.31%，可溶氟的脱除率为 31.87%；当石灰用量大于 0.4%时，可溶磷和可溶氟的脱除率变化不大。石灰的主要成分为 CaO，石灰加入后会与磷石膏中的可溶磷和可溶氟反应形成难溶的磷酸盐和氟化物，从而达到脱除可溶磷和可溶氟的目的，其反应方程如式(2-8) 和式(2-9) 所示：

$$P_2O_5+3H_2O+3CaO \longrightarrow Ca_3(PO_4)_2\downarrow+3H_2O \tag{2-8}$$

$$2F^-+CaO+H_2O \longrightarrow CaF_2\downarrow+2OH^- \tag{2-9}$$

由方程(2-8) 和方程(2-9) 可知，石灰处理可溶磷过程不受溶液 pH 影响，而可溶氟的脱除受溶液 pH 影响较大，碱性条件会抑制 CaF_2 的生成，因此添加石灰至溶液 pH 为中性时对氟的脱除效果较好，过量的石灰会导致溶液碱性增强，从而阻碍可溶氟的脱除。

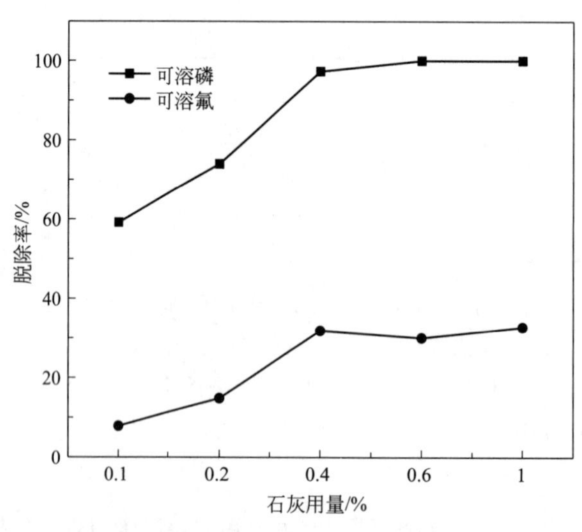

图 2-7 石灰用量对磷石膏中可溶磷和可溶氟脱除率的影响

在磷石膏中加入 0.4%的石灰，考察陈化时间对磷石膏中可溶磷和可溶氟脱除率的影响，结果如图 2-8 所示。由图 2-8 可知，随着陈化时间的延长，磷石膏中可溶磷的脱除率变

化较小，可溶氟的脱除率呈先上升后趋于平稳的趋势。当陈化时间从6h延长至12h时，磷石膏中可溶氟的脱除率迅速增加，脱除率为29.07%；可溶磷的脱除率达93.27%。当陈化时间大于12h时，磷石膏中可溶氟的脱除率逐渐趋于平稳，脱除率在35%左右。从以上试验结果可知，石灰中和法可以有效脱除磷石膏中的可溶磷，但对可溶氟的脱除效果不理想。

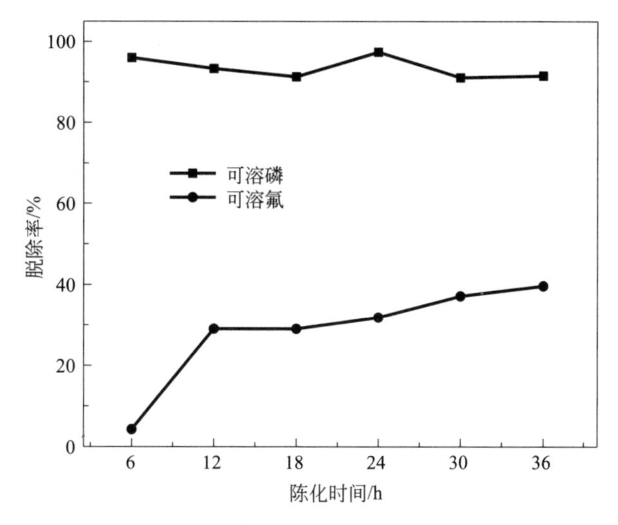

图2-8　陈化时间对磷石膏中可溶磷和可溶氟脱除率的影响

为了探究石灰中和预处理对磷石膏表面基团的影响，对预处理前后的磷石膏进行FTIR分析，结果如图2-9所示。由图2-9可知，464cm^{-1}为磷石膏中［SO_4］对称性弯曲振动峰（υ_2），603cm^{-1}和670cm^{-1}为［SO_4］反对称弯曲振动峰（υ_4），1144cm^{-1}为［SO_4］反对称伸缩振动峰（υ_3）。3546cm^{-1}和3403cm^{-1}对应的峰分别属于羟基［OH］的对称伸缩振动υ_1和反对称伸缩振动υ_3，1621cm^{-1}对应峰属于［OH］的对称性弯曲振动υ_2。839cm^{-1}为共晶磷的特征吸收峰[17]。磷石膏经石灰中和处理前后，其红外光谱图无明显变化，且石灰中和后共晶磷的特征吸收峰仍然存在，表明石灰中和法并不能脱除磷石膏中的共晶磷。

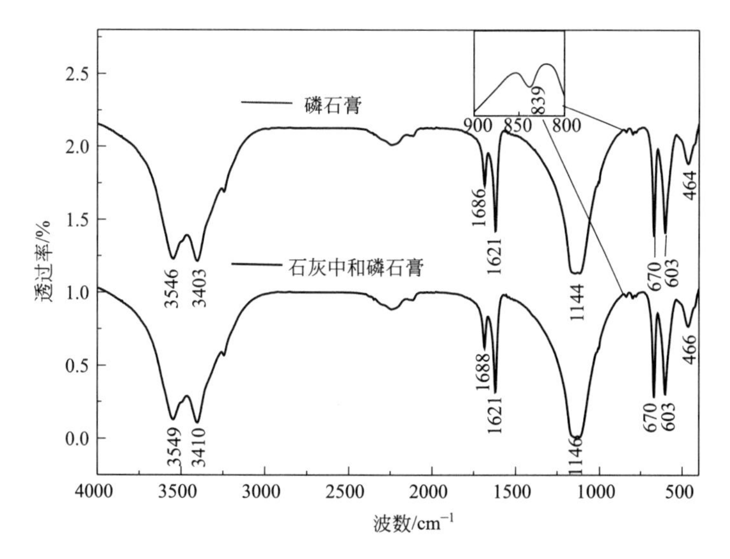

图2-9　石灰中和前后磷石膏的FTIR图谱

（2）酸浸法脱除磷石膏中磷、氟

尽管石灰中和法能有效脱除磷石膏中可溶磷和部分可溶氟，但其中的共晶磷、难溶性磷和难溶性氟等杂质难以脱除，添加硫酸可溶解磷石膏中难溶性杂质，再通过洗涤去除。因此，研究采用酸浸法脱除磷石膏中的总磷和总氟。

① 浸出温度与时间对磷石膏中总磷和总氟脱除的影响　在硫酸用量（质量分数）为30%、液固比 3mL/g、浸出时间 120min 的条件下，考察浸出温度对磷石膏中总磷和总氟脱除率的影响，结果如图 2-10 所示。由图 2-10 可以看出，随着浸出温度的升高，磷石膏中总磷、总氟的脱除率呈先上升后趋于平稳的趋势。当浸出温度为 25～45℃时，总磷和总氟脱除率增加缓慢，脱除率分别保持在 25%和 65%左右。当浸出温度由 45℃增加至 55℃时，总磷和总氟脱除率迅速增加。当浸出温度为 55℃时，磷石膏中总磷和总氟的脱除率分别达到98.95%和 91.07%。继续升高温度，总磷、总氟的脱除率变化较小，合适的酸浸温度为 55℃。

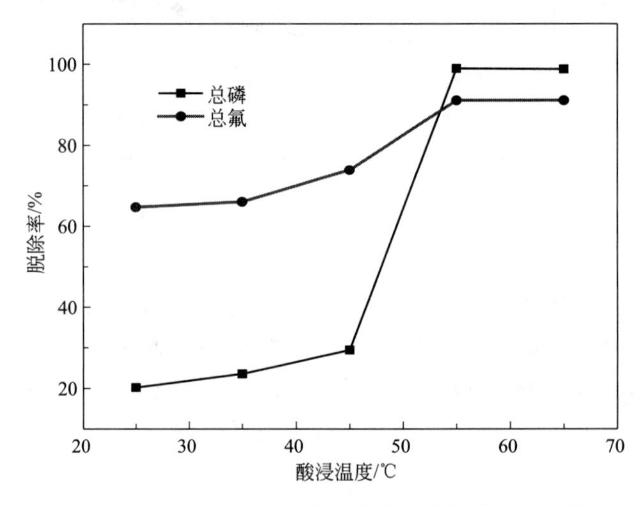

图 2-10　浸出温度对磷石膏中总磷和总氟脱除率的影响

不同酸浸温度下，产物的结晶水含量如图 2-11 所示，由图 2-11 可以看出，产物的结晶水含量与磷石膏中总磷和总氟的脱除率之间存在对应关系，即总磷和总氟的脱除率迅速增加

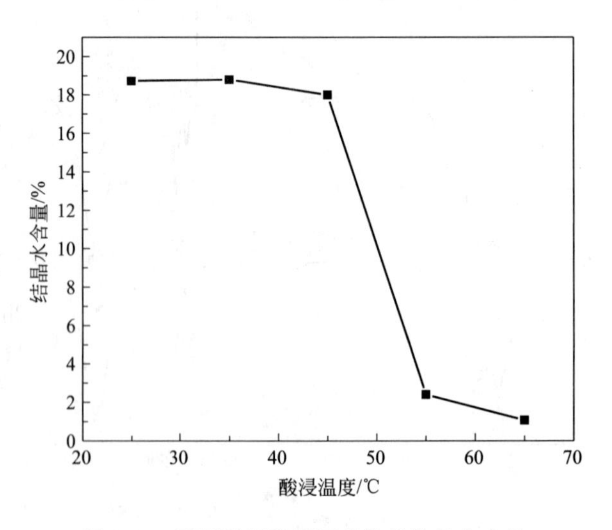

图 2-11　不同酸浸温度下产物的结晶水含量

时，产物的结晶水含量迅速降低；当酸浸温度为55℃时，产物的结晶水含量降低为2.4%，表明大部分磷石膏已经转化为无水石膏。

在硫酸用量（质量分数）为30%、浸出温度55℃、液固比3mL/g的条件下，考察浸出时间对磷石膏中总磷和总氟脱除率的影响，结果如图2-12所示。由图2-12可以看出，随着浸出时间的增加，磷石膏中总磷和总氟的脱除率呈先增加后趋于平缓的趋势。当浸出时间为120min时，磷石膏中总磷的脱除率达98.95%，总氟的脱除率达91.07%；继续延长浸出时间，总磷和总氟的脱除率增幅较小。考虑到加温条件下延长浸出时间会增加能耗，故合适的浸出时间为120min。

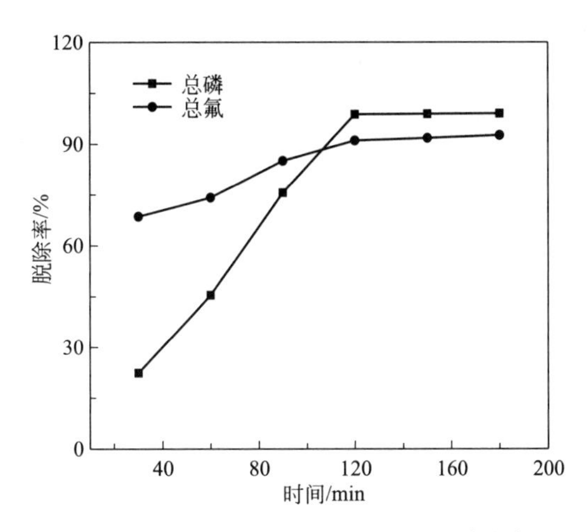

图2-12　浸出时间对磷石膏中总磷和总氟脱除率的影响

当硫酸用量（质量分数）为30%、浸取温度55℃、液固比3mL/g、浸出时间为120min时，磷石膏中总磷和总氟的脱除率分别为98.95%和91.07%。与石灰中和法相比，采用酸浸法能提高磷石膏中磷和氟的脱除率，其原因可能是硫酸能溶解磷石膏中的难溶磷、共晶磷和难溶氟，其可能的化学反应如式(2-10)～式(2-15)所示。硫酸浓度增大时，难溶磷$Ca_3(PO_4)_2$在硫酸作用下可分别生成$CaHPO_4$、$Ca(H_2PO_4)_2$和H_3PO_4。硫酸作用下，难溶氟形态CaF_2易分解；此外，部分氟存在于未溶解的磷灰石中，酸作用下易溶解。

$$Ca_3(PO_4)_2+H_2SO_4 \longrightarrow 2CaHPO_4+CaSO_4 \tag{2-10}$$

$$Ca_3(PO_4)_2+2H_2SO_4 \longrightarrow Ca(H_2PO_4)_2+2CaSO_4 \tag{2-11}$$

$$Ca_3(PO_4)_2+3H_2SO_4 \longrightarrow 2H_3PO_4+3CaSO_4 \tag{2-12}$$

$$CaHPO_4 \cdot 2H_2O+H_2SO_4 \longrightarrow CaSO_4+H_3PO_4+2H_2O \tag{2-13}$$

$$Ca_5(PO_4)_3F+5H_2SO_4+10H_2O \longrightarrow 3H_3PO_4+5(CaSO_4 \cdot 2H_2O)+HF\uparrow \tag{2-14}$$

$$CaF_2+H_2SO_4 \longrightarrow CaSO_4+2HF\uparrow \tag{2-15}$$

为探究加温酸浸前后磷石膏的微观形貌和表面官能团变化，对加温酸浸前后磷石膏进行SEM和FTIR分析，结果分别如图2-13和图2-14所示。从图2-13(a)可以看出，酸浸前磷石膏的结晶形态主要呈菱形块状，部分呈长板状；从图2-13(b)可以看出，酸浸后磷石膏结晶形态呈薄片状，表面光滑。FTIR分析表明（图2-14），当浸出温度为45℃时，酸浸前后产物官能团的特征吸收峰变化不明显。当浸出温度升高至55℃时，与酸浸前磷石膏相比，酸浸后产物的$3547cm^{-1}$、$3403cm^{-1}$、$1686cm^{-1}$和$1621cm^{-1}$等[OH]特征吸收峰消失，

$839cm^{-1}$处共晶磷的特征吸收峰消失，表明在硫酸用量（质量分数）为30%、浸取温度为55℃时，磷石膏中的共晶磷和结晶水被脱除。

(a) 酸浸前　　(b) 酸浸后(30%硫酸、55℃、3mL/g、120min)

图 2-13　磷石膏酸浸前后微观形貌

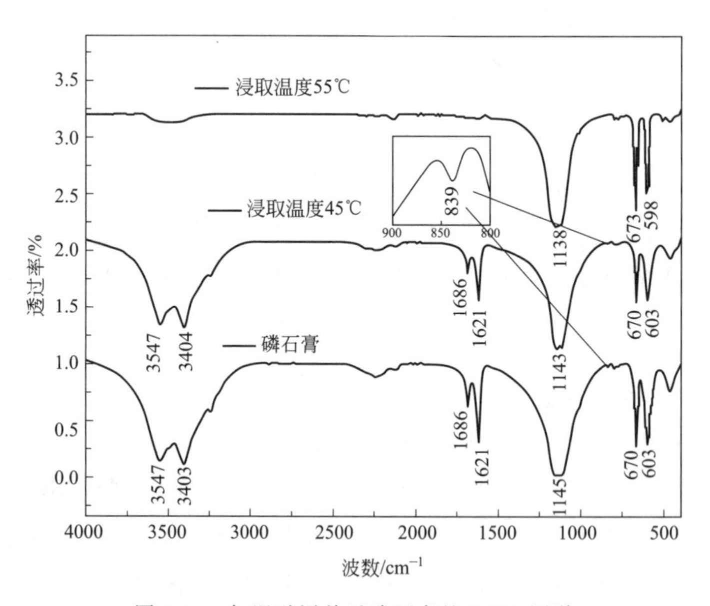

图 2-14　加温酸浸前后磷石膏的 FTIR 图谱

② 常温酸浸对磷石膏中总磷、总氟脱除的影响　当酸浸温度为55℃时，磷石膏中总磷和总氟脱除率大幅提高，但加温酸浸工艺较复杂，能耗较高，因此尝试在常温条件下开展磷石膏中磷、氟脱除试验研究。在反应温度25℃、液固比3mL/g、浸取时间120min条件下，考察硫酸用量对磷石膏中总磷和总氟脱除率的影响，结果如图2-15所示。由图2-15可以看出，随着硫酸用量的提高，磷石膏中总磷、总氟的脱除率均呈先趋于平稳后上升的趋势。当硫酸用量（质量分数，下同）在10%～40%时，总磷和总氟的脱除率基本没有变化，脱除率分别保持在20%和60%左右。当硫酸质量分数均为30%、其他浸出条件不变时，常温酸浸磷石膏中的磷、氟脱除率明显低于55℃时酸浸的磷、氟脱除率，表明采用30%硫酸时，磷、氟的脱除主要受酸浸温度控制。但当在常温条件下，硫酸用量由40%提高到50%时，磷石膏中总磷和总氟的脱除率迅速增加。当硫酸用量为50%时，磷石膏中总磷和总氟的脱

除率分别达到95.88%和93.13%。其原因可能是，当硫酸用量从40%提高到50%时，难溶磷的酸解反应由方程(2-10)和方程(2-11)向方程(2-12)转变，$Ca_3(PO_4)_2$ 的酸解产物由微溶物 $CaHPO_4$ 和 $Ca(H_2PO_4)_2$ 向可溶物 H_3PO_4 转变，大部分难溶磷转化为可溶磷 H_3PO_4 而被脱除；且硫酸浓度增大后，参与酸解的难溶磷、共晶磷和难溶氟的量增大，总磷和总氟脱除率增加。

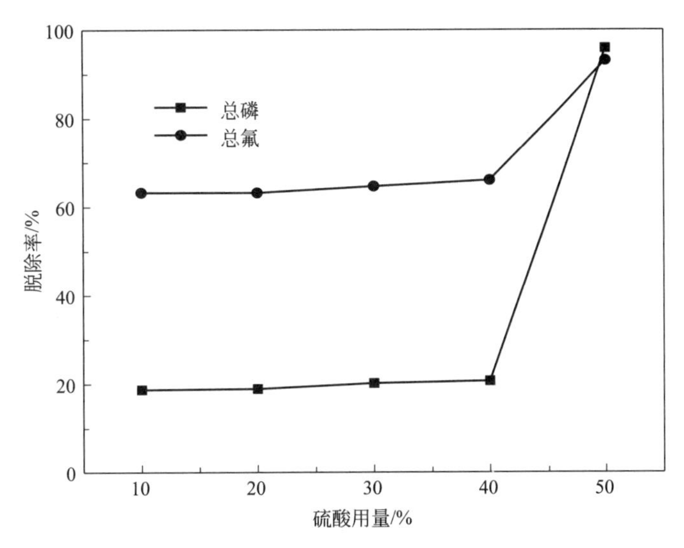

图 2-15 常温酸浸硫酸用量对磷石膏中总磷、总氟脱除率的影响

不同硫酸用量下浸出产物的结晶水含量如图2-16所示。由图2-16可以看出，磷石膏中总磷和总氟的脱除率与浸出产物的结晶水含量存在对应关系，即当硫酸用量为10%～40%时，总磷和总氟的脱除率与产物的结晶水含量均变化不大；继续增大硫酸用量，总磷和总氟的脱除率迅速增加，同时产物的结晶水含量迅速降低，当硫酸用量为50%时，产物的结晶水含量降低为0.41%，表明磷石膏已经转变为无水石膏。

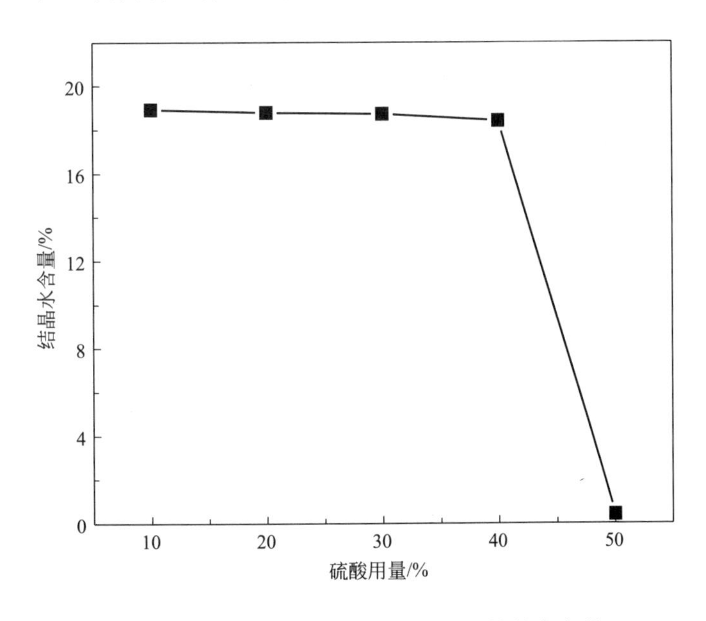

图 2-16 不同硫酸用量下浸出产物的结晶水含量

为探究常温酸浸条件下，增大硫酸用量对磷石膏微观形貌、表面官能团和物相组成的影响，对常温酸浸前后磷石膏进行 SEM、FTIR 和 XRD 分析，其结果分别如图 2-17、图 2-18 和图 2-19 所示。由图 2-17 可以看出，在常温条件下，采用 50%硫酸酸浸后，磷石膏结晶形态由菱形块状转变为长柱状或针状，长径比大，直径小。由图 2-18 可知，常温条件下，当采用 40%硫酸酸浸后，产物中主要官能团的特征吸收峰与酸浸前无明显差异，产物结晶水含量为 18.41%。当硫酸用量增至 50%后，酸浸后的产物中 $3547cm^{-1}$、$3403cm^{-1}$、$1686cm^{-1}$和 $1621cm^{-1}$等［OH］特征吸收峰消失，同时产物结晶水含量降低为 0.41%，表明二水石膏中的结晶水被脱除。此外，$839cm^{-1}$处共晶磷的特征吸收峰也消失，表明常温条件下增加硫酸用量也能溶解磷石膏中的共晶磷。从不同硫酸用量下磷石膏常温酸浸后 XRD 图谱（图 2-19）可知，常温条件下，当硫酸用量为 40%时，磷石膏酸浸产物主要成分为二水石膏，并含有少量的石英；当硫酸用量增至 50%时，磷石膏酸浸产物中二水石膏的衍射峰消失，主要成分为无水石膏，还含有少量的石英，表明常温酸浸条件下，增加硫酸用量能将二水石膏脱水转变为无水石膏。

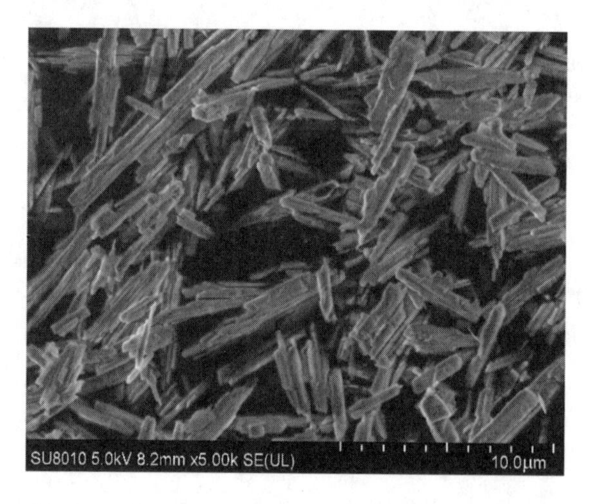

图 2-17　常温酸浸后磷石膏的微观形貌（50%硫酸）

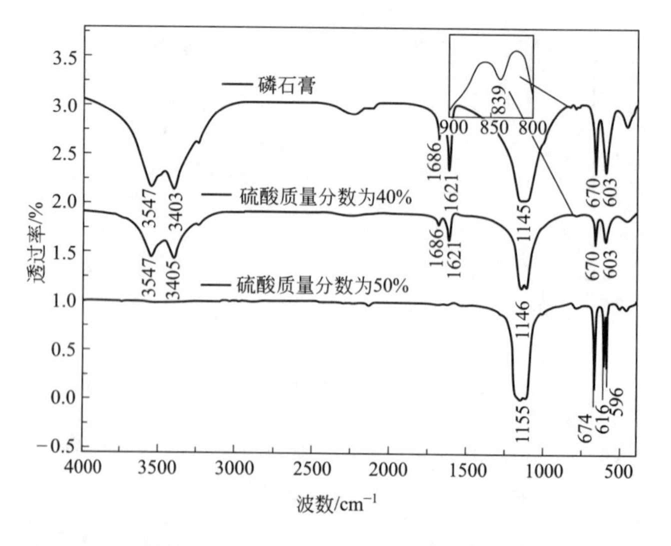

图 2-18　不同硫酸用量下磷石膏常温酸浸前后 FTIR 图谱

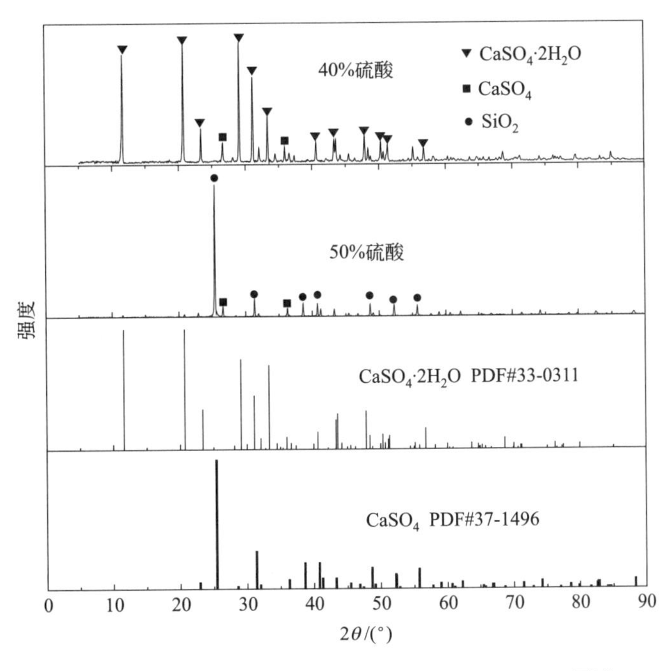

图 2-19　不同硫酸用量下磷石膏常温酸浸后 XRD 图谱

2.3.2　CaO 用量对磷石膏转化速率的影响

尽管酸浸法能有效去除磷石膏中的可溶性磷、共晶磷、难溶性磷、可溶性氟和难溶性氟等杂质，但该工艺使磷石膏转变成无水石膏，且产生的酸性废液易造成二次污染。因此，研究采用石灰中和法脱除磷石膏中可溶磷和可溶氟。

在反应温度为 95℃、Na_2SO_4 浓度为 0.70mol/L、固液比为 1∶3 的条件下，考察预处理剂 CaO 用量对磷石膏制备 α 半水磷石膏转化速率的影响，结果如图 2-20 所示；相应的诱导时间和生长时间如图 2-21 所示。CaO 用量对磷石膏转化速率有一定的影响。随着 CaO

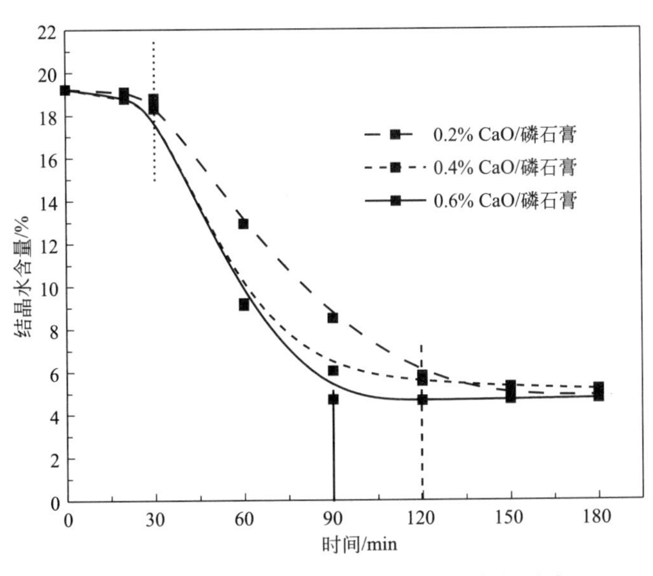

图 2-20　CaO 添加量对磷石膏转化速率的影响

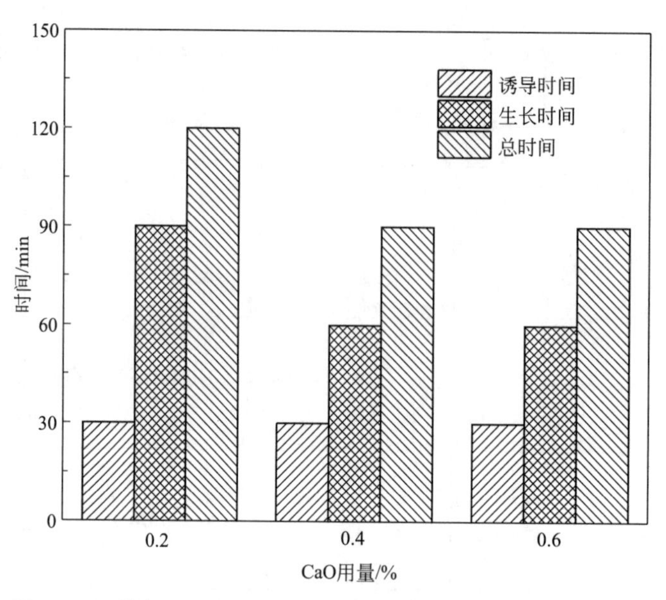

图 2-21 不同 CaO 用量下 α 半水磷石膏的诱导时间和生长时间

用量的增大，磷石膏转变为 α 半水磷石膏的速率略有增加，尤其是 CaO 用量从 0.2%增加到 0.4%时，反应速率加快。在 CaO 用量为 0.2%时，磷石膏转化为 α 半水磷石膏的时间为 120min；当 CaO 添加量为 0.4%和 0.6%时，反应时间缩短至 90min。原因可能是由于过量的 CaO 能与 Na_2SO_4 作用生成 α 半水磷石膏晶核，从而促进 α 半水磷石膏的结晶生长。

$$CaO+H_2O \longrightarrow Ca(OH)_2 \tag{2-16}$$

$$Ca(OH)_2+Na_2SO_4+0.5H_2O \longrightarrow CaSO_4 \cdot 0.5H_2O+2NaOH \tag{2-17}$$

2.3.3 反应体系 pH 的变化规律

尽管添加 CaO 能去除磷石膏中大部分的可溶磷和部分可溶氟，但其中含有的共晶磷无法消除，在反应过程中逐渐溶解进而影响体系 pH，结果如图 2-22 所示。由图 2-22 可以看出，在 CaO 用量分别为 0.2%、0.4%和 0.6%时，陈化 24h 后，将预处理磷石膏烘干后测定其 pH 值，料浆的 pH 值分别为 7.2、7.5 和 8.6。不同 CaO 用量下，随着反应时间的延长，体系 pH 逐渐降低，使料浆 pH 从弱碱性变为酸性，原因主要是由于共晶磷逐渐溶解并释放出磷酸根离子，从而使体系 pH 迅速降低。此外，随着 CaO 用量的增加，整个反应过程中料浆 pH 均增大。

对比图 2-20、图 2-21 和图 2-22 可以看出，在诱导阶段（0～30min），反应产物的结晶水含量基本没有变化，同时料浆 pH 值也未改变。当 CaO 添加量为 0.2%时，在 α 半水磷石膏的生长时间内（30～120min），反应产物结晶水含量和料浆 pH 均逐渐降低，反应完成后（>120min），产物结晶水含量和料浆 pH 变化趋于平缓。同理，当 CaO 添加量为 0.4%和 0.6%时，在 α 半水磷石膏的生长时间内（30～90min），反应产物结晶水含量和料浆 pH 同时降低；反应完成后（>90min），产物结晶水含量和料浆 pH 变化不大。因此，与天然石膏和脱硫石膏相比，反应体系 pH 降低是磷石膏常压盐溶液法制备 α 半水磷石膏的一个特征，且料浆 pH 与磷石膏反应速率（产物结晶水含量降低）呈现相关性。

磷酸根离子各组分的分布系数随 pH 的变化如图 2-23 所示。在弱碱性条件下，HPO_4^{2-}

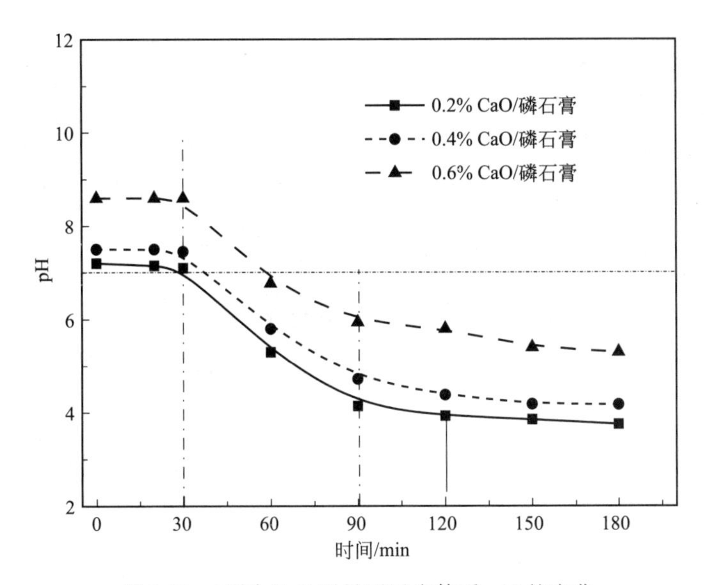

图 2-22 不同 CaO 用量下反应体系 pH 的变化

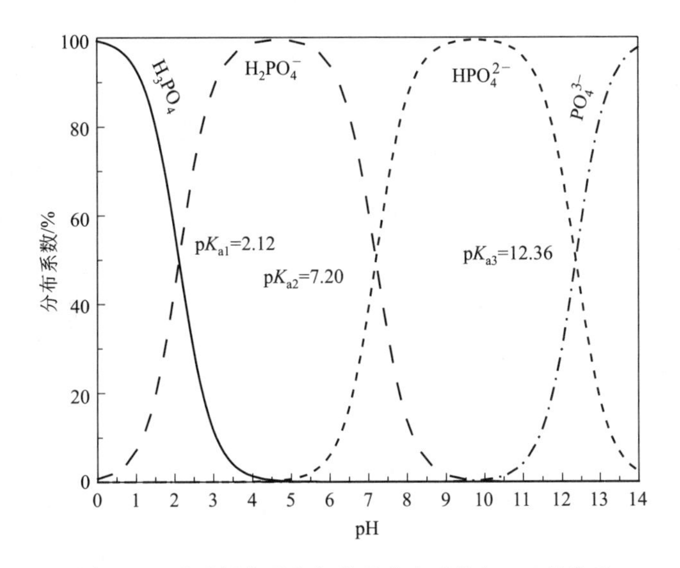

图 2-23 磷酸根离子各组分的分布系数与 pH 的关系

是优势组分，磷石膏中的共晶磷首先溶解生成 HPO_4^{2-}；随着反应体系 pH 值降低到 4～5，HPO_4^{2-} 会结合 H^+ 生成 $H_2PO_4^-$。

$$CaHPO_4 \cdot 2H_2O = Ca^{2+} + HPO_4^{2-} + 2H_2O \tag{2-18}$$

$$HPO_4^{2-} + H^+ = H_2PO_4^- \tag{2-19}$$

2.3.4 CaO 用量对 α 半水磷石膏晶体形貌的影响

CaO 用量对磷石膏制备 α 半水磷石膏晶体形貌的影响如图 2-24 所示。由图 2-24 可以看出，α 半水磷石膏的生长习性呈六方长柱状，表面光滑，但 CaO 用量会改变其端面的形貌。在 CaO 用量为 0.2%时，α 半水磷石膏只有一个端面；但当 CaO 用量为 0.4%和 0.6%时，α 半水磷石膏存在多个锥面。

(a) 0.2%

(b) 0.4%

(c) 0.6%

图 2-24 不同 CaO 用量下制备 α 半水磷石膏的微观形貌

2.4 盐介质对磷石膏制备 α 半水磷石膏的影响

盐介质的选择是常压盐溶液法制备 α 半水磷石膏的基础，其作用是提高二水石膏的溶解度，降低二水石膏向 α 半水磷石膏的转化温度。研究的钠盐包括 NaCl、$NaNO_3$ 和 Na_2SO_4，镁盐为 $MgCl_2 \cdot 6H_2O$，钙盐为 $CaCl_2$。在反应温度为 95℃、固液比为 1∶4、不添加转晶剂的条件下，分别考察这五种盐介质对磷石膏制备 α 半水磷石膏的转化速率、物相组成和微观形貌的影响[215]。

2.4.1 NaCl

NaCl是常压盐溶液法制备 α 半水磷石膏常用的盐介质。NaCl浓度对磷石膏转化速率的影响如图 2-25 所示。由图 2-25 可以看出，NaCl浓度对磷石膏转化为 α 半水磷石膏的速率影响较大，NaCl浓度过低时，反应无法进行；随着 NaCl浓度的增大，反应速度加快。当 NaCl浓度为 1.71mol/L 时，磷石膏未发生转化；在 NaCl浓度为 2.57mol/L 时，反应完成时间为 120min；当 NaCl浓度增加至 3.42mol/L 时，转化完成时间缩短至 60min。这是由于 NaCl属强电解质，在 NaCl溶液中，二水石膏的溶解可以用德拜-休克尔理论解释；随着 NaCl浓度的增加，离子强度增大，活度系数降低，二水石膏的溶解度增大，从而使转化速率加快[216,217]。

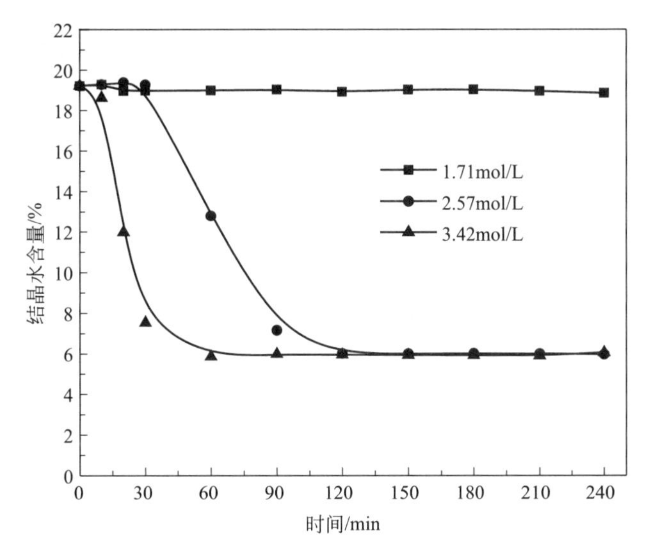

图 2-25　NaCl浓度对磷石膏转化速率的影响

整个磷石膏转化为 α 半水磷石膏的过程可以划分为两个阶段，即诱导阶段和晶体生长阶段。诱导阶段定义为反应开始到料浆中刚好析出 α 半水磷石膏晶体（α 半水磷石膏与二水石膏可以通过显微镜从晶形上区别，α 半水磷石膏晶体为六方柱状，而二水石膏晶体为菱形状或板状）；在诱导阶段，磷石膏转化为 α 半水磷石膏的结晶水含量曲线处于平稳状态，反应产物结晶水含量基本没有发生变化。晶体生长阶段定义为 α 半水磷石膏晶体出现、生长到转化完成，同时反应产物结晶水含量先降低后达到平衡。因此，可以通过观察产物结晶水含量随时间的变化曲线中的平稳阶段和下降阶段来判断诱导时间和晶体生长时间。

NaCl浓度对 α 半水磷石膏诱导时间和晶体生长时间的影响如图 2-26 所示。由图 2-26 可以看出，随着 NaCl浓度的增加，诱导时间和晶体生长时间均缩短。NaCl浓度对诱导时间的影响比对晶体生长时间的影响更显著。当 NaCl浓度从 2.57mol/L 增加至 3.42mol/L 时，诱导时间缩短了 75%，而生长时间只缩短了约 40%。

磷石膏在不同 NaCl浓度下反应 240min 产物的 XRD 图谱如图 2-27 所示，结构相的半定量结果列于表 2-10 中。当 NaCl浓度为 1.71mol/L 时，反应产物主要结构相仍为二水石膏，含量约为 91%，表明磷石膏未发生转化。当 NaCl浓度增加至 2.57mol/L 和 3.42mol/L 时，反应产物转化为 α 半水磷石膏，含量分别约为 96%和 95%。

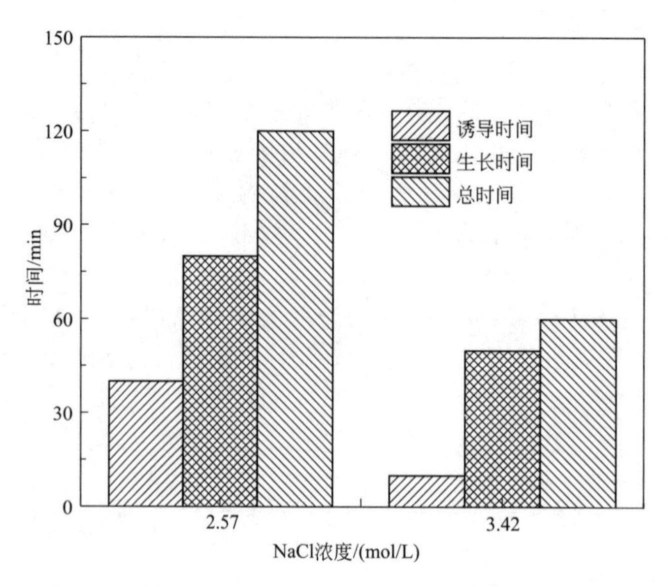

图 2-26　不同 NaCl 浓度下 α 半水磷石膏的诱导时间和生长时间

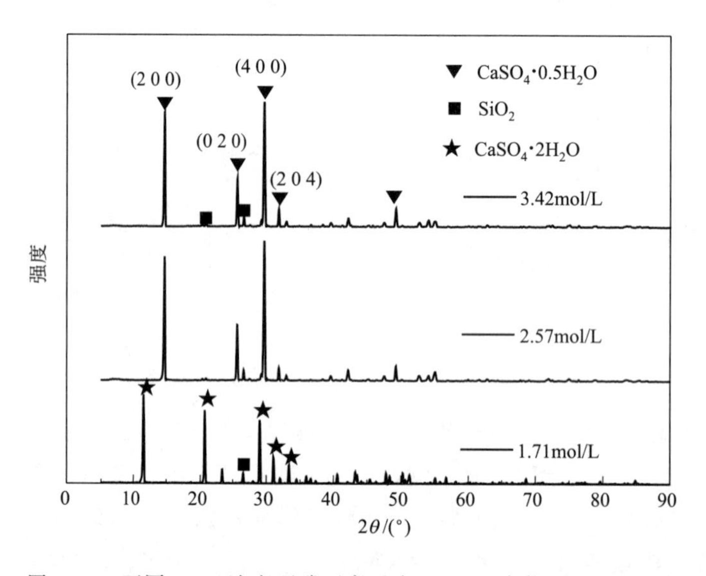

图 2-27　不同 NaCl 浓度下磷石膏反应 240min 产物的 XRD 图谱

表 2-10　不同 NaCl 浓度下反应产物结构相的半定量检索结果

NaCl 浓度/(mol/L)	结构相	代码	半定量/%
1.71	$CaSO_4 \cdot 2H_2O$ SiO_2	00-033-0311 01-079-1910	91 9
2.57	$CaSO_4 \cdot 0.5H_2O$ SiO_2	96-901-2210 01-079-1910	96 4
3.42	$CaSO_4 \cdot 0.5H_2O$ SiO_2	96-901-2210 01-079-1910	95 5

在 NaCl 浓度为 2.57mol/L、反应时间为 240min 时产物的微观形貌如图 2-28 所示。由

图 2-28 可以看出，反应产物 α 半水磷石膏的生长习性呈六方长柱状，颗粒的长度为 35～230μm，直径为 2.2～15μm，平均长径比为 14：1。α 半水磷石膏颗粒表面光滑，缺陷较少；端面清晰可见，呈现出多个锥面。

图 2-28 α 半水磷石膏的微观形貌
（NaCl 浓度：2.57mol/L；反应时间：240min）

2.4.2 $NaNO_3$

$NaNO_3$ 浓度对磷石膏转化速率的影响如图 2-29 所示。与 NaCl 类似，随着 $NaNO_3$ 浓度增大，转化速率加快。当 $NaNO_3$ 浓度为 1.76mol/L、反应时间为 240min 时，磷石膏未发生转变；当 $NaNO_3$ 浓度为 2.35mol/L、反应时间为 240min 时，磷石膏的转化率为 90.4%；当 $NaNO_3$ 浓度增加至 2.94mol/L，在反应时间为 90min 时，磷石膏完全转化为 α 半水磷石膏。然而，在相同的盐浓度下，$NaNO_3$ 对磷石膏的转化效果弱于 NaCl。

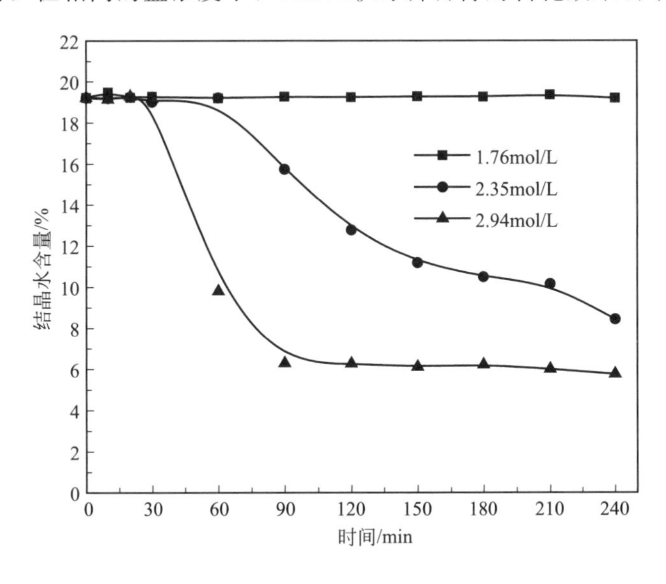

图 2-29 $NaNO_3$ 浓度对磷石膏转化速率的影响

$NaNO_3$ 浓度对 α 半水磷石膏结晶诱导时间和晶体生长时间的影响如图 2-30 所示。由图

2-30 可以看出，随着 $NaNO_3$ 浓度的增加，诱导时间和生长时间均缩短，且 $NaNO_3$ 浓度对晶体生长时间的影响比诱导时间大。当 $NaNO_3$ 浓度从 2.35mol/L 增加至 2.94mol/L，诱导时间从 70min 缩短至 40min。在 $NaNO_3$ 浓度为 2.35mol/L 时，晶体生长时间超过 170min；当 $NaNO_3$ 浓度为 2.94mol/L 时，晶体生长时间缩短为 50min。

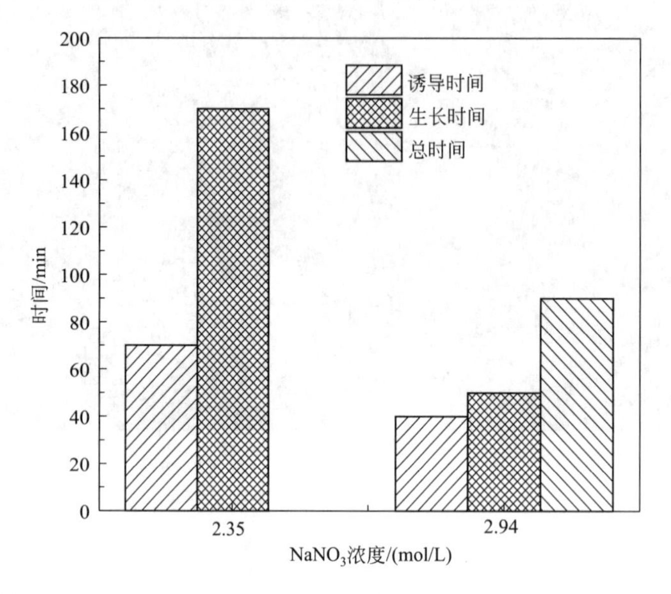

图 2-30　不同 $NaNO_3$ 浓度下 α 半水磷石膏的诱导时间和生长时间

磷石膏在不同 $NaNO_3$ 浓度下反应 240min 产物的 XRD 图谱如图 2-31 所示，结构相的半定量结果列于表 2-11 中。在 $NaNO_3$ 浓度为 1.76mol/L 时，反应产物仍为二水石膏，含量约为 92%。当 $NaNO_3$ 浓度增加至 2.35mol/L 时，部分磷石膏转化为 α 半水磷石膏，产物为二水石膏与 α 半水磷石膏的混合物，含量分别约为 19% 和 76%。当 $NaNO_3$ 浓度为 2.94mol/L 时，反应产物全部转化为 α 半水磷石膏，含量约为 98%。

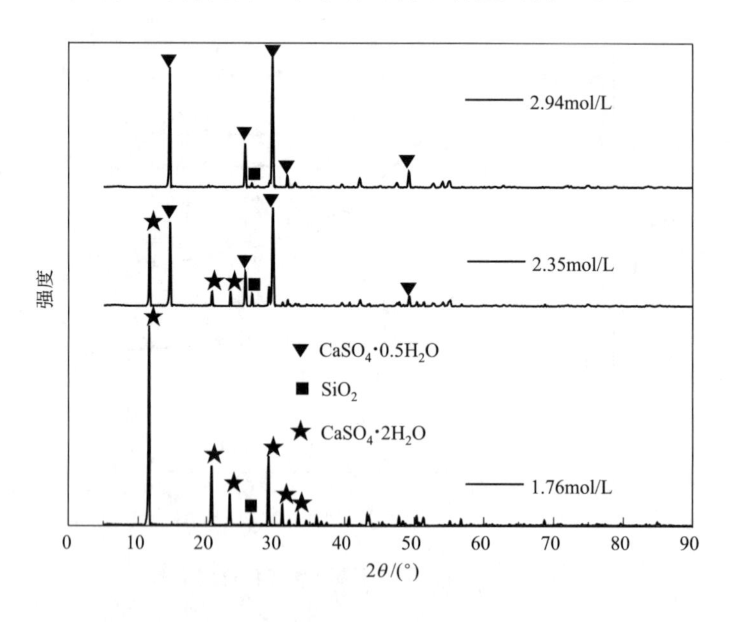

图 2-31　不同 $NaNO_3$ 浓度下磷石膏反应 240min 产物的 XRD 图谱

表 2-11　不同 $NaNO_3$ 浓度下反应产物结构相的半定量检索结果

$NaNO_3$ 浓度/(mol/L)	结构相	代码	半定量/%
1.76	$CaSO_4 \cdot 2H_2O$	00-033-0311	92
	SiO_2	01-079-1910	8
2.35	$CaSO_4 \cdot 0.5H_2O$	96-901-2210	76
	$CaSO_4 \cdot 2H_2O$	00-033-0311	19
	SiO_2	01-079-1910	5
2.94	$CaSO_4 \cdot 0.5H_2O$	96-901-2210	98
	SiO_2	01-079-1910	2

在 $NaNO_3$ 浓度为 2.94mol/L、反应时间为 240min 时产物的微观形貌如图 2-32 所示。由图 2-32 可以看出，与 NaCl 溶液中所制备的 α 半水磷石膏形貌相似，α 半水磷石膏晶体呈六方长柱状，长度为 23～207μm，直径为 1.6～17μm，平均长径比为 14.4∶1。α 半水磷石膏晶体表面光滑，晶面完整，但部分 α 半水磷石膏晶呈穿插生长，端面清晰可见，呈现出多个锥面。

图 2-32　α 半水磷石膏的微观形貌（$NaNO_3$ 浓度：2.94mol/L；反应时间：240min）

2.4.3 Na_2SO_4

Na_2SO_4 浓度对磷石膏转化速率的影响如图 2-33 所示。由图 2-33 可以看出，随着 Na_2SO_4 浓度的增大，磷石膏转化速率迅速增加，反应时间缩短。当 Na_2SO_4 浓度为 0.35mol/L、反应时间为 240min 时，磷石膏结晶水含量仍未发生改变；在 Na_2SO_4 浓度为 0.70mol/L 时，磷石膏转化为 α 半水磷石膏的时间为 90min；继续增加 Na_2SO_4 浓度至 1.06mol/L 和 1.41mol/L，分别在 20min 和 10min 内就能完成反应。因此，在 Na_2SO_4 溶液中磷石膏表现出优异的转化效率。磷石膏在 Na_2SO_4 溶液中的溶解度受同离子效应和盐效应的共同影响，在 Na_2SO_4 浓度小于 0.35mol/L 时，主要受同离子效应的影响；当浓度大于 0.35mol/L，盐效应占主导作用，从而降低溶液的活度，增大转化的推动力，加快 α 半水磷石膏结晶析出[218]。

不同 Na_2SO_4 浓度下 α 半水磷石膏的结晶诱导时间和生长时间如图 2-34 所示。由图 2-34 可以看出，随着 Na_2SO_4 浓度的增加，诱导时间和晶体生长时间迅速缩短。当 Na_2SO_4 浓度从 0.70mol/L 增加至 1.06mol/L 时，诱导时间缩短了 83%，晶体生长时间缩短了约 75%，总反应时间缩短了 78%；继续增大 Na_2SO_4 浓度至 1.41mol/L，诱导时间和晶体生

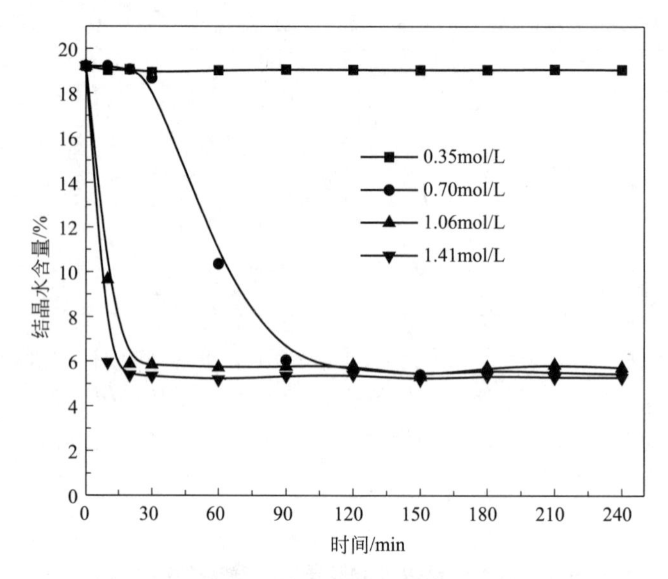

图 2-33　Na_2SO_4 浓度对磷石膏转化速率的影响

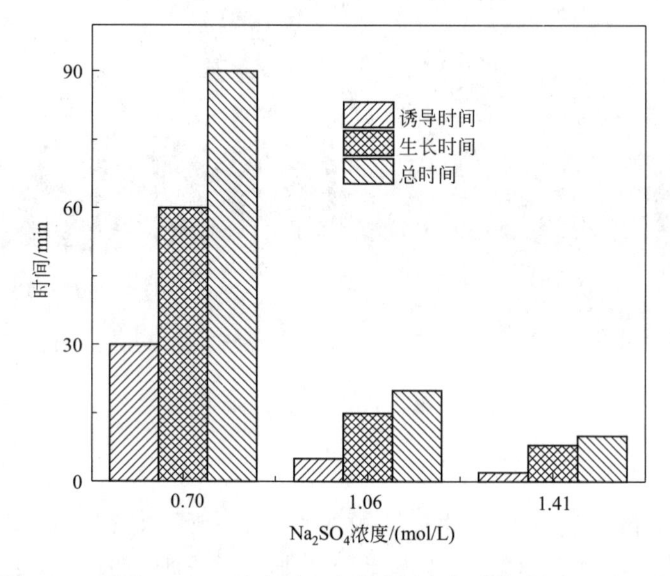

图 2-34　不同 Na_2SO_4 浓度下 α 半水磷石膏的诱导时间和生长时间

长时间变化较小。

不同 Na_2SO_4 浓度下磷石膏反应 240min 产物的 XRD 图谱如图 2-35 所示。由图 2-35 可以看出，在 Na_2SO_4 浓度为 0.35mol/L 时，反应产物为二水石膏。当 Na_2SO_4 浓度在0.70～1.41mol/L 时，磷石膏已转化为 α 半水磷石膏，XRD 半定量分析结果约为 96%。

在 Na_2SO_4 浓度为 0.70mol/L 时，反应 240min 产物的微观形貌如图 2-36 所示。由图 2-36 可以看出，反应产物 α 半水磷石膏的结晶形貌呈六方长柱状，颗粒的长度为 60～160μm，直径为 3～15μm，平均长径比为 14.2∶1。α 半水磷石膏颗粒表面光滑，晶体完整，但仅存在一个端面，且端面平整。

在含有相同阳离子（Na^+）的 $NaNO_3$、NaCl 和 Na_2SO_4 溶液中，磷石膏的转化速率依次增大，阴离子对磷石膏转化速率的影响大小顺序为 $SO_4^{2-}>Cl^->NO_3^-$。因此，磷石膏在

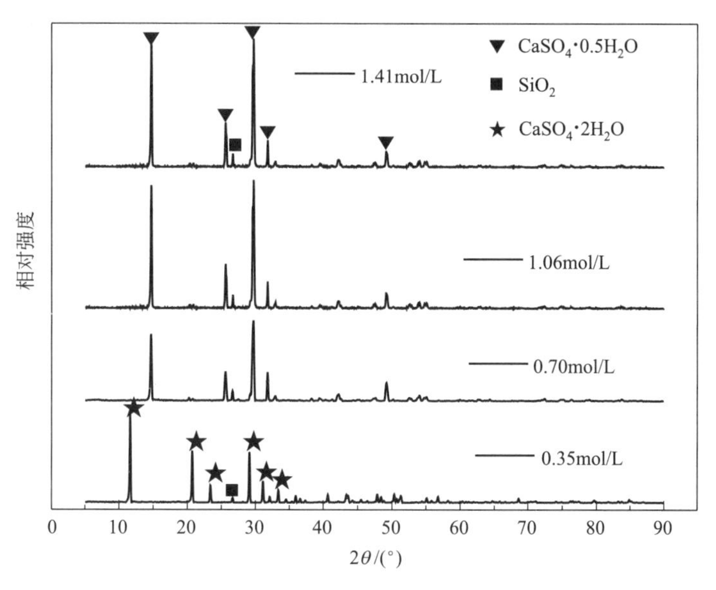

图 2-35　不同 Na_2SO_4 浓度下磷石膏反应 240min 产物的 XRD 图谱

图 2-36　α 半水磷石膏的微观形貌（Na_2SO_4 浓度：0.70mol/L；反应时间：240min）

Na_2SO_4 溶液中转化为 α 半水磷石膏的速率快，研究拟采用 Na_2SO_4 作盐介质，适宜的浓度为 0.70mol/L。此外，以 Na_2SO_4 作常压盐溶液的盐介质，不会引入其他阴离子杂质（如 Cl^-、NO_3^-）。三种钠盐对 α 半水磷石膏的长径比影响不大，所制备 α 半水磷石膏均呈长柱状，长径比接近 14∶1。

2.4.4　$MgCl_2$

$MgCl_2$ 浓度对磷石膏转化为 α 半水磷石膏速率的影响如图 2-37 所示。由图 2-37 可以看出，随着 $MgCl_2$ 浓度的增加，磷石膏转化为 α 半水磷石膏的速率加快。这是由于在 $MgCl_2$ 溶液中，Mg^{2+} 会缔合部分 SO_4^{2-} 生成稳定的离子对，缔合效应促进了磷石膏的溶解，从而使磷石膏的溶解度随着 $MgCl_2$ 浓度的增大而增加[219,220]。当 $MgCl_2$ 浓度为 1.05mol/L，反应时间达到 240min 时磷石膏的结晶水含量仍未发生改变；当 $MgCl_2$ 浓度为 2.10mol/L 时，反应产物的结晶水含量随反应时间近似呈直线下降，在反应时间为 210min 时，磷石膏基本上转化为α半水磷石膏；当 $MgCl_2$ 浓度增加至 3.15mol/L 时，反应速率急剧增加，在 30min 时磷石膏已全部转化为α半水磷石膏。因此，增大 $MgCl_2$ 浓度会加快磷石膏向α半水磷石膏转化的速率。

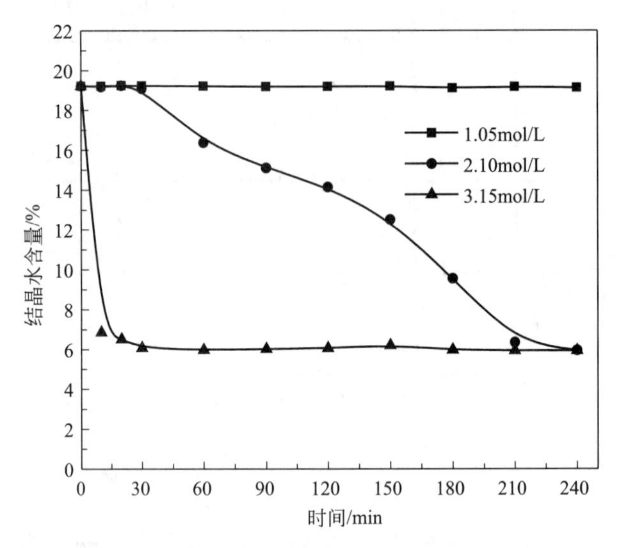

图 2-37 $MgCl_2$ 浓度对磷石膏转化速率的影响

$MgCl_2$ 浓度对α半水磷石膏诱导时间和生长时间的影响如图 2-38 所示。由图 2-38 可以看出，随着 $MgCl_2$ 浓度的增加，诱导时间和生长时间明显缩短。当 $MgCl_2$ 浓度从 2.10mol/L 增加至 3.15mol/L，诱导时间缩短了 88%，晶体生长时间缩短了约 85%。

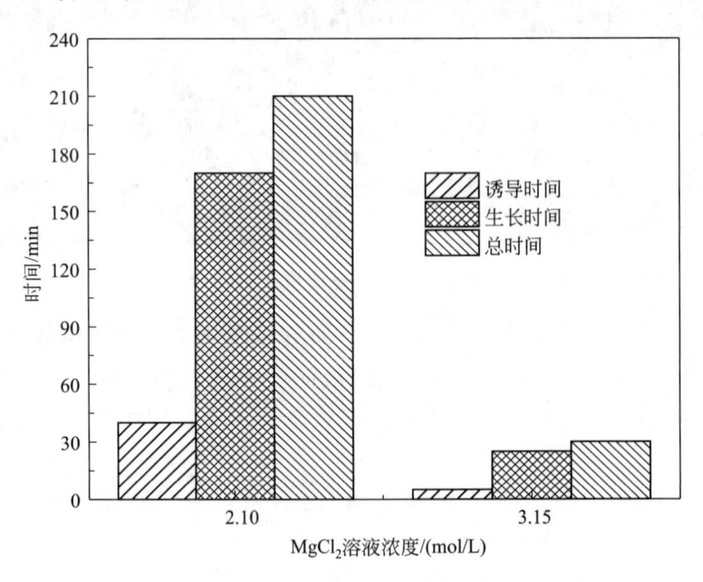

图 2-38 不同 $MgCl_2$ 浓度下α半水磷石膏的诱导时间和生长时间

磷石膏在不同 $MgCl_2$ 浓度下反应 240min 产物的 XRD 图谱如图 2-39 所示，结构相的半定量结果列于表 2-12 中。在 $MgCl_2$ 浓度为 1.05mol/L 时，反应产物仍为二水石膏。当 $MgCl_2$ 浓度为 2.10mol/L 和 3.15mol/L 时，磷石膏已转化为α半水磷石膏，含量分别约为 97%和 96%。

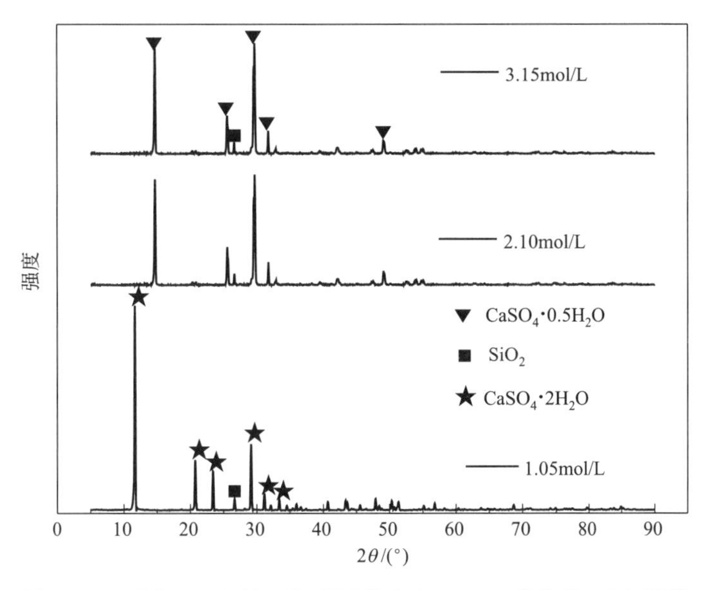

图 2-39 不同 $MgCl_2$ 浓度下磷石膏反应 240min 产物的 XRD 图谱

表 2-12 不同 $MgCl_2$ 浓度下反应产物结构相的半定量检索结果

$MgCl_2$ 浓度/(mol/L)	结构相	代码	半定量/%
1.05	$CaSO_4 \cdot 2H_2O$	00-033-0311	95
	SiO_2	01-079-1910	5
2.10	$CaSO_4 \cdot 0.5H_2O$	96-901-2210	97
	SiO_2	01-079-1910	3
3.15	$CaSO_4 \cdot 0.5H_2O$	96-901-2210	96
	SiO_2	01-079-1910	4

在 $MgCl_2$ 浓度为 2.10mol/L、反应时间为 240min 时，产物的微观形貌如图 2-40 所示。从图 2-40 可以看出，反应产物 α 半水磷石膏的形貌呈六方长柱状，颗粒的长度为 61～415μm，直径为 10～33μm，平均长径比为 11∶1。相对于 NaCl、$NaNO_3$ 和 Na_2SO_4 溶液体系，在 $MgCl_2$ 溶液体系中 Mg^{2+} 会影响 α 半水磷石膏晶形[108]，使 α 半水磷石膏粒度更均匀，颗粒的长度和直径增大，长径比略有降低。但 α 半水磷石膏晶体表面布满致密的小孔，

图 2-40 α 半水磷石膏的微观形貌（$MgCl_2$ 浓度：2.10mol/L；反应时间：240min）

端面呈空心层状包裹，晶体缺陷较大。

2.4.5 $CaCl_2$

$CaCl_2$ 浓度对磷石膏转化为 α 半水磷石膏速率的影响如图 2-41 所示，相应的诱导时间和生长时间如图 2-42 所示。当 $CaCl_2$ 浓度为 2.25mol/L、反应时间为 240min 时，磷石膏结晶水含量仍未发生改变，保持在 19%左右；这主要是由于 Ca^{2+} 的同离子效应抑制了磷石膏的溶解[221]。当 $CaCl_2$ 浓度为 2.70mol/L 时，随着反应时间的延长，产物的结晶水含量呈先保持平稳后降低的趋势，α 半水磷石膏的诱导时间为 90min；在反应时间为 180min 时，磷石膏完全转化为 α 半水磷石膏。当 $CaCl_2$ 浓度增加至 2.97mol/L 时，产物结晶水含量迅速降低，诱导时间和反应时间缩短分别缩短为 30min 和 120min；继续增大 $CaCl_2$ 浓度至 3.15mol/L 时，反应时间缩短为 90min。因此，增大 $CaCl_2$ 浓度有利于缩短诱导时间和反应时间。

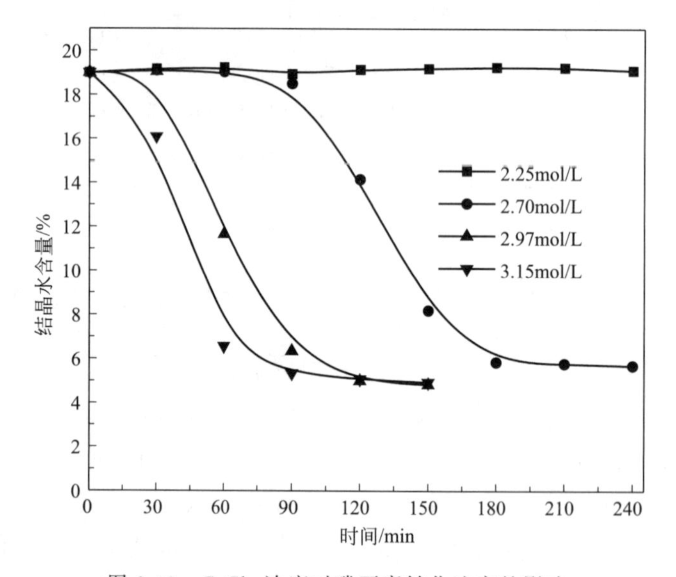

图 2-41 $CaCl_2$ 浓度对磷石膏转化速率的影响

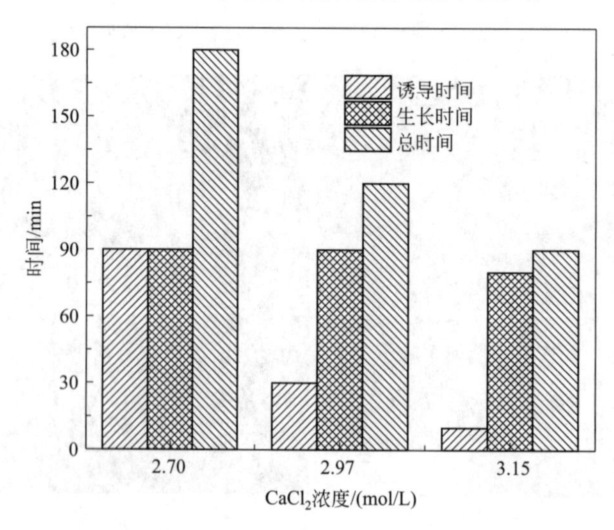

图 2-42 不同 $CaCl_2$ 浓度下 α 半水磷石膏的诱导时间和生长时间

不同 $CaCl_2$ 浓度下磷石膏反应 240min 产物的 XRD 图谱如图 2-43 所示，由图 2-43 可以看出，在 $CaCl_2$ 浓度为 2.25mol/L、反应时间为 240min 时，磷石膏未发生转化，产物的主要物相仍为二水石膏。当 $CaCl_2$ 溶液浓度在 2.70～3.15mol/L 时，产物已转化为 α 半水磷石膏，XRD 半定量分析结果约为 96%。

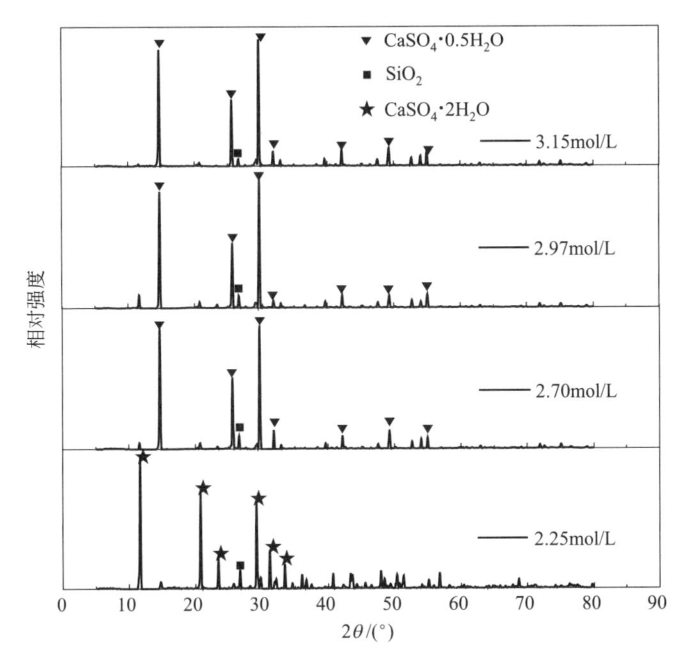

图 2-43　不同 $CaCl_2$ 浓度下磷石膏反应 240min 产物的 XRD 图谱

反应产物的 TG-DSC 曲线如图 2-44 所示。由图 2-44 可以看出，反应产物在 148.3℃处有一个明显的吸热峰，质量减少 5.54%，这是半水石膏转化为可溶性无水石膏所致；在 184.3℃处有一个放热峰，这对应于可溶性无水石膏转化为不溶性无水石膏[222]，表明反应产物已经转化为 α 半水磷石膏。

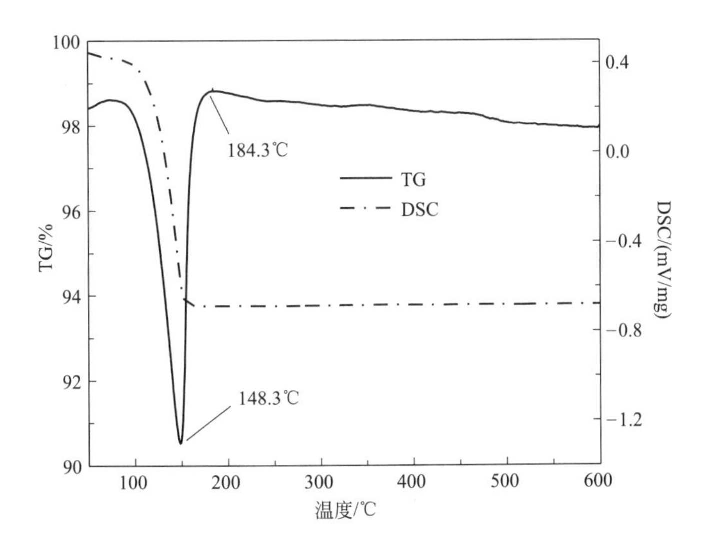

图 2-44　反应产物的 TG-DSC 曲线

在 $CaCl_2$ 溶液中，SO_4^{2-} 浓度的大小是控制反应速率的关键。因此，为了考察磷石膏在 $CaCl_2$ 溶液中的溶解行为，揭示磷石膏转化为 α 半水磷石膏的机理，研究了不同 $CaCl_2$ 浓度下，液相中的 SO_4^{2-} 浓度随反应时间的变化规律，结果如图 2-45 所示。

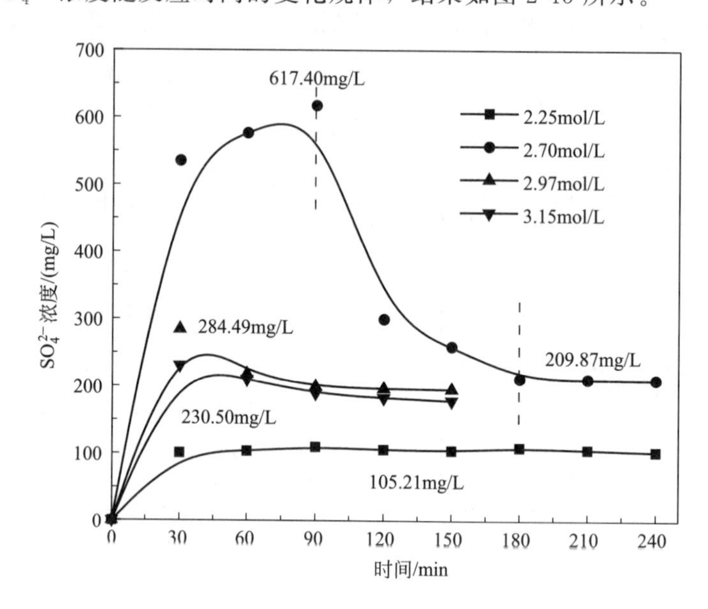

图 2-45　不同 $CaCl_2$ 浓度下液相中 SO_4^{2-} 浓度随反应时间的变化规律

由图 2-45 可以看出，在 $CaCl_2$ 浓度为 2.25mol/L 时，SO_4^{2-} 浓度随反应时间的延长变化不大，保持在 105mg/L 左右。当 $CaCl_2$ 浓度为 2.70mol/L 时，随着反应时间的增加，液相中 SO_4^{2-} 浓度先增大后降低直至平衡。反应时间在 0～90min（诱导阶段），SO_4^{2-} 浓度逐渐增大并在 90min 时达到峰值，为 617.40mg/L；在 90～180min（生长阶段），SO_4^{2-} 浓度逐渐降低；在 180～240min，SO_4^{2-} 浓度达到平衡，保持在 210mg/L 左右。当 $CaCl_2$ 浓度为 2.97mol/L 和 3.15mol/L 时，SO_4^{2-} 浓度随反应时间的延长呈先迅速增大后降低最后趋于平衡的趋势。此外，随着 $CaCl_2$ 浓度的增大，会缩短 SO_4^{2-} 浓度达到峰值的时间，但同时会降低整体 SO_4^{2-} 浓度。吴晓琴等[223]也发现二水硫酸钙在溶液中的 SO_4^{2-} 浓度随着 $CaCl_2$ 浓度的增大而降低。

综合图 2-41 和图 2-45 可以看出，在 $CaCl_2$ 溶液中磷石膏转化为 α 半水磷石膏的过程可分为溶解阶段、溶解-析晶阶段和平衡阶段。在溶解阶段，磷石膏中的二水石膏逐渐溶解生成 Ca^{2+} 和 SO_4^{2-}，使液相中 SO_4^{2-} 浓度逐渐增大，此时产物的结晶水含量基本保持不变；在 SO_4^{2-} 浓度达到峰值后便进入溶解-析晶阶段，形成过饱和溶液后析出 α 半水磷石膏晶核并不断长大，同时产物结晶水含量逐渐降低，此时二水石膏仍不断溶解，但 α 半水磷石膏的析晶速度大于二水石膏溶解速度，从而使液相中 SO_4^{2-} 浓度降低。进入平衡阶段后，液相中的 SO_4^{2-} 浓度和产物结晶水含量基本保持不变，产物已经完全转化为 α 半水磷石膏，且 α 半水磷石膏的溶解和析晶达到平衡。

在反应过程中，产物 zeta 电位的变化如表 2-13 所示。由表 2-13 可以看出，反应产物带负电，且整个反应过程中 zeta 电位变化不大。这是由于二水石膏和 α 半水磷石膏具有相同的元素组成，而物相的转变以及形貌的改变并不影响其表面电位。

表 2-13　反应过程中产物 zeta 电位的变化（$CaCl_2$：2.97mol/L）

反应时间/min	30	60	90	120	150
zeta 电位/mV	−4.57	−4.36	−4.10	−4.64	−4.43

在 $CaCl_2$ 浓度为 2.70mol/L 和 2.97mol/L 时，反应过程中产物粒径分布随时间的变化分别如图 2-46 和图 2-47 所示，相应的平均粒径分别列于表 2-14 和表 2-15 中。由图 2-46 和表 2-14 可以看出，在 $CaCl_2$ 浓度为 2.70mol/L 时，随着反应的进行，产物的粒度逐渐减小，粒径分布向细粒级方向移动；在反应时间为 90min 时，产物仍为磷石膏，D_{50} 为 75.51μm；当反应时间为 180min 时，产物已经完全转化 α 半水磷石膏，D_{50} 为 47.93μm，表明反应生成的 α 半水磷石膏的粒度小于原料磷石膏的粒度。同理，由图 2-47 和表 2-15 可以看出，在 $CaCl_2$ 浓度为 2.97mol/L 时，反应产物的粒度随着时间的延长而逐渐减小；在反应时间为 30min 时，磷石膏还未发生转化，D_{50} 为 74.48μm；当反应时间为 120min 时，产物 α 半水磷石膏的 D_{50} 降低为 32.87μm。综合比较表 2-14 和表 2-15 可以看出，增大 $CaCl_2$ 浓度会降低 α 半水磷石膏的粒度。

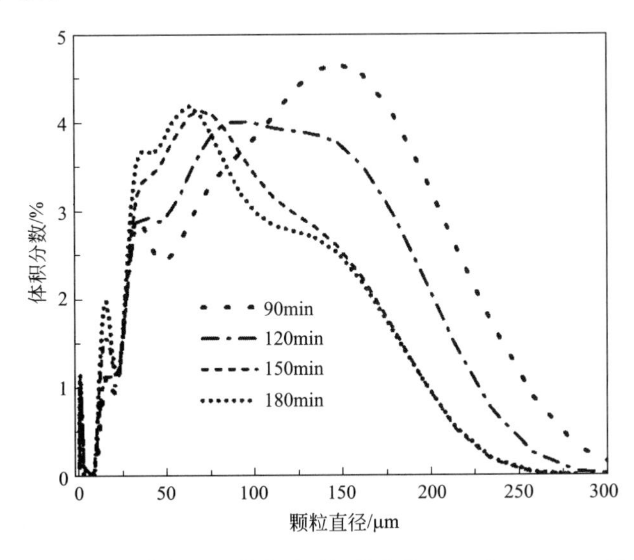

图 2-46　反应产物粒径分布随时间的变化（$CaCl_2$：2.70mol/L）

表 2-14　不同反应时间下产物的粒度变化（$CaCl_2$：2.70mol/L）

反应时间/min	D_{mean}/μm	D_{50}/μm	D_{90}/μm
90	89.04	75.51	190.03
120	75.46	62.74	166.81
150	61.17	50.04	138.91
180	60.00	47.93	137.97

表 2-15　不同反应时间下产物的粒度变化（$CaCl_2$：2.97mol/L）

反应时间/min	D_{mean}/μm	D_{50}/μm	D_{90}/μm
30	85.24	74.48	180.70
60	62.88	48.61	152.28
90	60.86	42.08	155.83
120	56.39	32.87	153.17

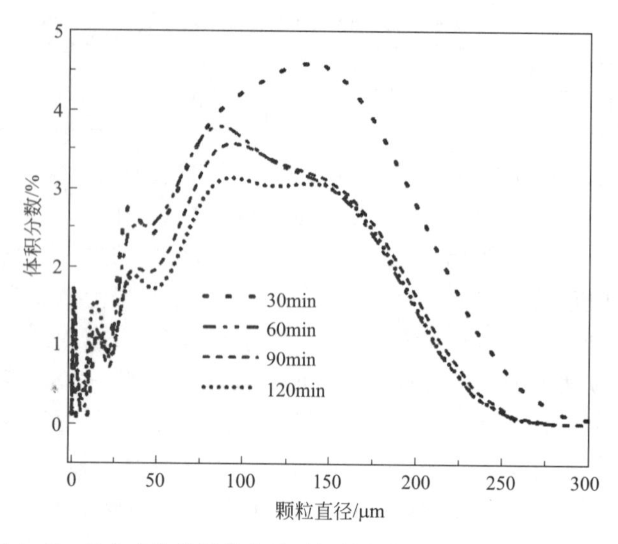

图 2-47　反应产物粒径分布随时间的变化（$CaCl_2$：2.97mol/L）

不同 $CaCl_2$ 浓度下所制备 α 半水磷石膏晶体的微观形貌如图 2-48 所示。由图 2-48 可以看出，α 半水磷石膏呈六方长柱状，表面附着有小颗粒；与 Na^+ 溶液体系相比，在含 Ca^{2+} 体系中制备的 α 半水磷石膏长径比迅速降低。在 $CaCl_2$ 浓度为 2.70mol/L 时，α 半水磷石膏的平均长度和平均直径分别为 68.84μm 和 15.39μm，长径比为 5.12∶1；当 $CaCl_2$ 浓度增大至 2.97mol/L 时，α 半水磷石膏的平均长度和平均直径分别减小为 59.04μm 和 11.04μm，长径比增大为 5.74∶1；继续增大 $CaCl_2$ 浓度至 3.15mol/L，产物中出现大量细碎颗粒，α 半水磷石膏的平均长度和平均直径分别减小为 38.14μm 和 7.75μm，长径比为 5.12∶1。与激光粒度测试结果一致，增大 $CaCl_2$ 浓度会降低 α 半水磷石膏的长度和直径，这主要是由于盐溶液浓度越高，转化速率越快，生成 α 半水磷石膏晶核数量越多，形成的晶体越细小，但对长径比影响不大[217,224]。

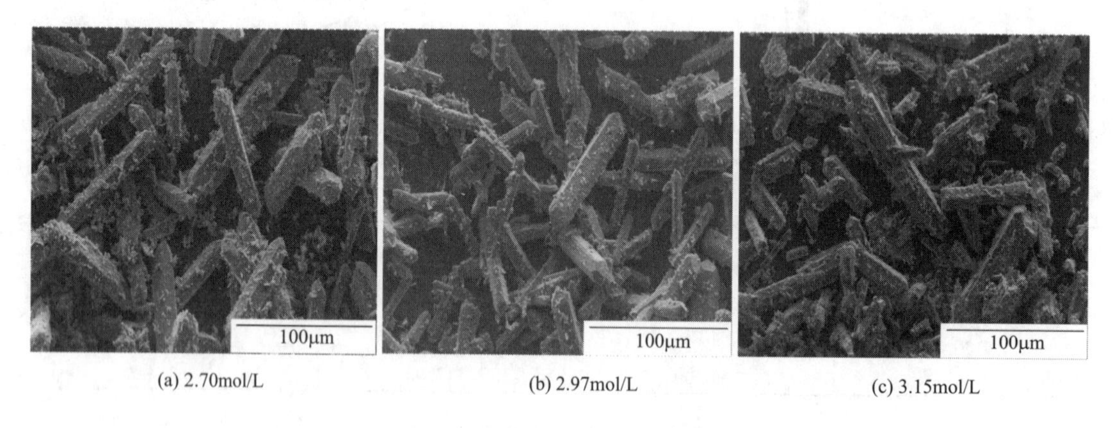

(a) 2.70mol/L　(b) 2.97mol/L　(c) 3.15mol/L

图 2-48　$CaCl_2$ 浓度对 α 半水磷石膏微观形貌的影响

在含有相同阴离子（Cl^-）的 $MgCl_2$、NaCl 和 $CaCl_2$ 溶液中，磷石膏转化为 α 半水磷石膏的速率依次降低，阳离子对磷石膏转化速率的影响大小顺序为 $Mg^{2+}>Na^+>Ca^{2+}$。虽然在 $CaCl_2$ 溶液中磷石膏的转化速率较低，但所制备的 α 半水磷石膏晶形更完整，长径比降低为 5∶1～6∶1，且不会引入阳离子杂质（如 Na^+、Mg^{2+}）。因此，可采用 $CaCl_2$ 作盐介质，合适的浓度为 2.70mol/L 或 2.97mol/L。

2.5 反应温度对磷石膏制备 α 半水磷石膏的影响

除了盐介质种类和浓度外，反应温度是影响磷石膏转化为 α 半水磷石膏的另一重要影响因素。二水石膏的溶解度随温度的升高而增大，α 半水磷石膏的溶解度随温度的升高而降低，因此，升高温度有利用提高二水石膏和 α 半水磷石膏的溶解度之差，提高转化的驱动力。此外，温度升高，过饱和度增大，使得临界成核半径减小，成核速率增大[225]。在 Na_2SO_4 浓度为 0.70mol/L 时，反应温度对磷石膏转化为 α 半水磷石膏速率的影响如图 2-49 所示。在反应温度为 85～97℃的范围内，随着反应温度的升高，α 半水磷石膏晶体的形成和生长速率加快。当反应温度为 85℃时，磷石膏未发生转变；在反应温度为 90℃时，磷石膏

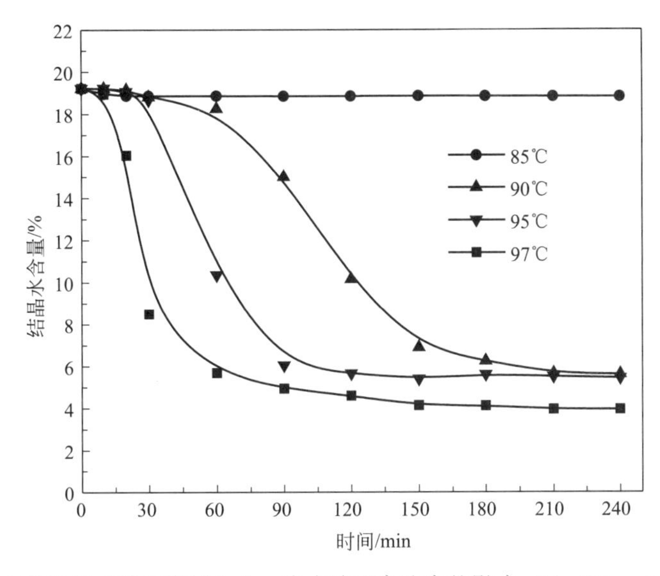

图 2-49 反应温度对磷石膏转化为 α 半水磷石膏速率的影响（Na_2SO_4：0.70mol/L）

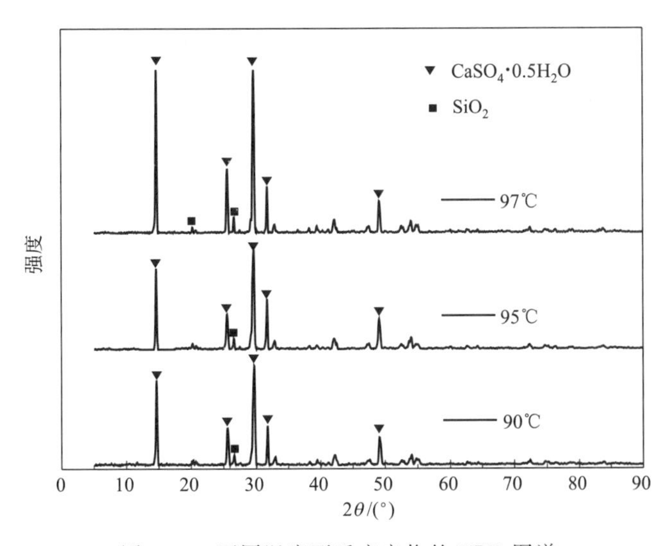

图 2-50 不同温度下反应产物的 XRD 图谱

在 60min 时开始发生转化，180min 时反应完成。当反应温度提高至 95℃时，反应完成时间缩短至 90min；升高反应温度至 97℃，60min 内就能完成反应，但继续延长反应时间，α 半水磷石膏会进一步脱水转化为无水石膏。因此，温度越高，α 半水磷石膏晶体的生长速率越快，反应时间越短。试验确定合适的反应温度为 95℃。

不同反应温度下产物的 XRD 图谱如图 2-50 所示。由图 2-50 可以看出，在反应温度为 90～97℃的范围内，主要是 α 半水磷石膏的衍射峰，二水石膏的衍射峰消失，表明磷石膏已全部转化为 α 半水磷石膏。

2.6 固液比对磷石膏制备 α 半水磷石膏的影响

固液比是影响磷石膏常压盐溶液法制备 α 半水磷石膏的因素，增大固液比不仅可以提高生产效率并降低单位质量产品能耗[225]，还可以减少盐介质的用量。但当固液比过大时，料浆黏度和传质阻力增大，不利于反应的进行。在 Na_2SO_4 浓度为 0.70mol/L、反应温度为 95℃时，固液比对磷石膏制备 α 半水磷石膏转化速率的影响如图 2-51 所示。由图 2-51 可以看出，在固液比为 1∶2、反应时间为 240min 时，产物结晶水含量为 9.7%，还存在部分磷石膏未发生转化，这主要是由于固液比较大时，料浆稠度增加，α 半水磷石膏晶核的形成和生长变慢。此外，即使在相同的 Na_2SO_4 浓度下，固液比较大时，盐介质 Na_2SO_4 用量降低，不利于反应的进行。当固液比降低至 1∶3，在 120min 内，磷石膏已全部转化为 α 半水磷石膏；继续减小固液比，磷石膏的转化速率加快，但加快的幅度较小。降低固液比虽然能加快反应速率，缩短反应时间，但会降低生产效率，增加盐介质用量。因此合适的固液比为 1∶3。

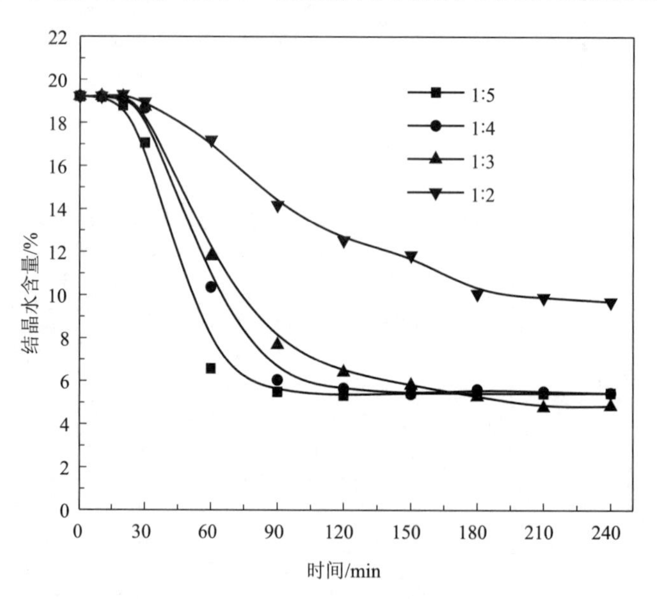

图 2-51 固液比对磷石膏转化为 α 半水磷石膏速率的影响（Na_2SO_4：0.70mol/L；95℃）

固液比对磷石膏常压盐溶液法制备 α 半水磷石膏产物物相组成的影响如图 2-52 所示。在固液比为 1∶2 时，反应产物中同时存在 α 半水磷石膏和二水石膏的衍射峰，表明还有部分二水石膏未发生转化；当固液比为 1∶3～1∶5 时，二水石膏的衍射峰消失，磷石膏已完全转化为 α 半水磷石膏。

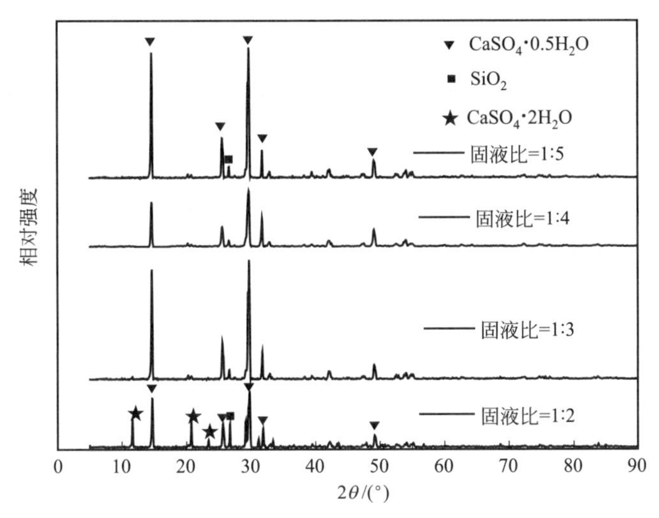

图 2-52　不同固液比下反应产物的 XRD 图谱

2.7　本章小结

本章计算了常压水溶液中二水石膏转化为 α 半水石膏的热力学参数，考察了盐介质种类与浓度、反应温度、固液比和预处理等因素对磷石膏制备 α 半水磷石膏的影响，得到如下主要结论：

① 热力学计算表明：在常压水溶液中二水石膏不能自发转化生成 α 半水磷石膏，在水溶液中加入盐类电解质可以降低水活度，实现在常压条件下反应。随着盐介质浓度的增大，磷石膏转化为 α 半水磷石膏的速率加快，诱导时间和生长时间缩短；α 半水磷石膏微观形貌均呈六方柱状，但长径比差异较大。在 NaCl、$NaNO_3$ 和 Na_2SO_4 三种钠盐溶液中，所制备 α 半水磷石膏的长径比约为 14∶1；在 $MgCl_2$ 溶液中 α 半水磷石膏的长径比为 11∶1，晶体缺陷较大；在 $CaCl_2$ 溶液中 α 半水磷石膏的长径比降低为 5∶1～6∶1。在 Na_2SO_4 溶液中磷石膏转化为 α 半水磷石膏的速率快，合适的浓度为 0.70mol/L。采用 $CaCl_2$ 作盐介质不会引入其他阳离子，合适的浓度为 2.70mol/L 或 2.97mol/L。研究确定的反应温度为 95℃，固液比为 1∶3。

② 磷石膏在盐介质溶液中转化为 α 半水磷石膏遵循溶解-析晶原理，反应过程可分为溶解、溶解-析晶和平衡三个阶段。在溶解阶段，磷石膏中的二水石膏溶解生成 Ca^{2+} 和 SO_4^{2-}，使液相中 SO_4^{2-} 浓度逐渐增大，产物的结晶水含量基本不变；在 SO_4^{2-} 浓度达到峰值后进入溶解-析晶阶段，形成过饱和溶液析出 α 半水磷石膏晶核并长大，同时产物结晶水含量逐渐降低，α 半水磷石膏的析晶速度大于二水石膏溶解速度，从而使液相中 SO_4^{2-} 浓度降低。进入平衡阶段后，液相中的 SO_4^{2-} 浓度和产物结晶水含量基本保持不变，α 半水磷石膏自身的溶解和析晶达到平衡。

③ 酸浸法能有效去除磷石膏中的可溶性磷、共晶磷、难溶性磷、可溶性氟和难溶性氟等杂质，但该工艺使磷石膏转变成无水石膏，且产生的酸性废液易造成二次污染。石灰中和法能有效去除磷石膏中的可溶性磷和部分可溶性氟，但不能去除共晶磷。在制备 α 半水磷石膏的过程中，由于共晶磷溶解释放酸性离子，导致反应体系 pH 从弱碱性向酸性转变。因此，反应体系 pH 降低是磷石膏常压盐溶液法制备 α 半水磷石膏的一个特征，且料浆 pH 与磷石膏反应速率间呈现相关性。

第3章 α半水磷石膏晶形调控与力学性能

3.1 晶形调控的意义

晶形调控是磷石膏常压盐溶液法制备α半水磷石膏的关键。由于α半水磷石膏的自然生长习性为长柱状或针状，长径比大，流动性差，标准稠度用水量高，多余水分在水化硬化过程中蒸发后在硬化体内部形成大量孔洞，导致硬化体力学强度低。因此，需要对α半水磷石膏的晶形进行调控。在制备过程中，加入转晶剂的目的是改变α半水磷石膏不同晶面的生长速率和晶体生长习性，抑制其沿长度方向的生长，使其从长柱状或针状向短柱状转变，长度缩短，直径增大，长径比降低（接近1∶1）。短柱状的α半水磷石膏的流动性较好，标准稠度用量降低，所形成的硬化体结构更加致密，从而表现出高的力学强度。

系统研究了顺丁烯二酸、丁二酸、苯二甲酸（邻苯二甲酸、间苯二甲酸和对苯二甲酸）、柠檬酸、L-天冬氨酸、L-谷氨酸和L-天冬酰胺共七种有机酸对磷石膏制备α半水磷石膏的转化动力学、晶体形貌和力学性能的影响，筛选出具有晶形调控能力的转晶剂，同时揭示转晶剂分子结构（如碳链长度、羧基数量、双键和官能团）对α半水磷石膏晶形调控的影响。此外，还考察了盐介质循环对磷石膏制备α半水磷石膏的影响及其处理工艺。

3.2 多元羧酸对α半水磷石膏晶形调控与力学性能的影响

3.2.1 顺丁烯二酸

3.2.1.1 Na_2SO_4溶液中顺丁烯二酸对α半水磷石膏晶形调控与力学性能的影响

以Na_2SO_4作盐介质具有磷石膏转化效率高、Na_2SO_4浓度低的优点。因此，首先在0.70mol/L的Na_2SO_4溶液中利用磷石膏制备α半水磷石膏，并采用顺丁烯二酸（HOOCCH═CHCOOH）作转晶剂对其晶形进行调控，顺丁烯二酸结构式如图3-1所示。顺丁烯二酸结构中含有一个碳碳双键（—CH═CH—）和两个羧基（COOH），COOH间距为两个C原子。

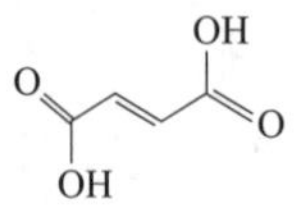

OH O O OH

图3-1 顺丁烯二酸结构式

(1) 顺丁烯二酸对磷石膏转化速率的影响

顺丁烯二酸浓度为 0～5.76×10^{-3} mol/L，磷石膏反应产物结晶水含量随时间的变化如图 3-2 所示，相应的诱导时间和晶体生长时间如图 3-3 所示。在不添加顺丁烯二酸的条件下，磷石膏完全转化为 α 半水磷石膏需 90min，相应的诱导时间和生长时间分别为 30min 和 60min；在顺丁烯二酸浓度为 1.44×10^{-3} mol/L 时，反应时间迅速延长至 180min；进一步增大顺丁烯二酸浓度至 2.88×10^{-3} mol/L、4.32×10^{-3} mol/L 和 5.76×10^{-3} mol/L，反应时间分别延长至 270min、300min 和 390min，表明顺丁烯二酸会抑制磷石膏转化为 α 半水磷石膏，降低其转化速率。图 3-3 表明顺丁烯二酸对诱导时间影响不大，保持在 60min 左右；而对生长时间影响较大，当顺丁烯二酸浓度从 0 增加至 5.76×10^{-3} mol/L，生长时间从 60min 显著延长至 300min，表明顺丁烯二酸对生长过程的阻碍作用大于成核过程，反应时间的延长主要由生长时间贡献。

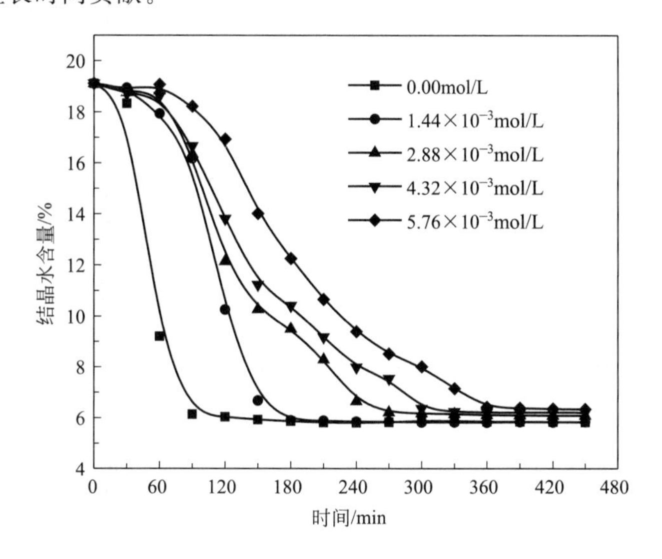

图 3-2 顺丁烯二酸浓度对磷石膏转化速率的影响

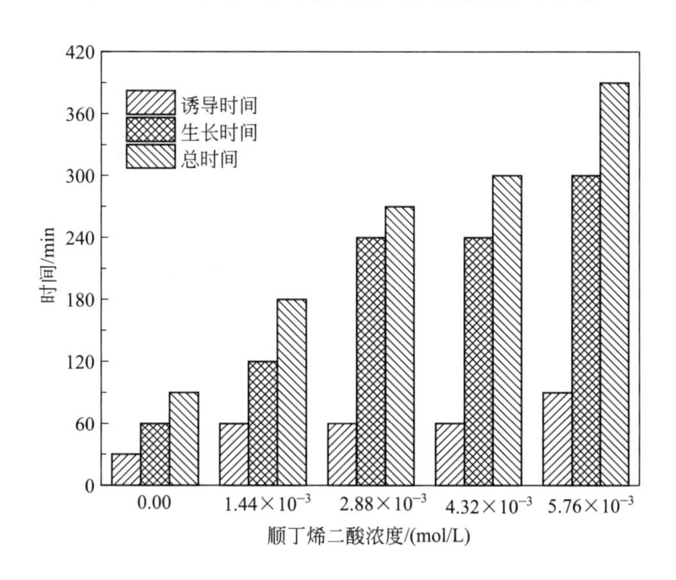

图 3-3 顺丁烯二酸浓度对 α 半水磷石膏诱导时间和生长时间的影响

（2）顺丁烯二酸对 α 半水磷石膏晶体形貌的影响

顺丁烯二酸浓度对 α 半水磷石膏晶体形貌和粒度的影响分别如图 3-4 和图 3-5 所示。由图 3-4 可以看出，不同顺丁烯二酸浓度下，α 半水磷石膏均呈现出典型的六方柱状结构，但长径比变化较大。在不添加顺丁烯二酸的条件下，α 半水磷石膏的平均长度和平均直径分别为 81.62μm 和 6.52μm，长径比达 14.19∶1，且存在部分针状晶体，表明 α 半水磷石膏晶体的自然生长习性呈长柱状，因此，需要添加转晶剂对其晶形进行调控。

(a) 0mol/L (b) 1.44×10^{-3}mol/L (c) 2.88×10^{-3}mol/L

(d) 4.32×10^{-3}mol/L (e) 5.76×10^{-3}mol/L

图 3-4 顺丁烯二酸浓度对 α 半水磷石膏晶体形貌的影响

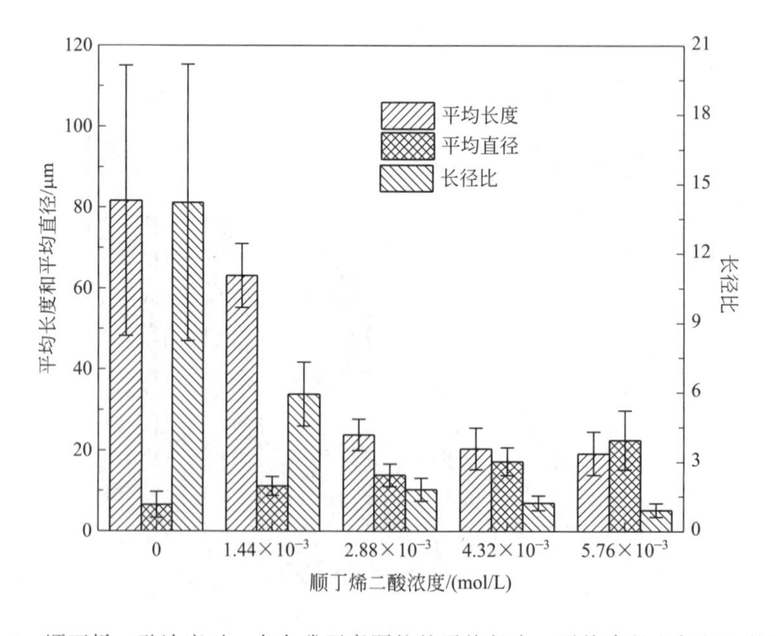

图 3-5 顺丁烯二酸浓度对 α 半水磷石膏颗粒的平均长度、平均直径和长径比的影响

随着顺丁烯二酸浓度的增加，α 半水磷石膏晶体的长度缩短，直径增大，长径比降低。在顺丁烯二酸浓度为 1.44×10^{-3} mol/L 时，α 半水磷石膏保持长柱状，但平均长度缩短为 63.13μm，平均直径增大至 11.12μm，长径比迅速降低至 5.92：1；进一步增大顺丁烯二酸浓度至 2.88×10^{-3} mol/L、4.32×10^{-3} mol/L 和 5.76×10^{-3} mol/L，α 半水磷石膏的长径比分别降低至 1.80：1、1.22：1 和 0.91：1，相应的平均直径从 13.84μm 增大至 22.55μm。因此，在 Na_2SO_4 溶液中添加顺丁烯二酸能有效调控 α 半水磷石膏的晶形，使其从长柱状向短柱状转变。

（3）顺丁烯二酸对产物物相组成的影响

在 Na_2SO_4 溶液中，不同顺丁烯二酸浓度下反应产物的 XRD 图谱如图 3-6 所示。由图 3-6 可以看出，反应产物的 XRD 图谱与标准的 α 半水磷石膏（PDF # 41-0224）的 XRD 图谱吻合，没有二水石膏的特征衍射峰存在，表明磷石膏已完全转变为 α 半水磷石膏。XRD 的衍射峰强度能够反映 α 半水磷石膏的结晶度。在没有添加顺丁烯二酸的条件下，α 半水磷石膏主要的晶面为平行于 c 轴的（400）面和（200）面，表明 α 半水磷石膏的形貌呈长柱状。随着顺丁烯二酸浓度从 1.44×10^{-3} mol/L 增大至 5.76×10^{-3} mol/L，（400）面和（200）面的衍射峰强度明显降低，而相应垂直于 c 轴方向的（204）面衍射峰强度增大，表明顺丁烯二酸会影响 α 半水磷石膏不同晶面的生长速率，抑制其沿 c 轴方向的生长而促进在直径方向的生长，从而使 α 半水磷石膏的晶体形貌从长柱状向短柱状转变，该结果与 SEM 观测结果一致。Shao 等[105]采用加压盐溶液法利用脱硫石膏制备 α 半水脱硫石膏过程中也发现，未添加转晶剂时，α 半水脱硫石膏的晶面主要为平行于 c 轴的（400）面；随着丁二酸用量从 0.04%增大至 0.07%，垂直于 c 轴方向的（204）面衍射峰强度增大。

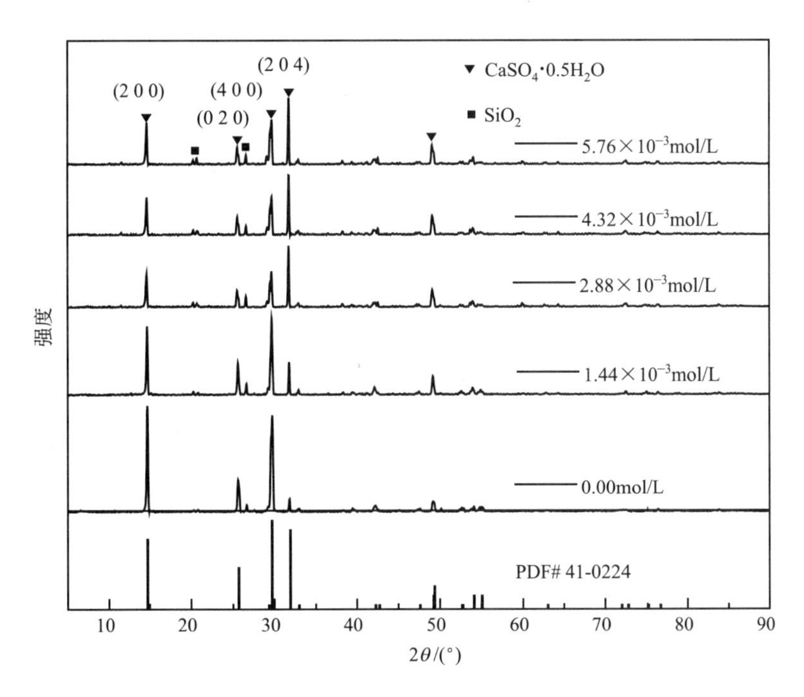

图 3-6 不同顺丁烯二酸浓度下反应产物的 XRD 图谱

（4）顺丁烯二酸对 α 半水磷石膏力学强度的影响

顺丁烯二酸浓度对 α 半水磷石膏标准稠度用水量和力学强度的影响如表 3-1 所示。由表

3-1 可以看出，在不添加转晶剂的条件下，α 半水磷石膏料浆流动性差，标准稠度用水量达到 55%，无力学强度。当顺丁烯二酸浓度为 1.44×10^{-3} mol/L 时，标准稠度用水量下降为 42%，抗压强度为 0.6MPa。当顺丁烯二酸浓度增加至 2.88×10^{-3} mol/L，标准稠度用水量降低至 36%，抗折强度和抗压强度分别提高至 3.0MPa 和 7.2MPa。进一步增大顺丁烯二酸浓度，标准稠度用水量逐渐降低，抗折强度和抗压强度逐渐增大。在顺丁烯二酸浓度增加至 5.76×10^{-3} mol/L 时，标准稠度用水量降低为 33%，抗折强度和抗压强度分别提高至 4.8MPa 和 10.5MPa。因此，增大顺丁烯二酸浓度可以降低 α 半水磷石膏的标准稠度用水量并提高其力学强度。

表 3-1　顺丁烯二酸浓度对 α 半水磷石膏标准稠度用水量和力学强度的影响

顺丁烯二酸浓度/(mol/L)	标准稠度用水量/%	抗折强度/MPa	抗压强度/MPa	硬化体结晶水含量/%
0	55	—	—	8.57
1.44×10^{-3}	42	—	0.6	8.81
2.88×10^{-3}	36	3.0	7.2	9.08
4.32×10^{-3}	34	4.6	9.3	9.42
5.76×10^{-3}	33	4.8	10.5	9.67

注："—" 表示未检测出力值。

α 半水磷石膏的标准稠度用水量与长径比的关系如图 3-7 所示。研究发现 α 半水磷石膏的标准稠度用水量与长径比呈线性相关，相关系数 R^2 达到 0.98，即 α 半水磷石膏的长径比越小，标准稠度用水量越低。因此，可以通过测量 α 半水磷石膏的长径比来预测标准稠度用水量的大小，从而减少试验过程中标准稠度用水量的测量次数。

$$W/H=1.66A+32.01 \tag{3-1}$$

式中，W/H 是标准稠度用水量；A 是长径比。

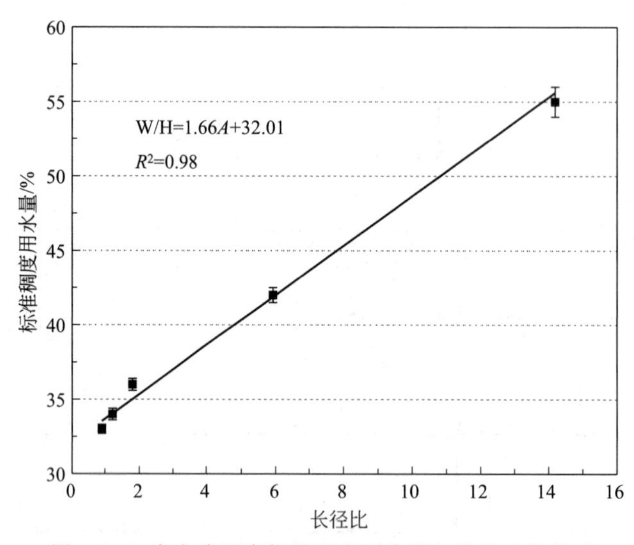

图 3-7　α 半水磷石膏标准稠度用水量与长径比的关系

总体而言，在 Na_2SO_4 溶液中，尽管添加顺丁烯二酸能有效调控 α 半水磷石膏的晶形，获得长径比接近 1∶1 的短柱状 α 半水磷石膏，但其硬化体力学强度较低，达不到 α 半水石膏的强度要求。从宏观上看（图 3-8），硬化体表面泛霜严重，覆盖一层白色结晶粉末，且出现明显的分层现象。

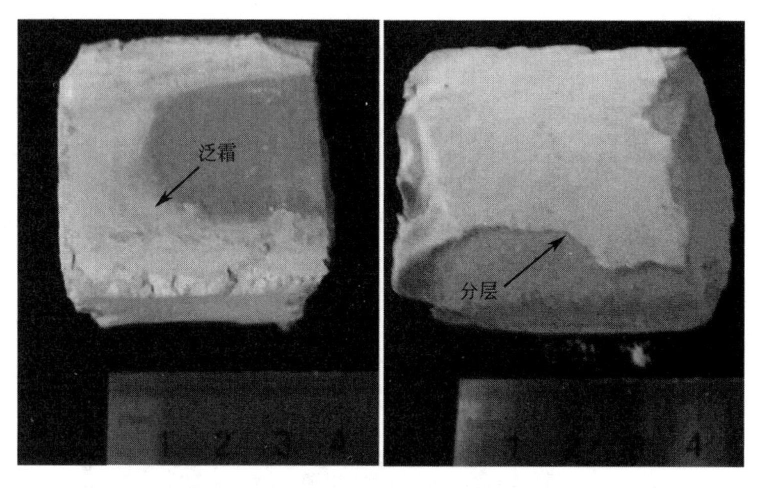

图 3-8　硬化体表面泛霜（顺丁烯二酸浓度：5.76×10^{-3} mol/L）

为了查明表面泛霜的物质组成并揭示硬化体力学强度低的原因，对顺丁烯二酸浓度为2.88×10^{-3} mol/L 和 5.76×10^{-3} mol/L 时所制备 α 半水磷石膏的硬化体表面析出物质进行XRD 分析，结果如图 3-9 所示。由图 3-9 可以看出，该物质中出现了 α 半水磷石膏和二水石膏的特征衍射峰，表明只有一部分 α 半水磷石膏水化生成二水石膏。理论上 α 半水磷石膏完全水化时硬化体的结晶水含量接近 19%，从表 3-1 可以看出，硬化体的结晶水含量在 9%左

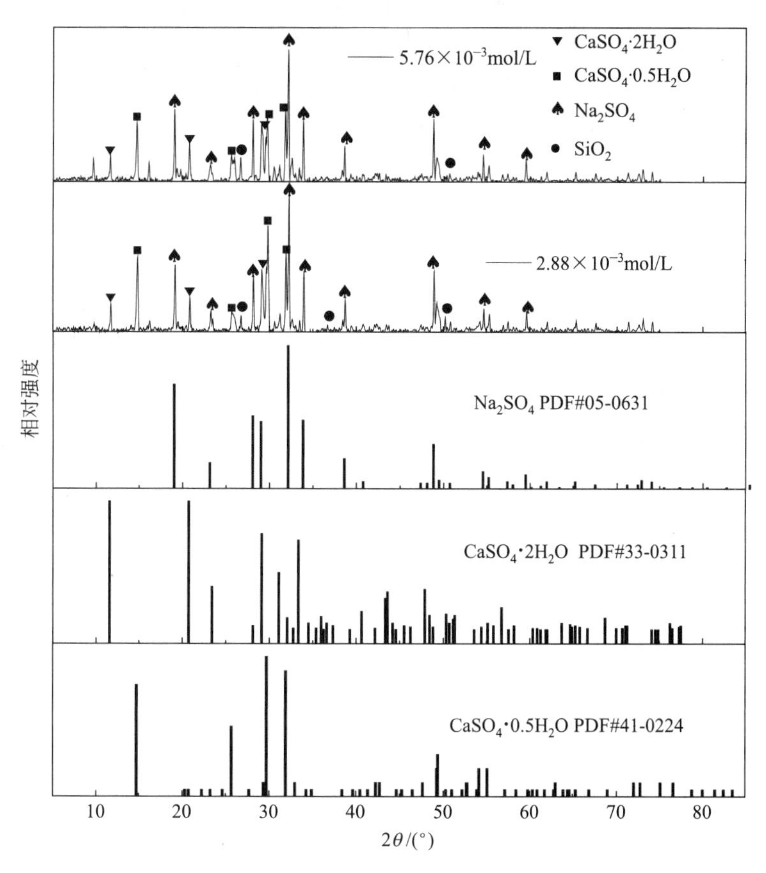

图 3-9　硬化体表面泛霜 XRD 图谱

右，仅有约23%的α半水磷石膏发生水化。原因是在 Na_2SO_4 溶液中磷石膏不仅会反应生成α半水磷石膏，还会发生类质同象（Na^+ 进入α半水磷石膏晶格）生成三水硫酸五钙二钠［$Na_2Ca_5(SO_4)_6 \cdot 3H_2O$］复合盐[222,226]；该化合物中1个 Ca^{2+} 被2个 Na^+ 取代，其中的一个 Na^+ 位于 Ca^{2+} 位置上，另一个 Na^+ 位于水通道内邻近第一个 Na^+[227]。该复合盐的水化活性较低[105]，使得硬化体结晶水含量低；此外，硬化体表面泛霜中还出现盐介质 Na_2SO_4 的衍射峰，这是由于该复合盐在水化硬化过程中会部分溶解并析出 Na_2SO_4，从而降低硬化体的力学性能。

从硬化体显微结构（图3-10）同样可以看出，硬化体中存在大量未水化的α半水磷石膏，且未见结晶良好的二水石膏晶体生成。硬化体整体结构松散，晶体间相互搭接面积小，存在大量的孔隙，从而导致硬化体力学性能不高。

图3-10　硬化体显微结构

从硬化体电镜面扫描图（图3-11）可以直观看出，硬化体中除了分布有Ca、S和O等元素外，还分布有Na元素，Na主要来源于 Na_2SO_4 和 $Na_2Ca_5(SO_4)_6 \cdot 3H_2O$。硬化体中嵌布的 Na_2SO_4 和 $Na_2Ca_5(SO_4)_6 \cdot 3H_2O$ 杂质会导致已经水化的二水石膏颗粒间粘合力降低，阻碍二水石膏晶体网络的形成。

3.2.1.2　$CaCl_2$ 溶液中顺丁烯二酸对α半水磷石膏晶形调控与力学性能的影响

由于采用 Na_2SO_4 作盐介质时，Na^+ 易取代 Ca^{2+} 进入α半水磷石膏晶格生成复合盐，导致α半水磷石膏水化率较低、硬化体表面泛霜和力学强度降低。因此，为了降低盐介质中阳离子对α半水磷石膏晶体的影响，研究采用 $CaCl_2$ 作盐介质。由2.4.5小节确定的 $CaCl_2$ 浓度为2.70mol/L或2.97mol/L。

（1）顺丁烯二酸对磷石膏转化动力学的影响

首先考察在 $CaCl_2$ 浓度为2.70mol/L、固液比为1∶3、反应温度为95℃的条件下，顺丁烯二酸浓度对磷石膏转化速率的影响，结果如图3-12所示。由图3-12可以看出，随着顺丁烯二酸浓度的增大，磷石膏转化为α半水磷石膏的速率降低。在未添加顺丁烯二酸时，磷石膏完全转化为α半水磷石膏的时间为180min；当顺丁烯二酸浓度为 1.15×10^{-4} mol/L时，完全转化时间延长至300min；继续增大顺丁烯二酸浓度至 1.72×10^{-4} mol/L，完全转化时间达450min。因此，转晶剂顺丁烯二酸会抑制磷石膏转化为α半水磷石膏，降低其转化速率，延长反应时间。

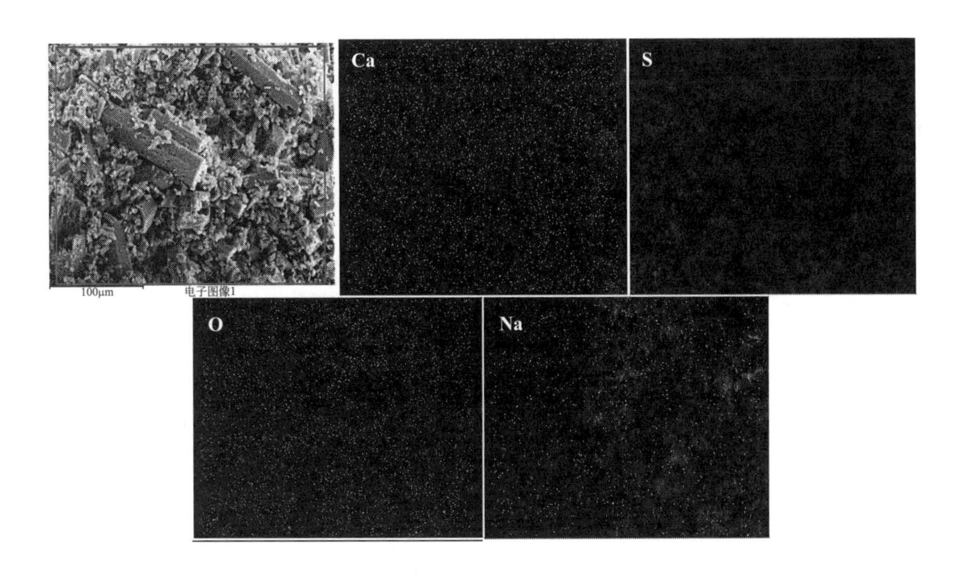

图 3-11　硬化体的电镜面扫描元素分布图（顺丁烯二酸）

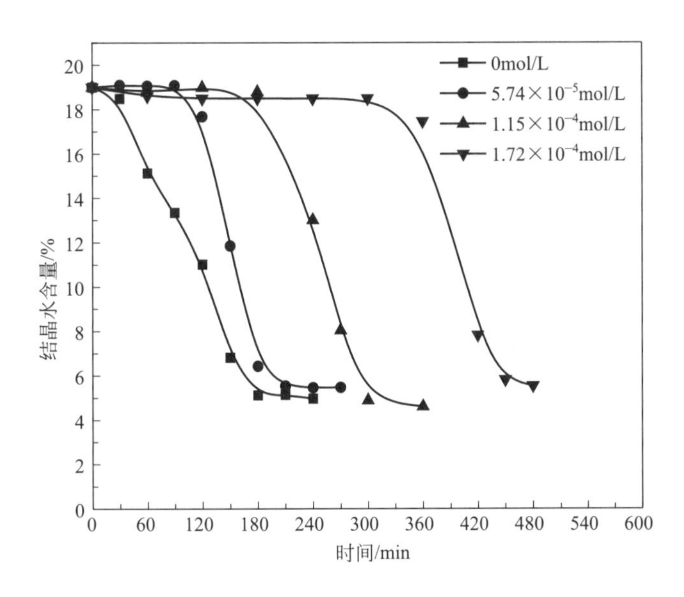

图 3-12　顺丁烯二酸浓度对磷石膏转化速率的影响（$CaCl_2$ 浓度：2.70mol/L）

为了加快磷石膏的转化速率、缩短反应时间，提高 $CaCl_2$ 浓度至 2.97mol/L，其他条件保持不变，研究不同顺丁烯二酸浓度下磷石膏的转化动力学，结果如图 3-13 所示，相应的诱导时间和生长时间如图 3-14 所示。

由图 3-13 可以看出，与 $CaCl_2$ 浓度为 2.70mol/L 时相似，随着顺丁烯二酸浓度的增加，磷石膏转化为 α 半水磷石膏的速率降低。当顺丁烯二酸浓度分别为 5.74×10^{-5} mol/L、1.15×10^{-4} mol/L 和 1.72×10^{-4} mol/L 时，磷石膏转化为 α 半水磷石膏的时间分别为 150min、210min 和 270min，比 $CaCl_2$ 浓度为 2.70mol/L 时的总时间分别缩短了 60min、90min 和 180min，表明增大 $CaCl_2$ 浓度可以加快磷石膏的转化速率，缩短反应时间，尤其是在顺丁烯二酸浓度较高时反应时间缩短更显著。

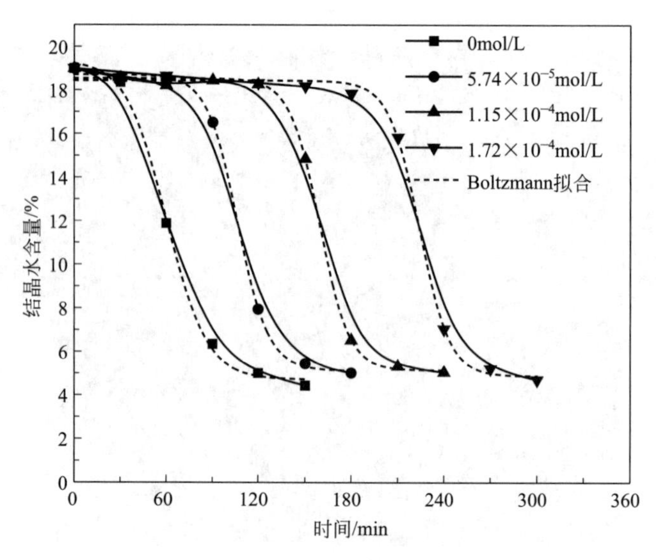

图 3-13 顺丁烯二酸浓度对磷石膏转化动力学的影响（$CaCl_2$ 浓度：2.97mol/L）

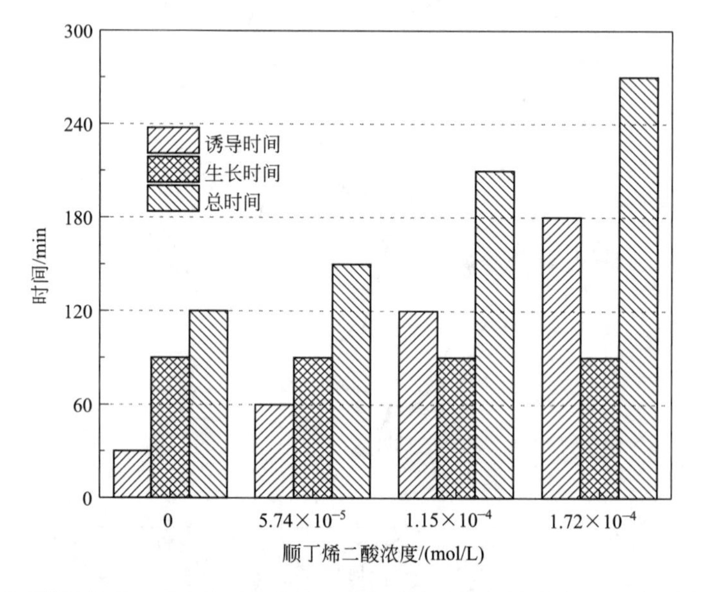

图 3-14 顺丁烯二酸浓度对 α 半水磷石膏的诱导时间和生长时间的影响（$CaCl_2$ 浓度：2.97mol/L）

由图 3-14 可以看出，顺丁烯二酸对 α 半水磷石膏的诱导时间的影响较大，对晶体生长时间影响较小，生长时间保持在 90min。随着顺丁烯二酸浓度的增大，α 半水磷石膏的诱导时间显著延长。在未添加转晶剂时，其诱导时间为 30min；顺丁烯二酸浓度为 1.15×10^{-4} mol/L 时，诱导时间延长至 120min；当顺丁烯二酸浓度增大至 1.72×10^{-4} mol/L 时，诱导时间达到 180min，是未添加转晶剂时的 6 倍。因此，顺丁烯二酸主要是通过延长 α 半水磷石膏晶核生成的诱导时间来抑制磷石膏的转化，降低 α 半水磷石膏的成核速率，诱导时间是控制反应的限速步骤。

顺丁烯二酸浓度对磷石膏转化为 α 半水磷石膏的动力学参数能够被拟合，从而建立不同转晶剂浓度下反应产物结晶水含量随时间的变化方程。研究发现玻尔兹曼（Boltzmann）函数能够拟合产物结晶水含量随反应时间的变化，其表达式为：

$$W_t=\frac{W_1-W_2}{1+e^{(t-t_0)/dt}}+W_2 \tag{3-2}$$

式中，t 为反应时间，min；W_t 是 t 时刻反应产物的结晶水含量，%；W_1 和 W_2 分别是反应开始和完成时产物的结晶水含量，%；t_0 是磷石膏转化率为 50%时的反应时间，min；dt 是时间步长，min；$1/dt$ 反映曲线的斜率。

Boltzmann 函数拟合反应产物结晶水含量变化的动力学参数及拟合方程列于表 3-2 中。从表 3-2 可以看出，反应开始和完成时产物的结晶水含量变化不大，t_0 随顺丁烯二酸浓度增加而增大，表明磷石膏转化为 α 半水磷石膏的时间延长。此外，不同顺丁烯二酸浓度下反应产物结晶水含量随时间变化的拟合方程相关系数（R^2）均高于 0.99，表明采用 Boltzmann 函数能够很好地预测产物结晶水含量随时间的变化，从而可以计算出反应时间内各个时刻产物的结晶水含量。

表 3-2　产物结晶水含量的 Boltzmann 函数拟合参数及方程

顺丁烯二酸浓度/(mol/L)	W_1/%	W_2/%	t_0/min	dt/min	R^2	拟合方程
0	19.39	4.71	60.08	13.22	0.998	$W_t=\frac{14.68}{1+e^{(t-60.08)/13.22}}+4.71$
5.74×10^{-5}	18.72	5.12	106.48	10.20	0.999	$W_t=\frac{13.60}{1+e^{(t-106.48)/10.20}}+5.12$
1.15×10^{-4}	18.54	5.14	159.31	9.67	0.999	$W_t=\frac{13.40}{1+e^{(t-159.31)/9.67}}+5.14$
1.72×10^{-4}	18.45	4.87	223.87	9.94	0.998	$W_t=\frac{13.58}{1+e^{(t-223.87)/9.94}}+4.87$

（2）顺丁烯二酸对 α 半水磷石膏晶体形貌的影响

顺丁烯二酸浓度对反应产物 α 半水磷石膏晶体形貌和粒度的影响分别如图 3-15 和图 3-16所示。由图 3-15 可以看出，α 半水磷石膏晶体均呈六方柱状，表面覆盖有少量细颗粒。随着顺丁烯二酸浓度的增大，α 半水磷石膏晶体的长度缩短、直径增大、长径比降低。由于晶体的各向异性，α 半水磷石膏不同晶面的生长速率不同[178]，在未添加转晶剂时，α 半水磷石膏的平均长度为 59.04μm，平均直径为 11.04μm，长径比达 5.74：1，表明 α 半水磷石膏晶体在 $CaCl_2$ 溶液中的生长习性为长柱状或针状。因此，需要添加合适的转晶剂来调控其晶体形貌。

当添加顺丁烯二酸浓度为 5.74×10^{-5} mol/L 时，α 半水磷石膏晶体的平均长度变化不大，平均直径增大至 13.68μm，长径比降低为 4.68：1。在顺丁烯二酸浓度为 1.15×10^{-4} mol/L 时，α 半水磷石膏的平均长度缩短为 51.22μm，平均直径增大至 15.23μm，长径比降低为 3.78：1。继续增大顺丁烯二酸浓度至 1.72×10^{-4} mol/L，平均长度迅速降低至 39.35μm，平均直径增大至 18.15μm，长径比降低为 2.42：1。因此，添加顺丁烯二酸能够有效地调控 α 半水磷石膏的晶形。

（3）顺丁烯二酸对 α 半水磷石膏力学强度的影响

顺丁烯二酸浓度对 α 半水磷石膏标准稠度用水量和力学强度的影响如表 3-3 所示。随着顺丁烯二酸浓度增大，α 半水磷石膏的长径比降低，导致标准稠度用水量降低，进而力学强度提高。在没有添加转晶剂时，α 半水磷石膏的标准稠度用水量达到 42%，抗折强度和抗压强度分别为 6.2MPa 和 13.1MPa。当顺丁烯二酸浓度增大至 1.15×10^{-4} mol/L 时，抗折强度和抗压强度分别增大至 9.6MPa 和 24.9MPa。继续增大顺丁烯二酸浓度至 1.72×10^{-4} mol/L，

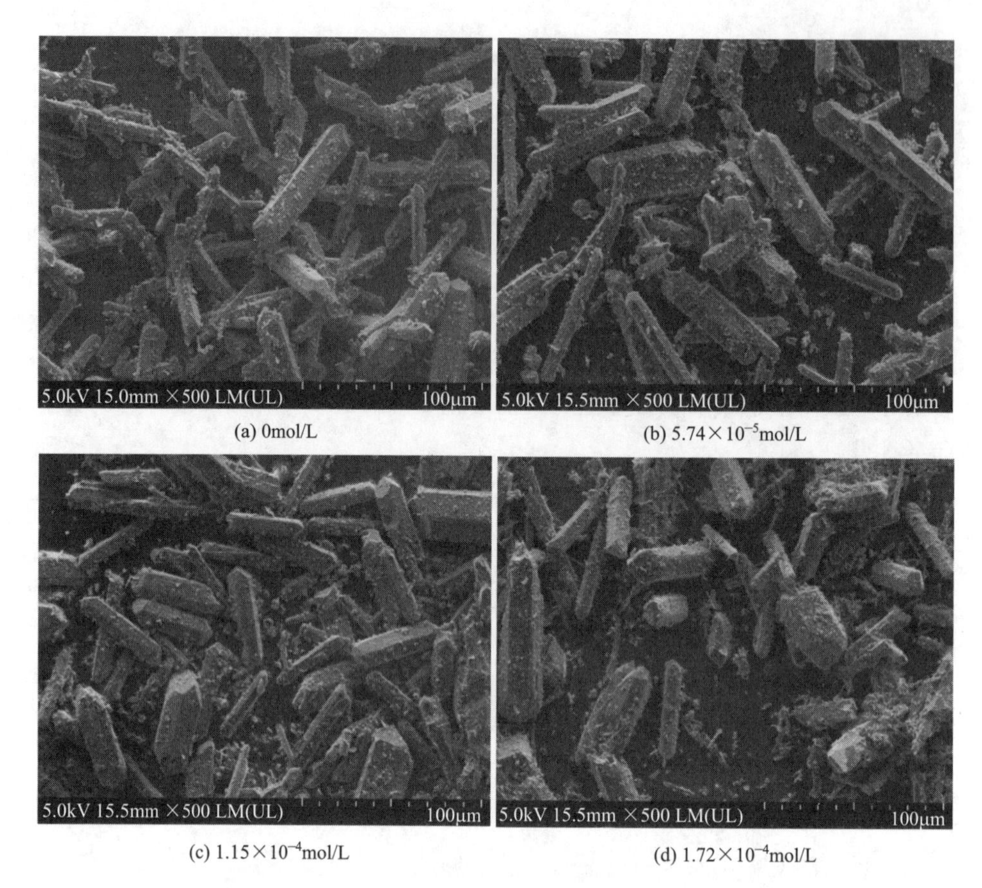

(a) 0mol/L (b) 5.74×10^{-5}mol/L

(c) 1.15×10^{-4}mol/L (d) 1.72×10^{-4}mol/L

图 3-15 顺丁烯二酸浓度对 α 半水磷石膏晶体形貌的影响

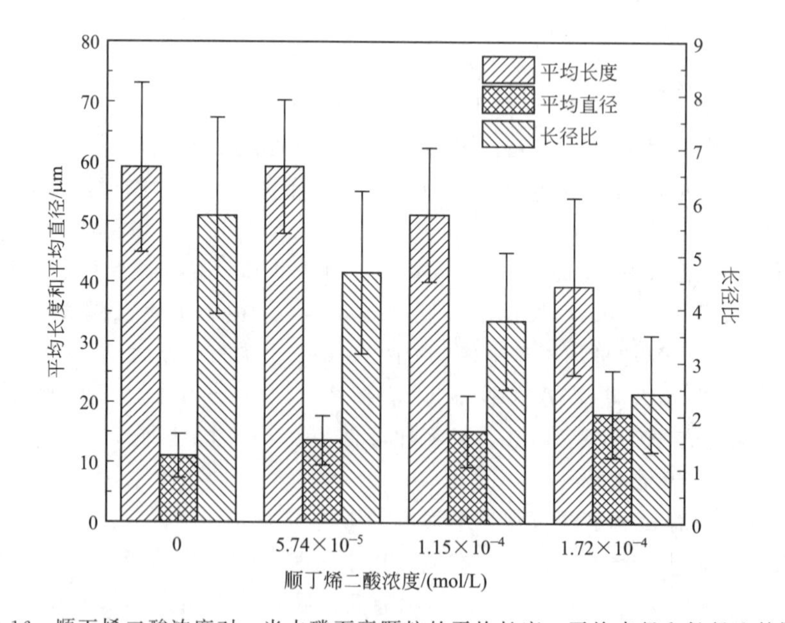

图 3-16 顺丁烯二酸浓度对 α 半水磷石膏颗粒的平均长度、平均直径和长径比的影响

标准稠度用水量降低至 36%，2h 抗折强度为 4.3MPa，抗折强度和抗压强度分别为 11.5MPa 和 30.4MPa，强度等级达到 α 型高强石膏 α30（JC/T 2038—2010）。

表 3-3 顺丁烯二酸浓度对α半水磷石膏标准稠度用水量和力学强度的影响

顺丁烯二酸浓度/(mol/L)	标准稠度用水量/%	抗折强度/MPa	抗压强度/MPa
0	42	6.2	13.1
5.74×10^{-5}	39	8.7	19.1
1.15×10^{-4}	37	9.6	24.9
1.72×10^{-4}	36	11.5	30.4

综上所述，顺丁烯二酸浓度为 $0\sim1.72\times10^{-4}$ mol/L 时，增大顺丁烯二酸浓度会降低磷石膏转化为α半水磷石膏的速率，增大α半水磷石膏的直径，降低其长径比，从而降低α半水磷石膏的标准稠度用水量并提高其力学强度。

3.2.1.3 复合盐溶液中顺丁烯二酸对α半水磷石膏晶形调控与力学性能的影响

尽管 Na_2SO_4 对α半水磷石膏力学性能影响较大，但其对磷石膏的转化效率较高。为了加快磷石膏的转化速率，除了提高 $CaCl_2$ 浓度外，还可以使用 $CaCl_2+Na_2SO_4$ 复合盐溶液。因此，在固定 $CaCl_2$ 浓度为 2.70mol/L、顺丁烯二酸浓度为 1.72×10^{-4} mol/L 的条件下，向反应体系中添加少量的 Na_2SO_4，考察 Na_2SO_4 浓度对磷石膏制备α半水磷石膏的影响。

（1）顺丁烯二酸作用下 Na_2SO_4 浓度对磷石膏转化动力学的影响

Na_2SO_4 浓度对 $CaCl_2$ 溶液体系中磷石膏转化速率的影响如图 3-17 所示，相应的诱导时间和生长时间如图 3-18 所示。由图 3-17 可以看出，增加 Na_2SO_4 浓度能明显缩短磷石膏转化为α半水磷石膏的时间。当 Na_2SO_4 浓度为 0.02mol/L 时，磷石膏转化为α半水磷石膏的时间为 300min；增大 Na_2SO_4 浓度至 0.07mol/L，反应时间缩短至 240min；继续增大 Na_2SO_4 浓度至 0.14mol/L，反应时间为 120min。因此，增大 Na_2SO_4 浓度能明显加快磷石膏的转化。此外，由图 3-18 可以看出，随着 Na_2SO_4 浓度的增加，诱导时间明显缩短：在 Na_2SO_4 浓度 0.02mol/L 时，诱导时间为 210min；在 Na_2SO_4 浓度 0.14mol/L 时，诱导时间缩短至 60min。因此，Na_2SO_4 主要是通过缩短诱导时间来促进磷石膏的转化。原因主要是在 $CaCl_2$ 溶液中添加 Na_2SO_4 时，存在以下反应：

$$CaCl_2+Na_2SO_4+0.5H_2O \xlongequal{\triangle} CaSO_4\cdot0.5H_2O(\alpha\text{半水磷石膏晶核})+2NaCl \quad (3\text{-}3)$$

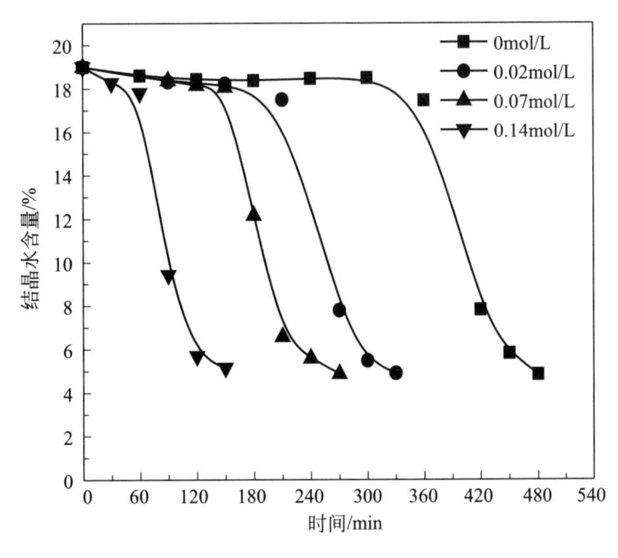

图 3-17 Na_2SO_4 浓度对磷石膏转化速率的影响（$CaCl_2$ 浓度：2.70mol/L）

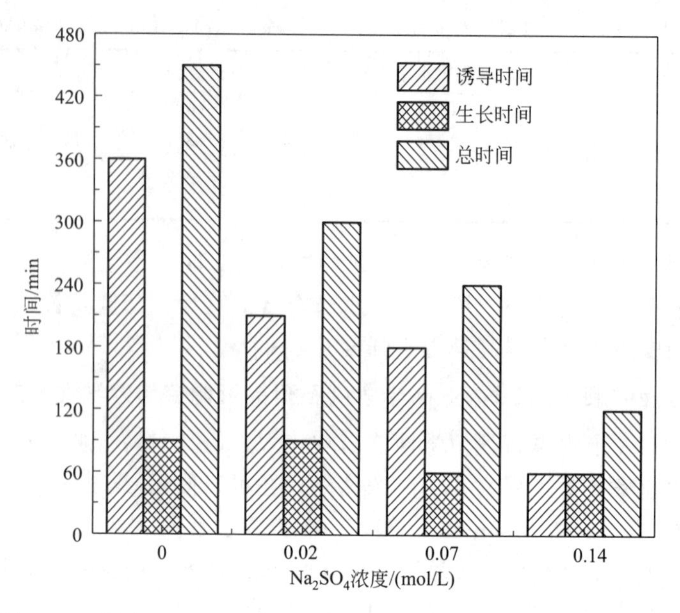

图 3-18 不同 Na_2SO_4 浓度下 α 半水磷石膏的诱导时间和生长时间

由反应式(3-3) 可以看出，在 $CaCl_2$ 溶液中加入 Na_2SO_4，SO_4^{2-} 会立即与 Ca^{2+} 反应生成 α 半水磷石膏晶核，α 半水磷石膏晶核的形成有利于缩短诱导期，从而缩短反应时间。此外，生成的 NaCl 盐介质同样会促进磷石膏的转化。因此，以顺丁烯二酸作转晶剂，在 $CaCl_2$ 溶液中磷石膏转化为 α 半水磷石膏主要受溶解-成核控制。杨润等[228]也发现以 $Ca(NO_3)_2$-Na_2SO_4 复合盐溶液作介质，与单一 $Ca(NO_3)_2$ 盐溶液相比，采用复合盐溶液能够缩短磷石膏脱水反应时间，消除有机酸转晶剂引起的延缓效应，提高磷石膏向 α 半水磷石膏的转换效率。

(2) 顺丁烯二酸作用下 Na_2SO_4 浓度对 α 半水磷石膏晶体形貌的影响

Na_2SO_4 浓度对 α 半水磷石膏微观形貌和粒度的影响分别如图 3-19 和图 3-20 所示。不同 Na_2SO_4 浓度下 α 半水磷石膏的微观形貌均呈六方柱状，但直径和长径比差异较大。在 Na_2SO_4 浓度为 0.02mol/L 时，α 半水磷石膏的平均长度和平均直径分别为 54.95μm 和 14.36μm，长径比为 4.20∶1。Na_2SO_4 浓度增加至 0.07mol/L，α 半水磷石膏的平均直径减小为 9.74μm，长径比增大为 5.80∶1。继续增大 Na_2SO_4 浓度至 0.14mol/L，α 半水磷石膏的平均长度变化不大，为 48.29μm，平均直径减小为 8.61μm，长径比增大至 6.44∶1。因此，尽管添加 Na_2SO_4 能缩短反应时间，但会降低 α 半水磷石膏的直径，增大长径比。颗粒粒度取决于成核和生长速率，反应体系中存在 Na_2SO_4 会提高溶液过饱和度，提供更大的驱动力加速 α 半水磷石膏的成核，过高的成核速率会导致生成 α 半水磷石膏晶核数量增加，而体系中 Ca^{2+} 和 SO_4^{2-} 的数量有限，进而导致产物的粒度越小。因此，增大 Na_2SO_4 浓度会使产物粒度变小。Yang 等[178]发现在 $Ca(NO_3)_2$ 溶液中添加 $Al_2(SO_4)_3$ 会提高磷石膏的脱水速率，同时会减小 α 半水磷石膏的粒度。

(3) 顺丁烯二酸作用下 Na_2SO_4 浓度对 α 半水磷石膏力学强度的影响

Na_2SO_4 浓度对 α 半水磷石膏标准稠度用水量和力学强度的影响如表 3-4 所示。由表 3-4 可以看出，随着 Na_2SO_4 浓度的增加，α 半水磷石膏的标准稠度用水量逐渐增大，力学强度降低。未添加 Na_2SO_4 时，α 半水磷石膏的抗折强度和抗压强度分别为 11.5MPa 和 30.2MPa。在 Na_2SO_4 浓度为 0.07mol/L 时，α 半水磷石膏的标准稠度用水量增大至 40%，

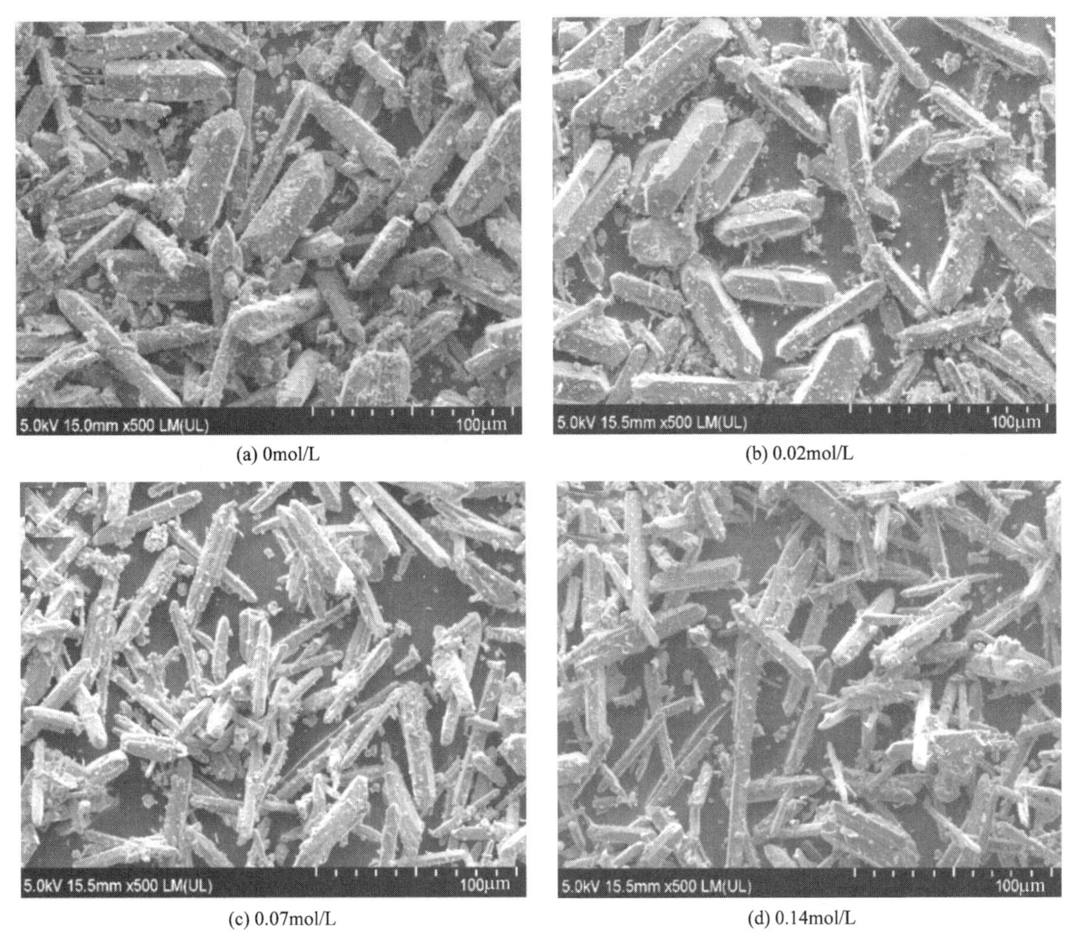

(a) 0mol/L　(b) 0.02mol/L　(c) 0.07mol/L　(d) 0.14mol/L

图 3-19　Na_2SO_4 浓度对 α 半水磷石膏微观形貌的影响
（$CaCl_2$ 浓度：2.70mol/L）

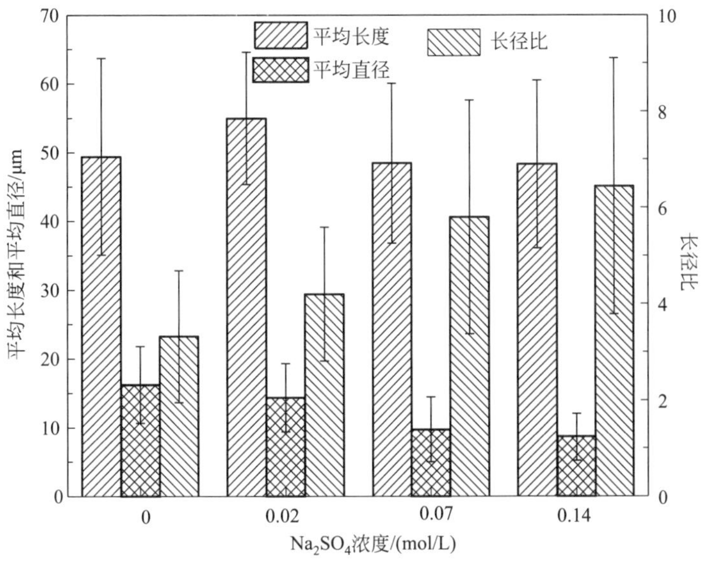

图 3-20　Na_2SO_4 浓度对 α 半水磷石膏平均长度、平均直径和长径比的影响

抗折强度和抗压强度分别降低为 8.7MPa 和 19.2MPa。尤其是当 Na_2SO_4 浓度增大至 0.14mol/L，α 半水磷石膏的标准稠度用水量达 55%，抗折强度和抗压强度分别迅速降低至 4.1MPa 和 6.9MPa。因此，在 $CaCl_2$ 反应体系中加入 Na_2SO_4 会对减小 α 半水磷石膏的粒度，进而对力学强度产生不利影响。

表 3-4　Na_2SO_4 浓度对 α 半水磷石膏标准稠度用水量和力学强度的影响

Na_2SO_4 浓度/(mol/L)	标准稠度用水量/%	抗折强度/MPa	抗压强度/MPa
0	36	11.5	30.2
0.02	38	9.3	22.3
0.07	40	8.7	19.2
0.14	55	4.1	6.9

3.2.2 丁二酸

在 2.97mol/L 的 $CaCl_2$ 溶液中，采用丁二酸（$HOOCCH_2CH_2COOH$）对 α 半水磷石膏的晶形进行调控，其结构式如图 3-21 所示。由图 3-21 可以看出，丁二酸分子结构中含两个 COOH，COOH 间距为两个 C 原子，其与顺丁烯二酸的区别在于结构式中不含碳碳双键。

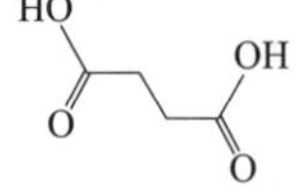

图 3-21　丁二酸的结构式

（1）丁二酸对磷石膏转化动力学的影响

不同丁二酸浓度下磷石膏转化为 α 半水磷石膏的速率如图 3-22 所示，相应的诱导时间和生长时间如图 3-23 所示。由图 3-22 可以看出，随着丁二酸浓度的增大，磷石膏的转化速率降低，反应时间延长。在丁二酸浓度为 5.65×10^{-5} mol/L 时，磷石膏转化为 α 半水磷石膏的时间为 150min；增大丁二酸浓度至 1.13×10^{-4} mol/L 和 2.26×10^{-4} mol/L，反应时间分别延长至 210min 和 240min。由图 3-23 可以看出，增大丁二酸浓度会延长 α 半水磷石膏的诱导时间，而对生长时间影响不大，生长时间保持在 90min。因此，丁二酸主要是通过延长诱导时间来阻碍磷石膏的转化，α 半水磷石膏晶核生成的诱导时间是反应的限速步骤。米阳[125]也研究发现增加丁二酸用量，磷石膏的转化速率降低，转化过程延长，当丁二酸用量增加到 0.4%时，反应时间延长至 7.0h，但通过加入适量 Na_2SO_4 可以缓解甚至消除丁二酸引起的延迟效应。

不同丁二酸浓度下，Boltzmann 函数拟合反应产物结晶水含量随时间变化的拟合参数及方程如表 3-5 所示。从表 3-5 可以看出，反应初始和完成时产物的结晶水含量变化不大，t_0 随丁二酸浓度的增加而增大，表明磷石膏转化为 α 半水磷石膏受到丁二酸的抑制。此外，不同丁二酸浓度下的拟合方程相关系数均大于 0.99，表明采用 Boltzmann 函数能够很好地预测产物结晶水含量随时间的变化。

表 3-5　产物结晶水含量的 Boltzmann 函数拟合参数及方程

丁二酸浓度/(mol/L)	W_1/%	W_2/%	t_0/min	dt/min	R^2	拟合方程
0	19.39	4.71	60.08	13.22	0.998	$W_t=\frac{14.68}{1+e^{(t-60.08)/13.22}}+4.71$
5.65×10^{-5}	19.02	4.89	96.00	13.87	0.999	$W_t=\frac{14.13}{1+e^{(t-96.00)/13.87}}+4.89$
1.13×10^{-4}	18.41	4.96	166.64	10.31	0.998	$W_t=\frac{13.45}{1+e^{(t-166.64)/10.31}}+4.96$

续表

丁二酸浓度/(mol/L)	W_1/%	W_2/%	t_0/min	dt/min	R^2	拟合方程
2.26×10^{-4}	18.51	5.76	198.30	11.25	0.999	$W_t=\frac{12.75}{1+e^{(t-198.30)/11.25}}+5.76$

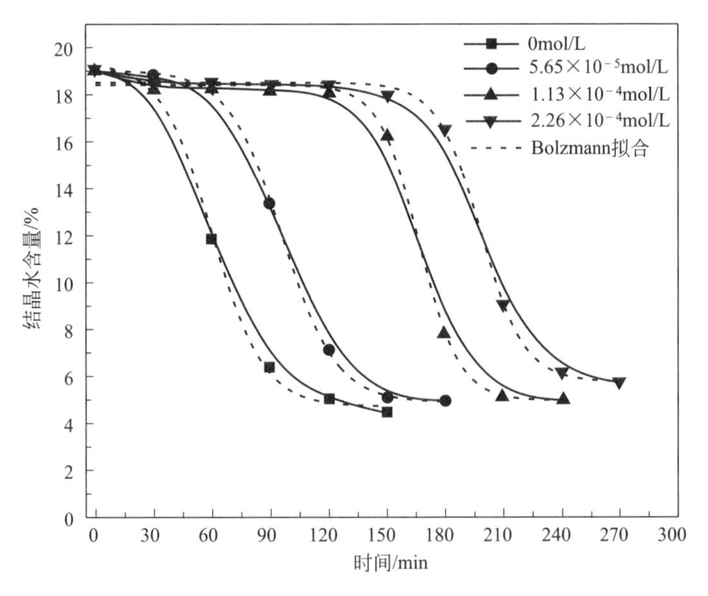

图 3-22　丁二酸浓度对磷石膏转化动力学的影响

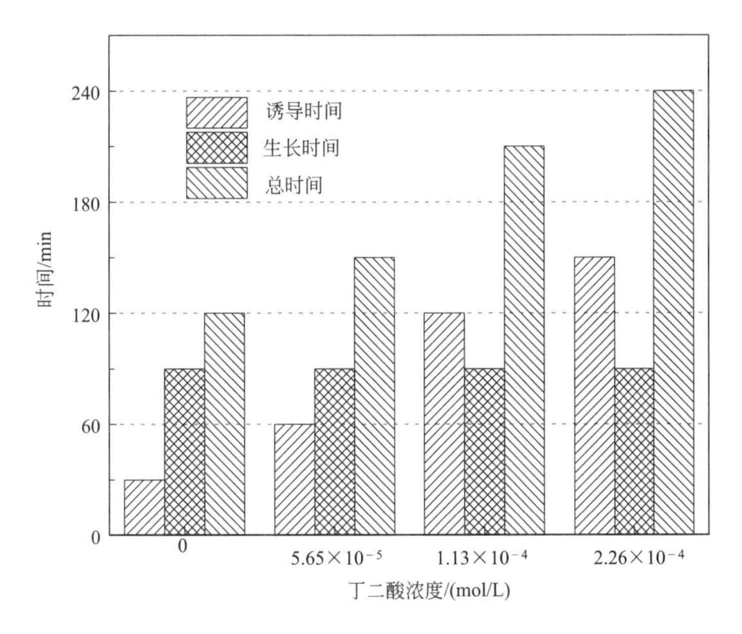

图 3-23　不同丁二酸浓度下 α 半水磷石膏的诱导时间和生长时间

（2）丁二酸对 α 半水磷石膏晶体形貌的影响

丁二酸浓度对反应产物 α 半水磷石膏微观形貌的影响如图 3-24 所示，相应的平均长度、平均直径和长径比列于表 3-6 中。不同浓度的丁二酸作用下 α 半水磷石膏的微观形貌均呈六方柱状，但长度和直径有所变化。这是由于丁二酸会选择性吸附在 α 半水磷石膏晶体沿 c 轴方向的晶面，降低晶面的表面能，从而抑制其沿长轴方向生长[160]。在丁二酸浓度为5.65×10^{-5}mol/L时，α半水磷石膏的平均直径为14.28μm，长径比为4.31∶1。当丁二酸浓度增大为1.13×10^{-4}mol/L，α半水磷石膏平均的长度缩短为50.14μm，平均直径增大至17.67μm，长径比降低为3.12∶1。但继续增大丁二酸浓度至2.26×10^{-4}mol/L时，反而会加速α半水磷石膏的生长，反应产物呈针状，晶体轮廓不清晰，粒度减小，平均长度和平均直径分别减小为13.89μm和1.47μm，长径比达到9.40∶1。因此，转晶剂浓度是影响α半水磷石膏粒度的重要因素，当丁二酸浓度过高时，会同时抑制α半水磷石膏沿长度和直径方向的生长，从而降低其粒度[172]。尽管丁二酸能调控α半水磷石膏的晶体，但其性能弱于顺丁烯二酸。

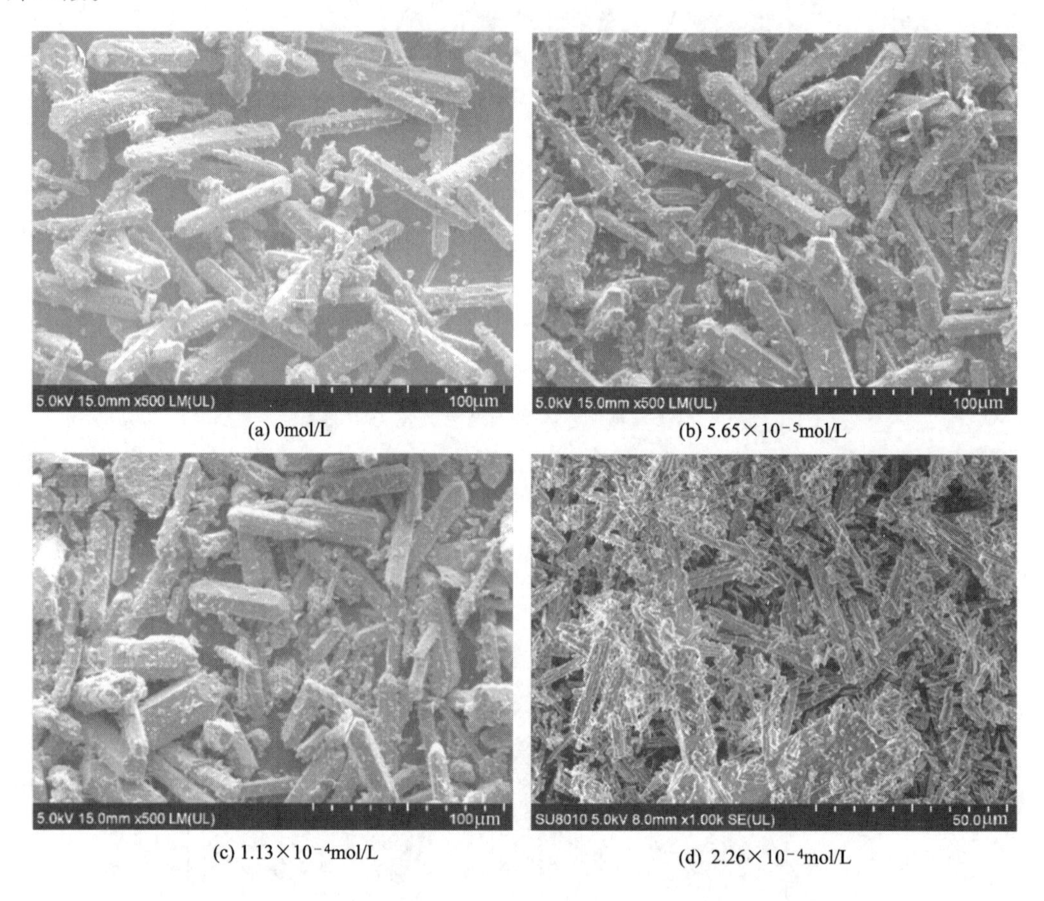

(a) 0mol/L　(b) 5.65×10^{-5}mol/L　(c) 1.13×10^{-4}mol/L　(d) 2.26×10^{-4}mol/L

图3-24　丁二酸浓度对α半水磷石膏微观形貌的影响

由于乙二酸、丙二酸与丁二酸同属直链饱和二元酸，因此对比研究了乙二酸和丙二酸对α半水磷石膏微观形貌的影响，结果如图3-25所示。由图3-25和表3-6可以看出，乙二酸和丙二酸对α半水磷石膏的晶体形貌影响不大。当乙二酸和丙二酸浓度均为1.13×10^{-4}mol/L时，α半水磷石膏的平均直径分别为9.86μm和10.53μm，长径比分别为5.58∶1和5.19∶1，与未添加转晶剂时所制备α半水磷石膏的长径比（5.74∶1）接近。Liu等[229]研究发现乙二酸不能够改变α半水磷石膏的晶形，α半水磷石膏保持针状；随着丙二酸用量的增加，α半水磷石膏的长径比有所降低，但晶形调控效果相对较差。此外，相关研究也表明[230]：在NaCl溶液中，以脱硫石膏为原料、乙二酸为转晶剂时，并不能获得理想的α半水磷石膏晶形。因此，当COOH间距小于两个C原子时，有机酸不具备调晶功能。

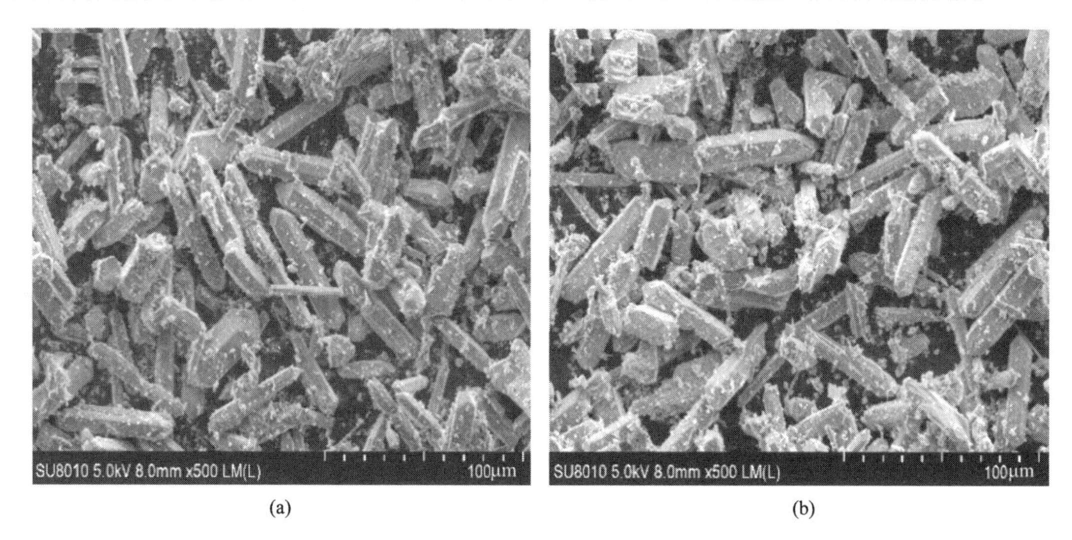

(a) (b)

图3-25 乙二酸（a）和丙二酸（b）对α半水磷石膏微观形貌的影响（浓度：1.13×10^{-4}mol/L）

表3-6 乙二酸、丙二酸和丁二酸对α半水磷石膏平均长度、平均直径和长径比的影响

有机酸	浓度/(mol/L)	平均长度/μm	平均直径/μm	长径比
丁二酸	0	59.04±14.08	11.04±3.64	5.74±1.84
	5.65×10^{-5}	57.06±9.18	14.28±4.29	4.31±1.30
	1.13×10^{-4}	50.14±10.87	17.67±6.71	3.12±1.10
	2.26×10^{-4}	13.89±7.33	1.47±0.54	9.40±3.10
乙二酸	1.13×10^{-4}	51.31±12.17	9.86±2.74	5.58±1.85
丙二酸	1.13×10^{-4}	51.87±10.17	10.53±2.75	5.19±1.45

（3）丁二酸对α半水磷石膏力学强度的影响

丁二酸浓度对α半水磷石膏标准稠度用水量和力学强度的影响如表3-7所示。随着丁二酸浓度的增大，α半水磷石膏的力学强度先升高后降低。当丁二酸浓度为1.13×10^{-4}mol/L时，抗折强度和抗压强度分别为9.9MPa和25.3MPa。增加丁二酸浓度至2.26×10^{-4}mol/L，所制备α半水磷石膏的粒度迅速减小，使标准稠度用水量增加至62%，抗折强度和抗压强度分别降低为2.7MPa和4.1MPa。因此，α半水磷石膏的粒度是影响其力学强度的重要因素，粒度越小，力学强度越低。

表3-7 丁二酸浓度对α半水磷石膏标准稠度用水量及力学强度的影响

丁二酸浓度/(mol/L)	标准稠度用水量/%	抗折强度/MPa	抗压强度/MPa
0	42	6.2	13.1
5.65×10^{-5}	38	9.5	20.2
1.13×10^{-4}	37	9.9	25.3
2.26×10^{-4}	62	2.7	4.1

综上所述，使用丁二酸作转晶剂时，会通过延长诱导时间来抑制磷石膏转化为α半水磷石膏，从而延长反应时间，增大α半水磷石膏直径的同时降低其长径比，进而降低标准稠度用水量，提高力学强度；但丁二酸浓度过高时，会对α半水磷石膏产生不利影响。比较顺丁烯二酸和丁二酸对α半水磷石膏晶形调控和力学性能的影响可知，由于顺丁烯二酸中含有碳

碳双键，使其在 α 半水磷石膏表面的吸附增强，从而对 α 半水磷石膏的晶形表现出更好的调控能力。

3.2.3 苯二甲酸

苯二甲酸（$HOOCC_6H_4COOH$）有邻苯二甲酸、间苯二甲酸和对苯二甲酸三种异构体[231]，苯环上两个 COOH 间距分别为两个 C 原子、三个 C 原子和四个 C 原子，苯环存在共轭效应，其分子结构式如图 3-26 所示。目前很少有采用苯二甲酸作转晶剂调控 α 半水磷石膏晶形的研究。

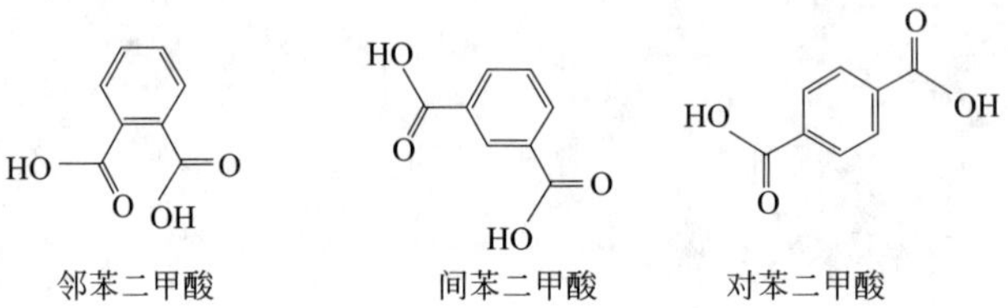

邻苯二甲酸　　间苯二甲酸　　对苯二甲酸

图 3-26　苯二甲酸分子结构式

（1）苯二甲酸对磷石膏转化动力学的影响

苯二甲酸浓度对磷石膏转化动力学的影响如图 3-27 所示，相应的诱导时间和生长时间如图 3-28 所示。随着邻苯二甲酸浓度的增加，磷石膏转化为 α 半水磷石膏的速率降低，反应时间延长。邻苯二甲酸对 α 半水磷石膏的诱导时间影响较大，而对生长时间影响较小，在邻苯二甲酸浓度为 6.53×10^{-5}mol/L 和 1.30×10^{-4}mol/L 时，诱导时间均为 90min；当邻苯二甲酸浓度增加至 1.96×10^{-4}mol/L 时，诱导时间达到 180min，是未添加转晶剂时诱导时间的 6 倍。因此，邻苯二甲酸主要是通过延长诱导时间来抑制磷石膏的转化，诱导时间是反应的限速步骤。此外，当间苯二甲酸和对苯二甲酸浓度为 1.96×10^{-4}mol/L 时，不会对磷石膏的转化速率产生影响。

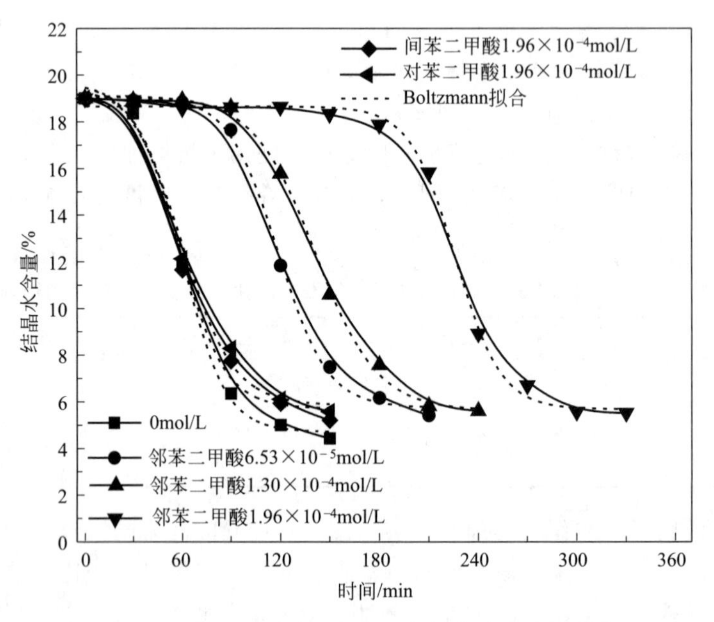

图 3-27　苯二甲酸浓度对磷石膏转化动力学的影响

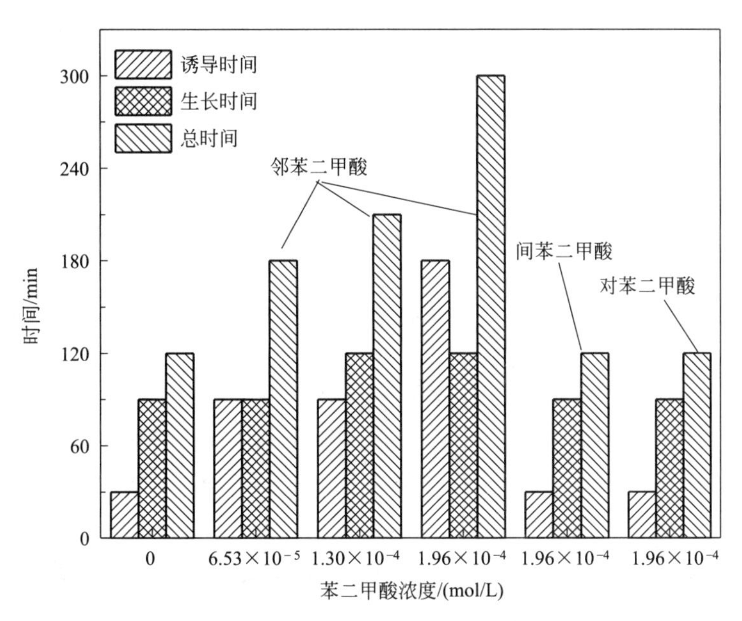

图 3-28　不同苯二甲酸浓度下 α 半水磷石膏的诱导时间和生长时间

采用 Boltzmann 函数对不同苯二酸浓度下产物结晶水含量随反应时间的变化进行拟合，拟合参数和方程列于表 3-8 中。从表 3-8 可以看出，t_0 随邻苯二甲酸浓度的增大而增加，表明磷石膏转化为 α 半水磷石膏的速率降低，反应时间延长。此外，相关系数的值均高于 0.99，表明采用 Boltzmann 函数能够很好地预测不同苯二甲酸浓度下反应产物结晶水含量随时间的变化。

表 3-8　产物结晶水含量的 Boltzmann 函数拟合参数及方程

苯二甲酸	浓度/(mol/L)	W_1/%	W_2/%	t_0/min	dt/min	R^2	拟合方程
邻苯二甲酸	0	19.39	4.71	60.08	13.22	0.998	$W_t=\frac{14.68}{1+e^{(t-60.08)/13.22}}+4.71$
	6.53×10^{-5}	19.07	5.75	118.53	14.90	0.998	$W_t=\frac{13.32}{1+e^{(t-118.53)/14.90}}+5.75$
	1.30×10^{-4}	19.10	5.64	141.21	18.80	0.999	$W_t=\frac{13.46}{1+e^{(t-141.21)/18.80}}+5.64$
	1.96×10^{-4}	18.65	5.68	226.19	13.78	0.998	$W_t=\frac{12.97}{1+e^{(t-226.19)/13.78}}+5.68$
间苯二甲酸	1.96×10^{-4}	19.68	5.72	57.89	14.06	0.991	$W_t=\frac{13.96}{1+e^{(t-57.86)/14.06}}+5.72$
对苯二甲酸	1.96×10^{-4}	19.77	5.85	59.58	15.77	0.991	$W_t=\frac{13.92}{1+e^{(t-59.58)/15.77}}+5.85$

（2）苯二甲酸对 α 半水磷石膏晶体形貌的影响

苯二甲酸浓度对 α 半水磷石膏微观形貌和粒度的影响分别如图 3-29 和表 3-9 所示。随着邻苯二甲酸浓度的增加，α 半水磷石膏的长度降低、直径增大、长径比降低。当邻苯二甲酸浓度为 1.30×10^{-4} mol/L 时，α 半水磷石膏的平均长度缩短为 39.39μm，平均直径增大为 18.02μm，长径比降低为 2.36∶1；继续增大邻苯二甲酸浓度至 1.96×10^{-4} mol/L，α 半水磷石膏的平均长度缩短为 32.19μm，平均直径增大为 20.73μm，长径比降低为 1.61∶1。然而，当间苯二甲酸和对苯二甲酸浓度为 1.96×10^{-4} mol/L 时，α 半水磷石膏仍为长柱状，直径保持在 10μm 左右，长径比分别达 4.24∶1 和 4.54∶1。因此，只有 COOH 间距为两个 C 原子的邻苯二甲酸能调控 α 半水磷石膏的晶形，使其生长习性由长柱状向短柱状转变，而 COOH 间距超过两个 C 原子的间苯二甲酸和对苯二甲酸不能调控 α 半水磷石膏的晶形。

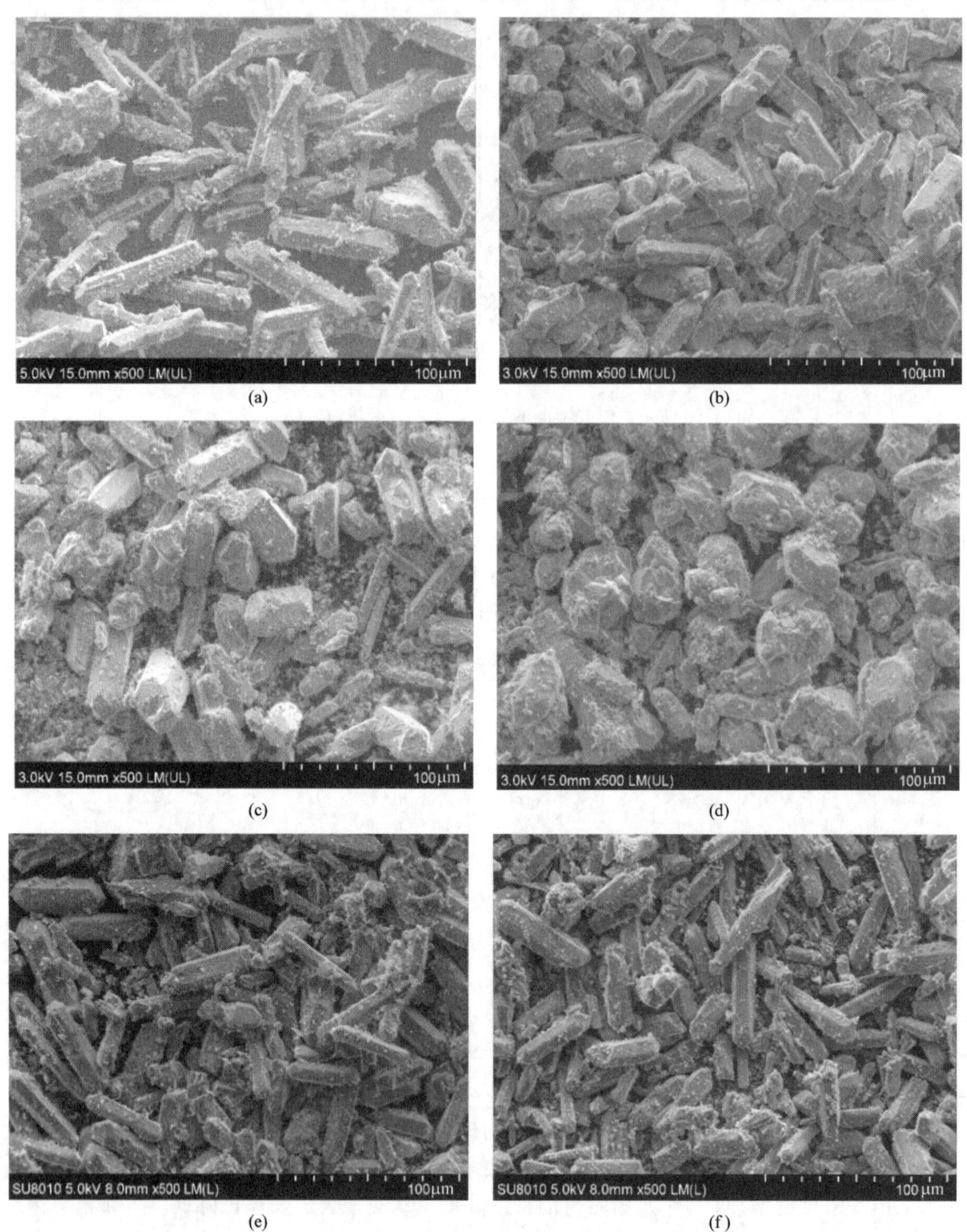

图 3-29　苯二甲酸浓度对 α 半水磷石膏微观形貌的影响

邻苯二甲酸：(a) 0mol/L，(b) 6.53×10^{-5} mol/L，(c) 1.30×10^{-4} mol/L，(d) 1.96×10^{-4} mol/L；
间苯二甲酸：(e) 1.96×10^{-4} mol/L；对苯二甲酸：(f) 1.96×10^{-4} mol/L

表 3-9　苯二甲酸浓度对 α 半水磷石膏平均长度、平均直径和长径比的影响

苯二甲酸	浓度/(mol/L)	平均长度/μm	平均直径/μm	长径比
邻苯二甲酸	0	59.04±14.08	11.04±3.64	5.74±1.84
	6.53×10^{-5}	42.56±10.02	16.09±3.55	2.72±0.70
	1.30×10^{-4}	39.39±9.63	18.02±4.91	2.36±0.91
	1.96×10^{-4}	32.19±6.87	20.73±5.26	1.61±0.39
间苯二甲酸	1.96×10^{-4}	41.83±12.72	10.60±3.81	4.24±1.43
对苯二甲酸	1.96×10^{-4}	40.30±11.51	9.46±2.96	4.54±1.60

(3) 苯二甲酸对 α 半水磷石膏力学强度的影响

苯二甲酸浓度对 α 半水磷石膏的标准稠度用水量和力学强度的影响如表 3-10 所示。随着邻苯二甲酸浓度的增大，α 半水磷石膏的标准稠度用水量降低，抗折强度和抗压强度增大。在邻苯二甲酸浓度为 1.96×10^{-4}mol/L 时，标准稠度用水量降低为 33%，抗折强度和抗压强度分别为 7.8MPa 和 22.5MPa。当间苯二甲酸和邻苯二甲酸浓度为 1.96×10^{-4}mol/L 时，标准稠度用水量为 41%，抗折强度和抗压强度分别保持在 5.5MPa 和 10MPa 左右。因此，间苯二甲酸和对苯二甲酸不宜作为磷石膏常压盐溶液法制备 α 半水磷石膏的转晶剂。

表 3-10　苯二甲酸浓度对 α 半水磷石膏标准稠度用水量和力学强度的影响

苯二甲酸	浓度/(mol/L)	标准稠度用水量/%	抗折强度/MPa	抗压强度/MPa
邻苯二甲酸	0	42	6.2	13.1
	6.53×10^{-5}	37	6.7	14.0
	1.30×10^{-4}	35	7.0	18.6
	1.96×10^{-4}	33	7.8	22.5
间苯二甲酸	1.96×10^{-4}	41	5.8	10.0
对苯二甲酸	1.96×10^{-4}	41	5.2	9.9

3.2.4 柠檬酸

在 $CaCl_2$ 浓度为 2.97mol/L 时，采用柠檬酸［$HOC(COOH)_3\cdot H_2O$］对 α 半水磷石膏的晶形进行调控，其结构式如图 3-30 所示。柠檬酸中含三个 COOH 和一个羟基（OH），COOH 间距为两个 C 原子，属三元酸。研究考察了柠檬酸浓度对磷石膏制备 α 半水磷石膏的转化动力学、α 半水磷石膏的晶体形貌和力学性能的影响。

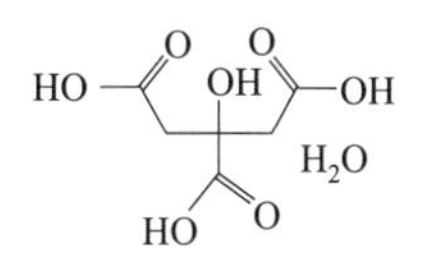

图 3-30　柠檬酸的结构式

(1) 柠檬酸对磷石膏转化动力学的影响

柠檬酸浓度对磷石膏制备 α 半水磷石膏转化速率的影响如图 3-31 所示，相应的诱导时间和生长时间如图 3-32 所示。柠檬酸主要是通过延长 α 半水磷石膏的诱导时间来抑制磷石膏的转化，而对晶体生长时间影响较小。

(2) 柠檬酸对 α 半水磷石膏晶体形貌的影响

柠檬酸浓度对 α 半水磷石膏微观形貌和粒度的影响分别如图 3-33 和图 3-34 所示。在柠檬酸浓度为 6.34×10^{-5}mol/L 时，α 半水磷石膏的粒度组成相对较均匀，平均长度和平均直径分别为 54.72μm 和 15.42μm，长径比为 4∶1。当柠檬酸浓度增大至 1.27×10^{-4}mol/L 时，出现大量针柱状 α 半水磷石膏晶体，α 半水磷石膏的平均直径减小为 12.81μm，长径比

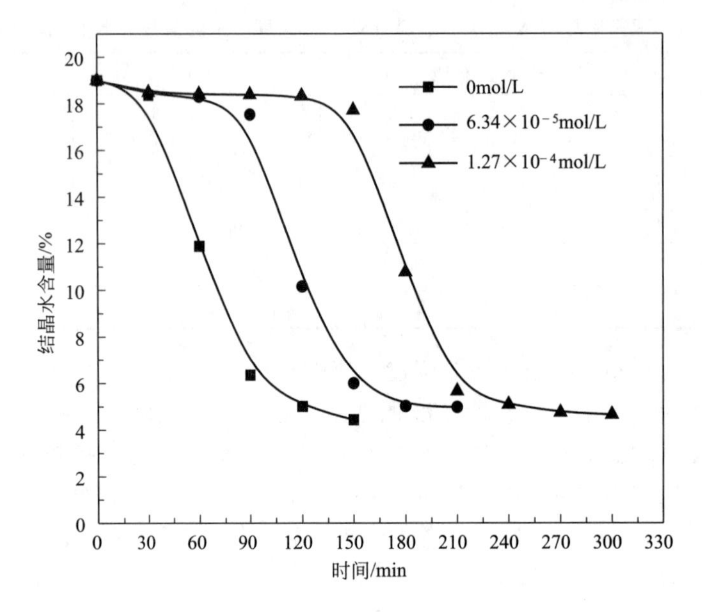

图 3-31 柠檬酸浓度对磷石膏转化速率的影响

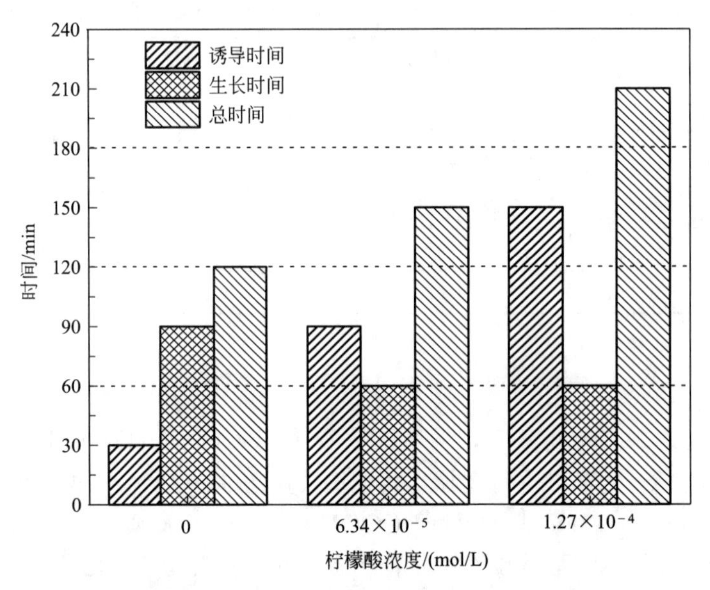

图 3-32 不同柠檬酸浓度下 α 半水磷石膏的诱导时间和生长时间

增大为 4.34∶1。因此，柠檬酸对 α 半水磷石膏晶形调控效果弱于丁二酸。此外，也有研究发现在 NaCl 溶液中柠檬酸对 α 半水磷石膏晶形调控不如丁二酸理想[230]。因此，常将柠檬酸与无机盐复合使用。

（3）柠檬酸对 α 半水磷石膏力学强度的影响

柠檬酸浓度对 α 半水磷石膏标准稠度用水量和力学强度的影响如表 3-11 所示。当柠檬酸浓度为 6.34×10^{-5} mol/L 时，标准稠度用水量降低为 36%，抗折强度和抗压强度分别增大为 7.6MPa 和 19.7MPa；但柠檬酸浓度增加至 1.27×10^{-4} mol/L 时，标准稠度用水量又增大为 41%，抗折强度和抗压强度分别降低为 6.2MPa 和 14.1MPa。因此，柠檬酸浓度过高时反而会降低 α 半水磷石膏的力学强度。

(a) 0mol/L

(b) 6.34×10^{-5}mol/L

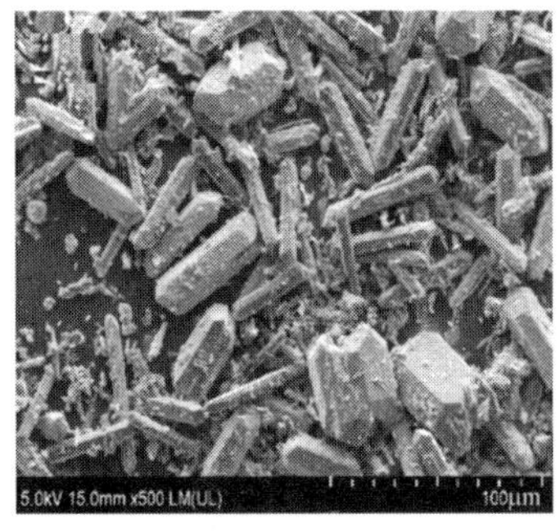

(c) 1.27×10^{-4}mol/L

图 3-33　柠檬酸浓度对 α 半水磷石膏微观形貌的影响

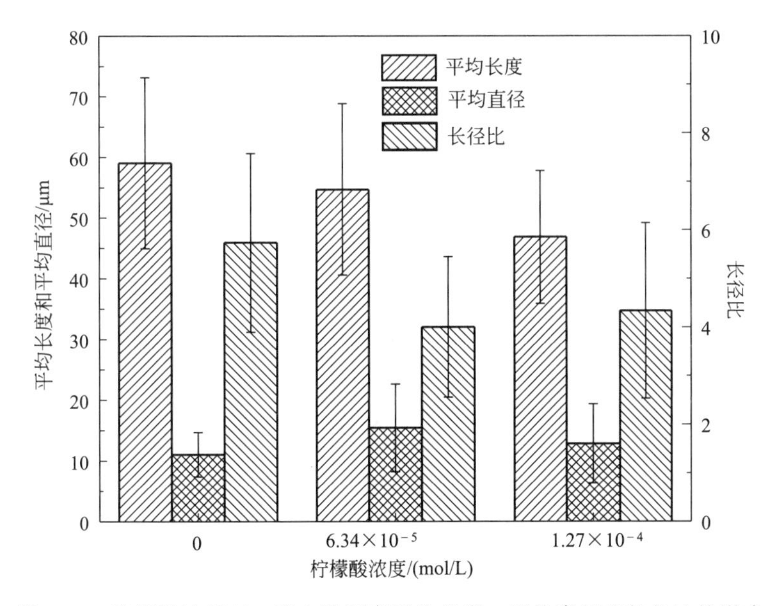

图 3-34　柠檬酸浓度对 α 半水磷石膏平均长度、平均直径和长径比的影响

表 3-11　柠檬酸浓度对 α 半水磷石膏标准稠度用水量和力学强度的影响

柠檬酸浓度/(mol/L)	标准稠度用水量/%	抗折强度/MPa	抗压强度/MPa
0	42	6.2	13.1
6.34×10^{-5}	36	7.6	19.7
1.27×10^{-4}	41	6.2	14.1

3.3　氨基酸对 α 半水磷石膏晶形调控与力学性能的影响

3.3.1　L-天冬氨酸[232]

在目前已报道的转晶剂中，很少以氨基酸作为磷石膏制备 α 半水磷石膏的转晶剂。L-天冬氨酸［$HOOCCH_2CH(NH_2)COOH$］是 20 种蛋白质氨基酸之一，与 L-谷氨酸同为酸性氨基酸。L-天冬氨酸的结构式如图 3-35 所示。由图 3-35 可以看出，L-天冬氨酸含有两个 COOH，COOH 间距为两个 C 原子，其与丁二酸的区别在于分子结构中多一个氨基

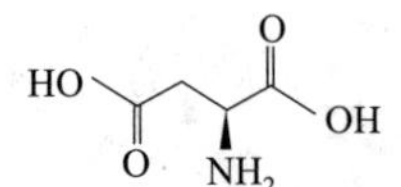

图 3-35 L-天冬氨酸的结构式

(NH_2)官能团。

(1)L-天冬氨酸对磷石膏转化动力学的影响

在不同 L-天冬氨酸浓度下，磷石膏转化为 α 半水磷石膏速率如图 3-36 所示，相应的诱导时间和生长时间如图 3-37 所示。在没有添加 L-天冬氨酸时，磷石膏转化为 α 半水磷石膏的时间为 120min。当 L-天冬氨酸浓度为 6.26×10^{-4} mol/L 和 1.25×10^{-3} mol/L 时，反应时间延长至 150min；继续增大 L-天冬氨酸浓度至 1.88×10^{-3} mol/L 和 2.50×10^{-3} mol/L，反应时间分别增加至 180min 和 210min。因此，L-天冬氨酸能抑制磷石膏转化为 α 半水磷石膏，延长反应时间，从而有利于 α 半水磷石膏晶核的生长。

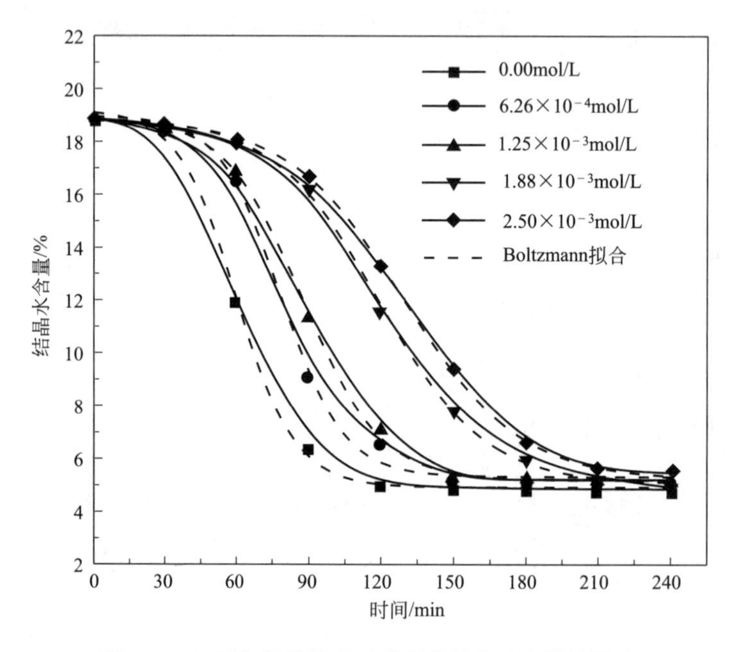

图 3-36 L-天冬氨酸浓度对磷石膏转化动力学的影响

由图 3-37 可以看出，与顺丁烯二酸、丁二酸、柠檬酸和邻苯二甲酸不同的是，L-天冬氨酸对 α 半水磷石膏的诱导时间影响不大，而对晶体生长时间影响较大，生长时间随 L-天冬氨酸浓度的增加而延长，从而降低 α 半水磷石膏的生长速率。因此，以 L-天冬氨酸为转晶剂，在 $CaCl_2$ 溶液中磷石膏转化为 α 半水磷石膏主要受生长控制。

不同 L-天冬氨酸浓度下，Boltzmann 函数拟合反应产物结晶水含量随时间变化的拟合参数及方程如表 3-12 所示。从表 3-12 可以看出，t_0 和 dt 随 L-天冬氨酸浓度增加而增大，表明磷石膏转化为 α 半水磷石膏的速率降低。此外，所有相关系数 R^2 的值均高于 0.99，表明 Boltzmann 函数能够很好地预测不同 L-天冬氨酸浓度下产物结晶水含量随时间的变化。

表 3-12 产物结晶水含量的 Boltzmann 函数拟合参数及方程

L-天冬氨酸浓度/(mol/L)	W_1/%	W_2/%	t_0/min	dt/min	R^2	拟合方程
0	19.22	4.92	59.92	12.37	0.999	$W_t=\frac{14.30}{1+e^{(t-59.92)/12.37}}+4.92$
6.26×10^{-4}	18.98	5.32	78.46	12.95	0.998	$W_t=\frac{13.66}{1+e^{(t-78.46)/12.95}}+5.32$

续表

L-天冬氨酸浓度/(mol/L)	W_1/%	W_2/%	t_0/min	dt/min	R^2	拟合方程
1.25×10^{-3}	18.94	5.18	87.27	16.18	0.999	$W_t=\frac{13.76}{1+e^{(t-87.27)/16.18}}+5.18$
1.88×10^{-3}	18.91	5.05	118.92	21.89	0.999	$W_t=\frac{13.86}{1+e^{(t-118.92)/21.89}}+5.05$
2.50×10^{-3}	18.86	5.21	129.18	24.00	0.999	$W_t=\frac{13.65}{1+e^{(t-129.18)/24.00}}+5.21$

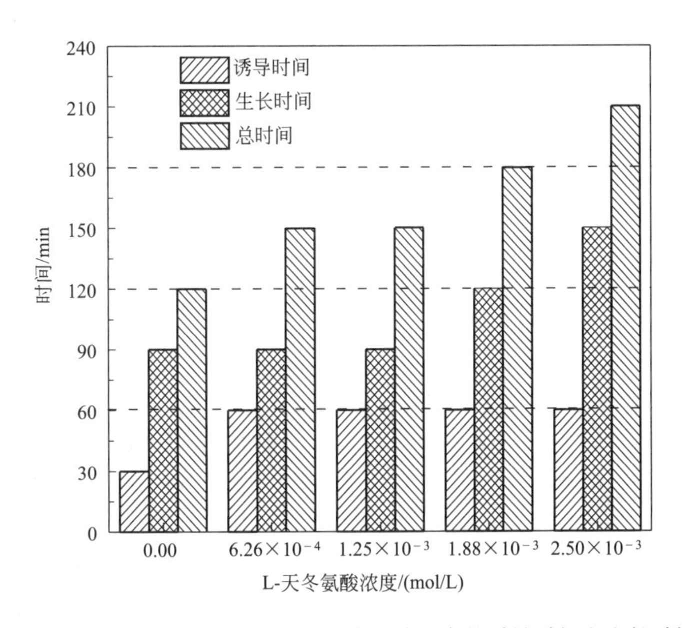

图 3-37　不同 L-天冬氨酸浓度下 α 半水磷石膏的诱导时间和生长时间

L-天冬氨酸浓度为 $0\sim2.50\times10^{-3}$mol/L 时，反应过程中料浆 pH 随反应时间的变化如图 3-38 所示。由图 3-38 可以看出，料浆的初始 pH 随 L-天冬氨酸的浓度的增加而降低，这是由于 L-天冬氨酸为酸性氨基酸，其水溶液显酸性。随着反应时间的延长，料浆 pH 呈先逐渐降低后趋于平缓的趋势，pH 从最初的碱性（pH＝8.6）变为酸性（pH＝4.5）。此外，料浆 pH 随反应时间的变化规律与结晶水含量的变化有一定的相关性，即随着 L-天冬氨酸浓度的增大，磷石膏的转化速率降低，pH 降低的幅度也随之变缓。

（2）L-天冬氨酸对 α 半水磷石膏晶体形貌的影响

L-天冬氨酸浓度对 α 半水磷石膏微观形貌的影响如图 3-39 所示，相应的平均长度、平均直径和长径比如图 3-40 所示。L-天冬氨酸浓度对 α 半水磷石膏晶体的粒度影响较大。随着 L-天冬氨酸浓度的增加，α 半水磷石膏晶体的长度缩短，直径增大，长径比降低。在 L-天冬氨酸浓度由 0 增加至 6.26×10^{-4}mol/L 时，α 半水磷石膏晶体的平均长度缩短为 48.99μm，平均直径增加至 15.06μm，长径比降低为 3.39∶1。在 L-天冬氨酸浓度为1.88×10^{-3}mol/L 时，α 半水磷石膏晶体的平均长度缩短为 35.64μm，平均直径增大为 22.10μm，长径比降低为 1.64∶1。进一步增加 L-天冬氨酸浓度至 2.50×10^{-3}mol/L，α 半水磷石膏晶体的平均长度缩短为 32.34μm，平均直径增大至 27.63μm，长径比进一步降低为 1.21∶1。因此，L-天冬氨酸是一种有效的转晶剂。

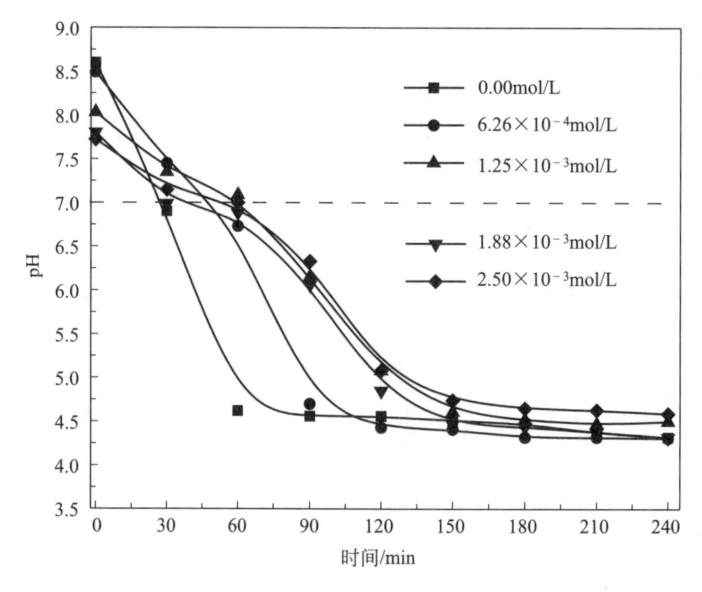

图 3-38　不同 L-天冬氨酸浓度下料浆 pH 随反应时间的变化

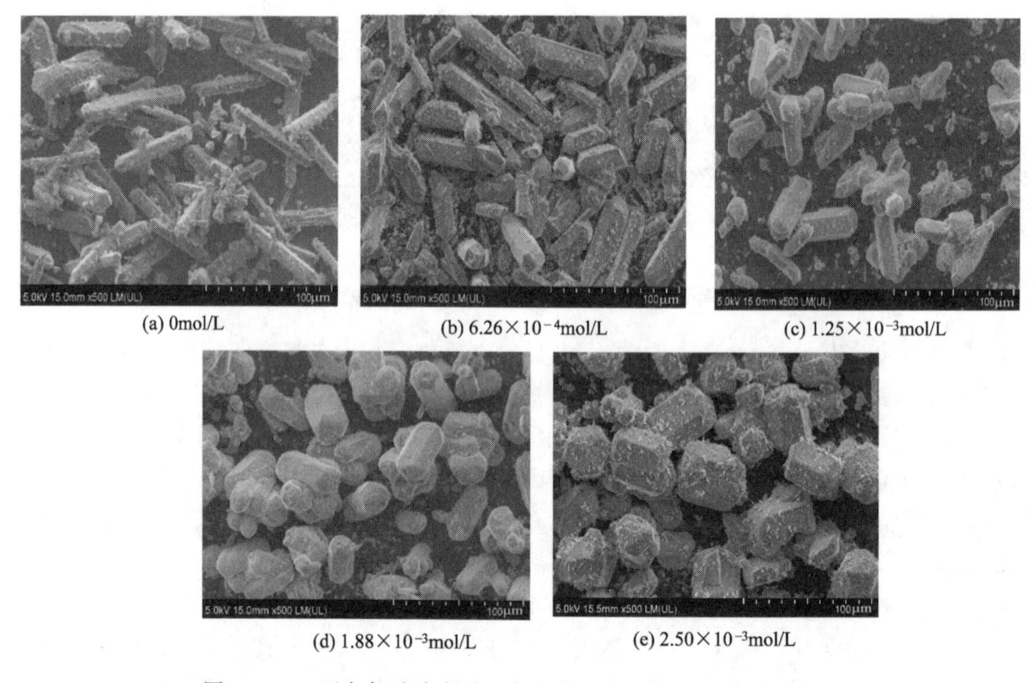

图 3-39　L-天冬氨酸浓度对 α 半水磷石膏晶体微观形貌的影响

(3) L-天冬氨酸对 α 半水磷石膏力学强度的影响

在研究 L-天冬氨酸对 α 半水磷石膏晶体形貌调控的基础，进一步考察了 L-天冬氨酸浓度对 α 半水磷石膏标准稠度用水量和力学强度的影响，结果如表 3-13 所示。由表 3-13 可以看出，在 0～2.50×10^{-3}mol/L 的浓度下，随着 L-天冬氨酸浓度的增加，α 半水磷石膏的标准稠度用水量降低，抗折强度和抗压强度逐渐增加。在 L-天冬氨酸浓度为 1.88×10^{-3}mol/L 时，α 半水磷石膏的抗折强度和抗压强度分别增加至 8.4MPa 和 28.3MPa。进一步增大 L-天冬氨酸的浓度为 2.50×10^{-3}mol/L，α 半水磷石膏的 2h 抗折强度为 2.2MPa，烘干抗折强

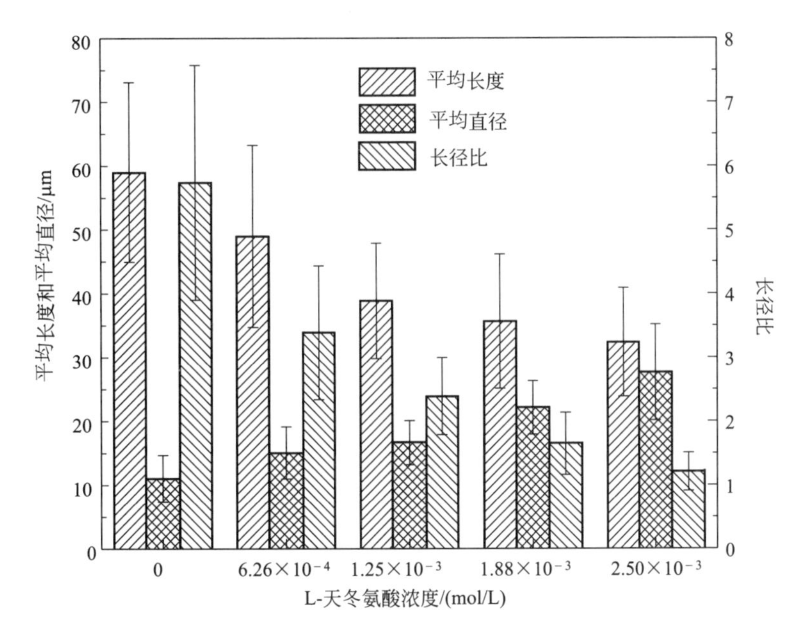

图 3-40　L-天冬氨酸浓度对 α 半水磷石膏颗粒的平均长度、平均直径和长径比的影响

度和抗压强度分别增加至 10.7MPa 和 30.2MPa，强度等级达到 α30（JC/T 2038—2010）。

表 3-13　L-天冬氨酸浓度对 α 半水磷石膏标准稠度用水量和力学强度的影响

L-天冬氨酸浓度/(mol/L)	标准稠度用水量/%	抗折强度/MPa	抗压强度/MPa
0	42	6.2	13.1
6.26×10^{-4}	36	6.9	15.3
1.25×10^{-3}	34	7.5	20.1
1.88×10^{-3}	32	8.4	28.3
2.50×10^{-3}	31	10.7	30.2

α 半水磷石膏的标准稠度用水量与长径比的关系如图 3-41 所示。由图 3-41 可以看出，α 半水磷石膏的长径比与标准稠度用水量呈线性相关，相关系数 R^2 达到 0.99。因此，可以通过 α 半水磷石膏的长径比来预测标准稠度用水量。

$$W/H=2.24A+28.47 \tag{3-4}$$

式中，W/H 是标准稠度用水量；A 是长径比。

对比 L-天冬氨酸与丁二酸对 α 半水磷石膏的晶形调控与力学性能的影响可以看出，当有机酸类转晶剂分子结构中含有 NH_2 官能团时，能够表现出更好的调控能力。

3.3.2　L-谷氨酸和 L-天冬酰胺

L-谷氨酸［$HOOCCH_2CH_2CH(NH_2)COOH$］和 L-天冬酰胺［$O=C(NH_2)CH_2CH(NH_2)COOH$］均是组成蛋白质的基本单位，其分子结构式如图 3-42 所示。L-谷氨酸分子内含一个 NH_2 和两个 COOH 官能团，COOH 间距为三个 C 原子，与 L-天冬氨酸的区别在于分子内多一个 C 原子。L-天冬酰胺分子内含有一个 COOH，一个羰基（C=O）和两个 NH_2，COOH 和 C=O 的间距为两个 C 原子，其与 L-天冬氨酸主要的区别在于将 L-天冬氨酸中的一个 COOH 变成 C=O。

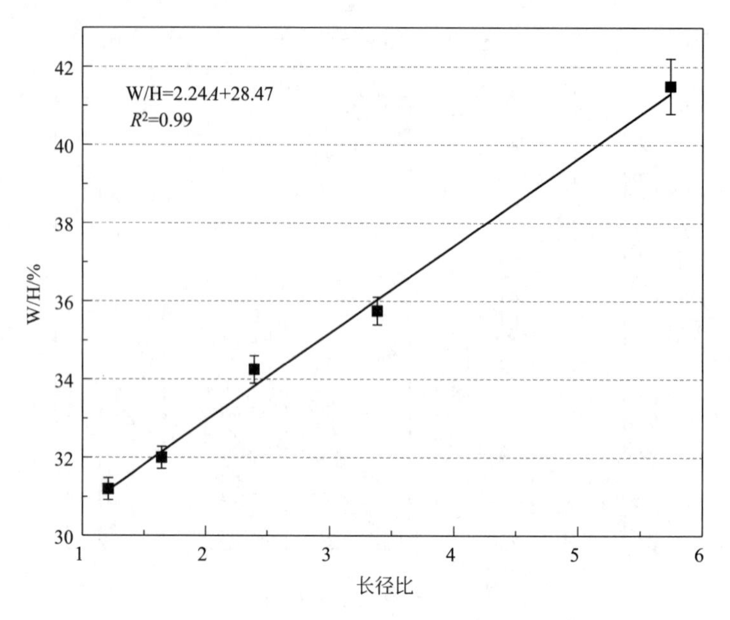

图 3-41　α 半水磷石膏标准稠度用水量与长径比的关系

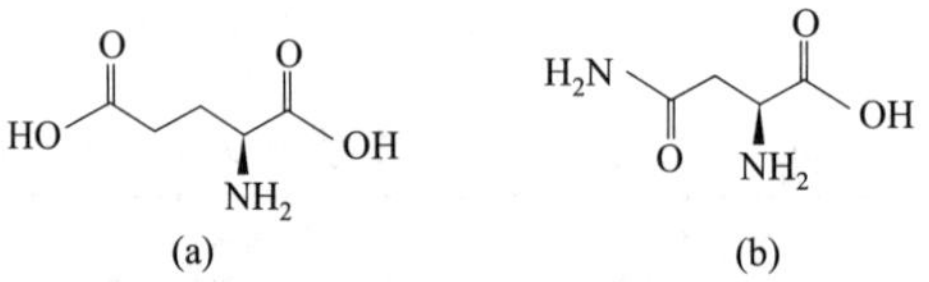

图 3-42　L-谷氨酸（a）和 L-天冬酰胺（b）的分子结构式

（1）L-谷氨酸和 L-天冬酰胺对磷石膏转化动力学的影响

在不同 L-谷氨酸和 L-天冬酰胺浓度下，磷石膏转化为 α 半水磷石膏的速率如图 3-43 所

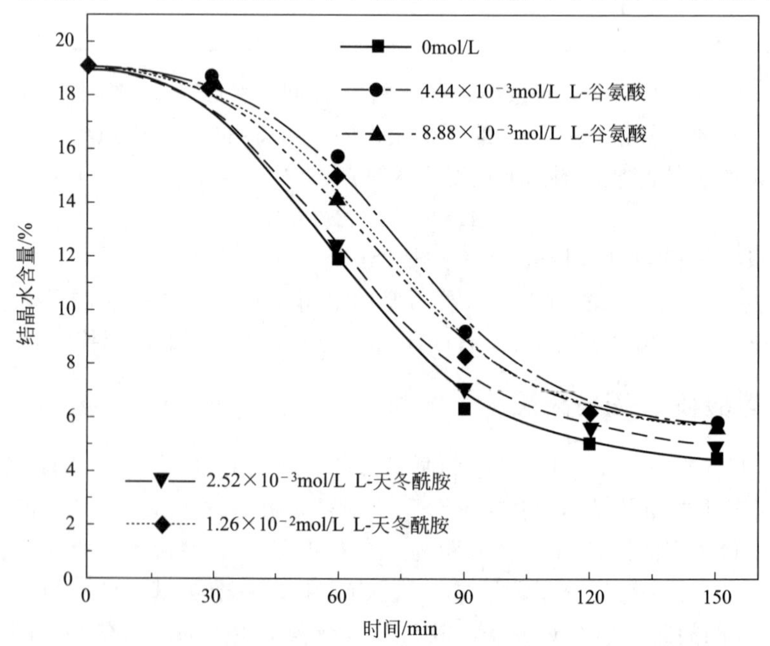

图 3-43　L-谷氨酸和 L-天冬酰胺浓度对磷石膏转化速率的影响

示，相应的诱导时间和生长时间如图 3-44 所示。L-谷氨酸浓度为 0～8.88×10^{-3} mol/L、L-天冬酰胺浓度为 0～1.26×10^{-2} mol/L 时，对磷石膏转化速率影响较小，磷石膏转化为 α 半水磷石膏的诱导时间和生长时间分别为 30min 和 90min。

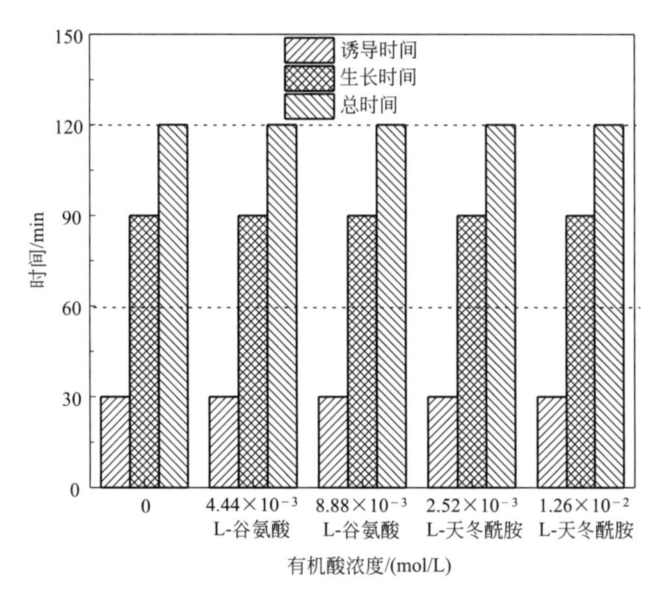

图 3-44　L-谷氨酸和 L-天冬酰胺对 α 半水磷石膏的诱导时间和生长时间的影响

(2) L-谷氨酸和 L-天冬酰胺对 α 半水磷石膏晶体形貌的影响

L-谷氨酸和 L-天冬酰胺浓度对 α 半水磷石膏晶体形貌和粒度的影响分别如图 3-45 和表 3-14 所示。由图 3-45 和表 3-14 可以看出，L-谷氨酸和 L-天冬酰胺对 α 半水磷石膏晶体形貌和粒度影响较小，α 半水磷石膏的平均直径约为 11μm，长径比为 5∶1～6∶1，表明 L-谷氨酸和 L-天冬酰胺均不能调控 α 半水磷石膏的晶形。Teng 等[233]研究表明在醇-水溶液中，添加 L-谷氨酸能够加速脱硫石膏向 α 半水磷石膏转变，合成高长径比（约 1∶200）的 α 半水磷石膏晶须。

表 3-14　L-谷氨酸和 L-天冬酰胺对 α 半水磷石膏平均长度、平均直径和长径比的影响

有机酸	浓度/(mol/L)	平均长度/μm	平均直径/μm	长径比
L-谷氨酸	0	59.04±14.08	11.04±3.64	5.74±1.84
	4.44×10^{-3}	52.44±14.94	10.23±3.44	5.40±1.68
	8.88×10^{-3}	64.06±13.38	11.17±3.24	6.09±1.76
L-天冬酰胺	2.52×10^{-3}	54.18±11.83	11.45±3.12	5.06±1.67
	1.26×10^{-2}	54.19±12.54	11.38±2.56	4.98±1.55

(3) L-谷氨酸和 L-天冬酰胺对 α 半水磷石膏力学强度的影响

L-谷氨酸和 L-天冬酰胺浓度对 α 半水磷石膏标准稠度用水量和力学强度的影响如表 3-15 所示。由表 3-15 可以看出，增加 L-谷氨酸和 L-天冬酰胺浓度并不能降低 α 半水磷石膏标准稠度用水量，而且其作为外加杂质，反而会对抗折强度和抗压强度产生不利影响。因此。L-谷氨酸和 L-天冬酰胺均不宜作为磷石膏常压盐溶液法制备 α 半水磷石膏的转晶剂。

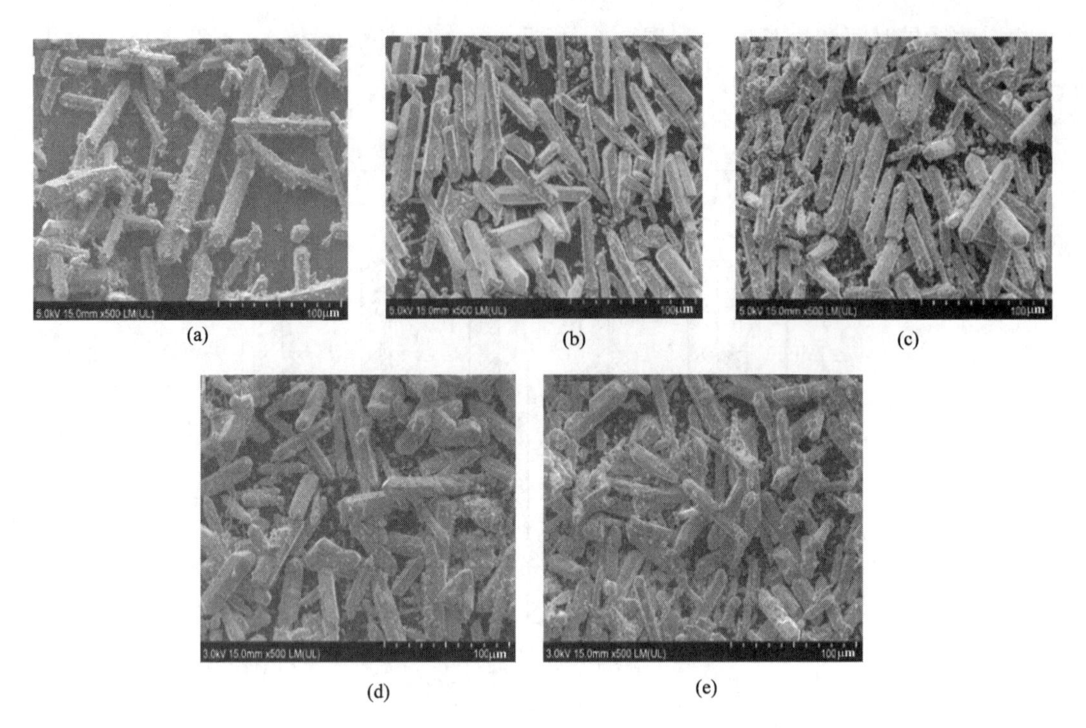

图 3-45 L-谷氨酸和 L-天冬酰胺对 α 半水磷石膏晶体形貌的影响
L-谷氨酸：(a) 0mol/L，(b) 4.44×10^{-3}mol/L，(c) 8.88×10^{-3}mol/L；
L-天冬酰胺：(d) 2.52×10^{-3}mol/L，(e) 1.26×10^{-2}mol/L

表 3-15 L-谷氨酸和 L-天冬酰胺浓度对 α 半水磷石膏标准稠度用水量和力学强度的影响

有机酸	浓度/(mol/L)	标准稠度用水量/%	抗折强度/MPa	抗压强度/MPa
L-谷氨酸	0	42	6.2	13.1
	4.44×10^{-3}	41	5.9	12.5
	8.88×10^{-3}	43	5.7	10.8
L-天冬酰胺	2.52×10^{-3}	41	5.2	9.5
	1.26×10^{-2}	41	4.2	8.3

对比 L-谷氨酸与 L-天冬氨酸两种氨基酸对 α 半水磷石膏晶形调控和力学性能的影响可以看出，尽管 L-谷氨酸分子结构中含有两个 COOH，但 COOH 的间距为三个 C 原子，便不具备调控 α 半水磷石膏的晶形的能力。同理，对比 L-天冬酰胺、L-天冬氨酸和柠檬酸可知，虽然 L-天冬酰胺中 COOH 和 C═O 两个官能团的间距为两个 C 原子，但其只含有一个 COOH，不具备调控 α 半水磷石膏的晶形的能力。Tan 等[234]也研究发现柠檬酸能调控 α 半水磷石膏的晶形，获得短柱状 α 半水磷石膏；而只含有一个 COOH 的丙烯酸（CH_2 ═ CH—COOH）不能够调控 α 半水磷石膏晶形，α 半水磷石膏保持长柱状。因此，有机酸类转晶剂的分子结构特征是其含有两个或两个以上的 COOH，且 COOH 的间距为两个 C 原子。

3.4 盐介质循环对 α 半水磷石膏力学性能的影响

尽管在常压 $CaCl_2$ 溶液中能使磷石膏转化为 α 半水磷石膏，但盐溶液浓度相对较高，如不回收利用会导致生产成本增高，且直接排放会造成环境污染，从而制约常压盐溶液法在工业生产中的应用。因此需要对 $CaCl_2$ 溶液进行回收，研究采用三种回用方式，如图 3-46 所示。由反应方程式（3-5）可以看出，在磷石膏转化为 α 半水磷石膏的过程中，理论上反应本身不会消耗 $CaCl_2$，但在产品过滤时会带走部分盐介质。

$$CaSO_4 \cdot 2H_2O(s) + nCaCl_2(s) + aq = CaSO_4 \cdot 0.5H_2O(s) + nCa^{2+}(aq) + 2nCl^-(aq) + 1.5H_2O + aq \quad (3\text{-}5)$$

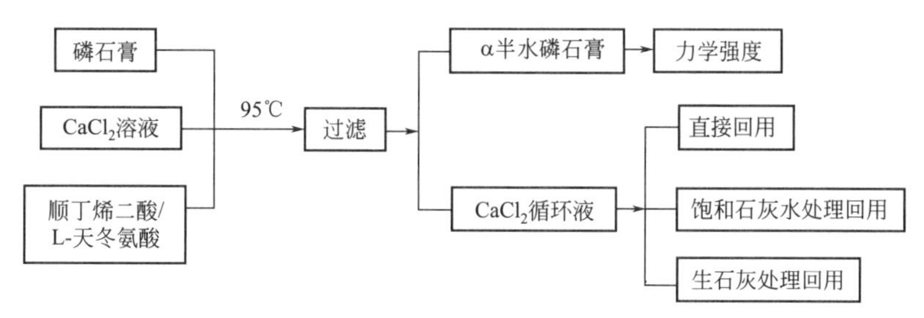

图 3-46　盐介质处理与循环利用

3.4.1　$CaCl_2$ 溶液直接循环对 α 半水磷石膏力学性能的影响

将首次反应后回收的 $CaCl_2$ 溶液不经处理，直接作为第二次反应的介质，以此反复循环利用。首次配制 $CaCl_2$ 浓度为 2.97mol/L，固液比为 1∶3，反应温度为 95℃，顺丁烯二酸浓度为 1.72×10^{-4}mol/L，反应完成后将产品过滤，滤饼经沸水洗涤后立即置于 120℃的烘箱中干燥，滤液直接作为第二次反应的溶液，盐介质回收率接近 90%，其他条件保持不变，考察滤液循环次数对反应时间、溶液 pH、α 半水磷石膏的标准稠度用水量以及力学强度的影响，结果如表 3-16 所示。

表 3-16　$CaCl_2$ 溶液循环次数对磷石膏制备 α 半水磷石膏的影响（一）

循环次数	反应时间/h	反应后溶液 pH 值	标准稠度用水量/%	抗折强度/MPa	抗压强度/MPa
首次	3.3	4.49	36	10.5	29.1
第 1 次循环	3.5	3.63	35	1.7	4.7
第 2 次循环	4.0	3.58	35	—	—
第 3 次循环	5.0	3.55	35	—	—
第 4 次循环	6.5	3.53	35	—	—
第 5 次循环	7.0	3.50	34	—	—

注："—"表示未检测出力值。

由表 3-16 可以看出，随着 $CaCl_2$ 溶液循环次数的增加，反应时间逐渐延长，反应后溶液呈酸性且 pH 不断降低。首次反应时间为 3.3h，反应后滤液的 pH 值为 4.49；第 1 次循环 $CaCl_2$ 溶液时，反应时间延长至 3.5h，滤液 pH 值降低为 3.63；在第 5 次循环时，反应时间延长至 7.0h，滤液 pH 值降低为 3.50。反应时间延长的主要原因是产物 α 半水磷石膏在过滤过程中会带走一部分 $CaCl_2$ 介质，导致 $CaCl_2$ 溶液体积减小、固液比增大。此外，在反应过程中，共晶磷会溶解出磷酸根等酸性离子，且不断在溶液中积累，导致溶液 pH 值降低。

$CaCl_2$ 溶液循环次数对 α 半水磷石膏的标准稠度用水量影响不大，保持在 35%左右，但会对抗折强度和抗压强度产生不利影响。首次反应制备出 α 半水磷石膏的抗折强度和抗压强度分别为10.5MPa和29.1MPa。然而，第1次使用$CaCl_2$循环液后制备出α半水磷石膏的抗折强度和抗压强度分别降低为1.7MPa和4.7MPa；且随着循环次数的增加，由于力学强度过低，未检测出α半水磷石膏抗折强度和抗压强度的力值，故未经处理的$CaCl_2$循环液不能直接回用。Lu等[235]也研究了在制备α半水磷石膏过程中回收电解质$CaCl_2$溶液的可行性，同样发现如果直接回收会导致产品的力学强度迅速降低，$CaCl_2$溶液只能回收1次；在每次回收$CaCl_2$溶液时，如果控制好转晶剂的用量，能获得较好的晶形和力学强度，$CaCl_2$溶液能够被回收6次。而对杂质含量低的脱硫石膏，未经处理直接回用Ca-Mg-K-Cl盐溶液对α半水脱硫石膏产品质量影响不大，3d抗压强度为15.7～25.3MPa[117]。因此，以磷石膏为原料，采用常压盐溶液法制备α半水磷石膏过程中实现盐介质的循环利用有一定的难度。

为了考察硬化体力学强度差的原因，对第1次循环$CaCl_2$溶液所制备α半水磷石膏的硬化体显微结构进行分析，结果如图3-47所示。

(a) 500倍　　(b) 2000倍

图3-47　不同扫描倍数下硬化体的显微结构（一）

由图3-47可以观察到，硬化体疏松多孔，颗粒大小不一。结晶水含量分析表明，硬化体结晶水含量仅为10.01%，约有70%的α半水磷石膏未发生水化。原因是在未经处理的$CaCl_2$循环液中所制备的α半水磷石膏含有磷杂质，在水化早期，溶解出来的PO_4^{3-}会与料浆中的Ca^{2+}迅速结合，转化为难溶性$Ca_3(PO_4)_2$沉淀覆盖在α半水磷石膏表面，阻碍α半水磷石膏的溶解，降低液相过饱和度，从而使凝结硬化受阻[26,213,236]。同时，从硬化体截面的微观形貌可以明显看出，硬化体中存在大量未水化的α半水磷石膏颗粒（六方柱状的大颗粒应为未水化的α半水磷石膏），部分α半水磷石膏因溶解而产生大量孔洞，且未见结晶良好的二水石膏生成。此外，硬化体颗粒间堆积松散而形成大量大小为0～8μm的孔洞，从而导致其力学强度降低。

化学分析表明，硬化体中总磷含量为0.72%，总氟含量为0.13%。从硬化体电镜面扫描图片（图3-48）可以直观看出，硬化体中除了存在Ca、S、O等元素外，还有少量的P和F分布在颗粒表面，从而导致硬化体力学强度降低。

3.4.2　石灰水处理$CaCl_2$循环液对α半水磷石膏力学性能的影响

由于首次配制$CaCl_2$溶液的pH值为8.60，因此采用饱和石灰水调节反应完成后$CaCl_2$

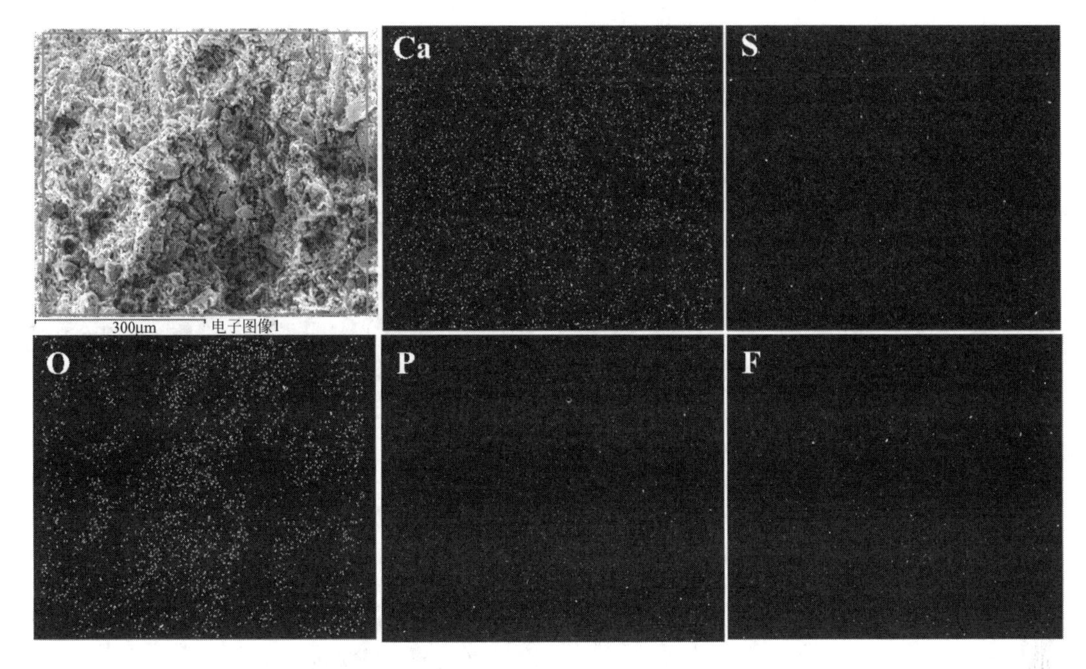

图 3-48 硬化体的电镜面扫描元素分布图（$CaCl_2$ 溶液直接循环）

滤液的 pH 至 8.60，陈化约 12h 后过滤去除沉淀，以期降低酸性杂质对 α 半水磷石膏力学强度的影响，结果如表 3-17 所示。由表 3-17 可以看出，将 $CaCl_2$ 循环液的 pH 值调至 8.60 后，随着循环次数的增加，反应时间迅速延长，反应后溶液仍呈酸性。在第 1 次循环 $CaCl_2$ 溶液后，α 半水磷石膏的抗折强度和抗压强度分别迅速降低至 2.2MPa 和 5.7MPa，表明 pH 值为 8.60 时并不能有效去除 $CaCl_2$ 循环液中的酸性杂质。

表 3-17 $CaCl_2$ 溶液循环次数对磷石膏制备 α 半水磷石膏的影响（二）

循环次数	反应时间/h	反应前溶液pH 值	反应后溶液pH 值	标准稠度用水量/%	抗折强度/MPa	抗压强度/MPa
首次	3.3	8.60	4.58	36	9.3	28.6
第 1 次循环	5.5	8.60	4.00	36	2.2	5.7
第 2 次循环	6.0	8.60	3.80	36	1.4	3.9

对第 1 次循环 $CaCl_2$ 滤液所制备 α 半水磷石膏的硬化体显微结构进行分析，结果如图 3-49 所示。硬化体中总磷含量为 0.74%，结晶水含量为 11.01%，约有 60%的 α 半水磷石膏未水化，已经水化的产物二水石膏呈针状或菱形状。从单个未水化的 α 半水磷石膏颗粒看，颗粒缺陷较大，由于溶解致使其柱面和锥面布满孔径大小不一的孔洞，大小为 1～11μm。从整体上看，硬化体疏松多孔，孔洞大小不均，大孔的直径达 10～22μm，从而造成硬化体力学强度降低。

3.4.3 生石灰处理 $CaCl_2$ 循环液对 α 半水磷石膏力学性能的影响

使用饱和石灰水调节 $CaCl_2$ 循环液 pH 时，循环液 pH 上升较慢且会稀释 $CaCl_2$ 溶液浓度，而且当磷酸根浓度为 0.35mmol/L 时，只有 pH 值大于 9.5 时沉淀物才以热力学稳定的磷酸钙存在[237]。因此，采用直接向 $CaCl_2$ 循环液中添加生石灰的方式，调节循环液 pH 值至 10 左右，石灰添加量为 1.3g/L，搅拌均匀陈化 12h 后过滤去除沉淀。此外，对于过滤产

(a) 200倍　(b) 500倍　(c) 1000倍　(d) 2000倍

图 3-49　不同扫描倍数下硬化体的显微结构（二）

品 α 半水磷石膏时带走的 $CaCl_2$ 溶液，每次向反应料浆中补充约 10%新配制的 $CaCl_2$ 溶液（2.97mol/L），保持反应体系中 $CaCl_2$ 浓度为 2.97mol/L，固液比为 1∶3。

首先考察在顺丁烯二酸浓度为 1.72×10^{-4}mol/L 时，循环次数对 $CaCl_2$ 溶液 pH、溶液中可溶磷和可溶氟含量及 α 半水磷石膏力学强度的影响，结果如表 3-18 所示；循环次数对 α 半水磷石膏微观形貌和粒度的影响分别如图 3-50 和图 3-51 所示。

表 3-18　$CaCl_2$ 溶液循环次数对磷石膏制备 α 半水磷石膏的影响（三）

循环次数	反应前/后溶液 pH 值	反应后溶液中可溶磷/可溶氟含量/(mg/L)	CaO 处理后溶液中可溶磷/可溶氟含量/(mg/L)	抗折强度/MPa	抗压强度/MPa
首次	8.60/4.43	57.73/2.66	—/1.03	10.7	28.4
第 1 次循环	10.0/4.47	52.46/2.61	—/1.03	10.5	27.7
第 2 次循环	10.0/5.42	56.14/4.19	—/3.27	9.7	27.3
第 3 次循环	10.0/4.48	50.17/2.78	—/2.45	9.4	27.2
第 4 次循环	9.9/4.47	26.15/2.89	—/2.42	9.5	27.6
第 5 次循环	10.0/4.48	22.79/2.66	—/1.03	8.7	25.8

注：“—”表示未检出。

由表 3-18 可以看出，尽管反应前将循环液 pH 调至碱性（pH＝10），但反应完成后 $CaCl_2$ 溶液转变为酸性，pH 值相对稳定，保持在 4.5 左右。分析表明，循环液中可溶磷和可溶氟含量分别在 50mg/L 和 3mg/L 左右。经生石灰处理后，循环液中未检测出可溶磷，但还含有少量可溶氟。由图 3-50 和图 3-51 可以看出，$CaCl_2$ 溶液循环次数对 α 半水磷石膏晶体形貌影响不大，晶体呈六方短柱状，颗粒长度为 40～64μm，直径为 20～29μm，长径

(a) 首次　(b) 第1次循环

(c) 第3次循环　(d) 第5次循环

图 3-50　$CaCl_2$ 溶液循环次数对 α 半水磷石膏微观形貌的影响（一）

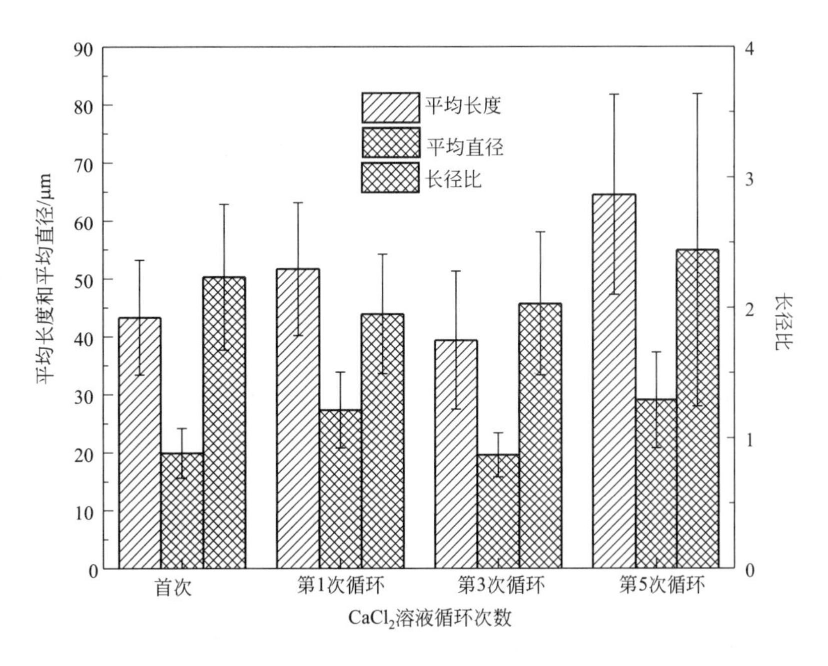

图 3-51　$CaCl_2$ 溶液循环次数对 α 半水磷石膏颗粒的平均长度、平均直径和长径比的影响（一）

比约为 2∶1。此外，随着 $CaCl_2$ 溶液循环次数的增加，α 半水磷石膏的抗折强度和抗压强度变化不大，分别保持在 9.5MPa 和 27MPa 左右，强度等级达到 α25（JC/T 2038—2010）。因此，采用生石灰调节 $CaCl_2$ 循环液 pH 值至 10.0 能有效去除溶液中的可溶磷，降低其对 α 半水磷石膏的不利影响。马保国等[238]通过向电解质 $CaCl_2$ 溶液中加入适量电石泥，研究电石泥的加入对电解质溶液循环利用以及 α 半水石膏质量的影响，结果表明：磷石膏中的可溶性杂质是影响电解质溶液循环利用的主要因素，未掺入电石泥的电解质溶液只能循环利用 1 次；加入电石泥对电解质溶液进行处理，电石泥可以起到弱化溶液酸性、沉淀有害杂质离子、补充氯化钙组分的作用，此种方式可以将电解质溶液的循环次数增加至 4 次。

以 L-天冬氨酸为转晶剂，考察 $CaCl_2$ 溶液循环次数对磷石膏制备 α 半水磷石膏的影响，结果如表 3-19 所示。由表 3-19 可以看出，以 L-天冬氨酸为转晶剂，采用生石灰将 $CaCl_2$ 循环液 pH 值调至 10 左右，反应完成后 $CaCl_2$ 溶液仍呈酸性，pH 值在 4.5 左右。随着循环次数的增加，反应时间较首次反应时有所延长，一方面是由于在碱性条件下，$Ca(OH)_2$ 沉淀会阻碍 α 半水磷石膏的成核和晶体生长[114]，另一方面是回收的 $CaCl_2$ 溶液中含有部分残余的转晶剂，因此，在第 2 次循环 $CaCl_2$ 溶液时，将 L-天冬氨酸浓度降低 50%，即为 1.25×10^{-3} mol/L；在第 3 次循环时将浓度降低为 7.01×10^{-4} mol/L 后基本达到平衡。

表 3-19 $CaCl_2$ 溶液循环次数对磷石膏制备 α 半水磷石膏的影响（四）

循环次数	L-天冬氨酸浓度/(mol/L)	反应时间/h	反应前溶液 pH 值	反应后溶液 pH 值	标准稠度用水量/%	抗折强度/MPa	抗压强度/MPa
首次	2.50×10^{-3}	3.3	8.6	4.58	36	9.7	28.6
第 1 次循环	2.50×10^{-3}	7.0	10.0	5.42	36	9.1	27.2
第 2 次循环	1.25×10^{-3}	5.0	10.0	4.48	36	9.5	27.6
第 3 次循环	7.01×10^{-4}	5.0	9.9	4.47	33	9.4	27.3
第 4 次循环	7.01×10^{-4}	5.5	10.0	4.48	34	9.3	27.2
第 5 次循环	7.01×10^{-4}	5.0	10.1	4.45	35	9.2	27.1

$CaCl_2$ 溶液循环次数对 α 半水磷石膏的标准稠度用水量、抗折强度和抗压强度影响不大，标准稠度用水量保持在 36%左右，抗折强度大于 9MPa，抗压强度大于 27MPa，强度等级达到 α25（JC/T 2038—2010），表明添加生石灰调节 $CaCl_2$ 循环液 pH 值至 10.0 可以有效去除循环液中的有害杂质，消除其对 α 半水磷石膏力学强度的不利影响。此外，使用 $CaCl_2$ 循环液能有效降低 L-天冬氨酸的浓度。在第 3 次循环时，L-天冬氨酸浓度不到首次使用的 30%。

$CaCl_2$ 溶液循环次数对 α 半水磷石膏微观形貌的影响如图 3-52 所示，相应的平均长度、平均直径及长径比如图 3-53 所示。$CaCl_2$ 溶液循环次数对 α 半水磷石膏微观形貌影响较小，α 半水磷石膏均呈六方短柱状，平均长度和平均直径分别保持在 35μm 和 30μm 左右，长径比约为 1.2∶1。在第 1 次循环 $CaCl_2$ 溶液时，α 半水磷石膏的平均长度和平均直径分别为 34.08μm 和 29.66μm，长径比为 1.18∶1；在第 3 次循环时，α 半水磷石膏的平均长度和平均直径分别为 34.63μm 和 30.74μm，长径比为 1.16∶1；在第 5 次循环时，α 半水磷石膏的平均长度和平均直径分别为 34.88μm 和 30.32μm，长径比为 1.22∶1。因此，采用生石灰处理后的 $CaCl_2$ 溶液不会对 α 半水磷石膏的晶形产生不利影响。

(a) 首次

(b) 第1次循环

(c) 第3次循环

(d) 第5次循环

图 3-52　$CaCl_2$ 溶液循环次数对 α 半水磷石膏微观形貌的影响（二）

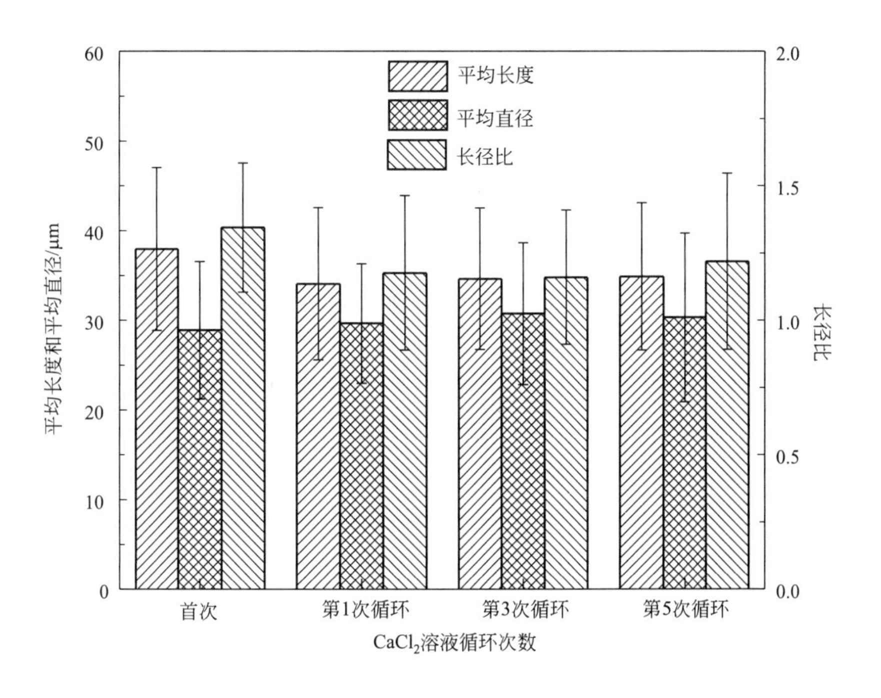

图 3-53　$CaCl_2$ 溶液循环次数对 α 半水磷石膏颗粒的平均长度、平均直径和长径比的影响（二）

3.5 本章小结

本章研究了有机酸种类和浓度对 α 半水磷石膏晶形调控和力学性能的影响，考察了 $CaCl_2$ 溶液循环对制备 α 半水磷石膏的影响，主要结论如下：

① 在 Na_2SO_4 溶液中，顺丁烯二酸能有效调控 α 半水磷石膏晶形，使其从长柱状向短柱状演变，长径比接近 1∶1，但同时会通过延长生长时间来抑制磷石膏转化为 α 半水磷石膏。随着顺丁烯二酸浓度的增大，α 半水磷石膏的长径比和标准稠度用水量降低，抗折强度和抗压强度增大，但强度相对较低，主要是由于 Na^+ 取代 Ca^{2+} 进入 α 半水磷石膏晶格生成复合盐 $Na_2Ca_5(SO_4)_6 \cdot 3H_2O$，导致 α 半水磷石膏水化率低，硬化体表面泛霜，故 Na_2SO_4 不宜作为盐介质。

② 在 $CaCl_2$ 溶液中，顺丁烯二酸、L-天冬氨酸、丁二酸、邻苯二甲酸和柠檬酸能调控 α 半水磷石膏晶形，而间苯二甲酸、对苯二甲酸、L-谷氨酸和 L-天冬酰胺等有机酸不具备调控晶形的能力。随着转晶剂浓度的增大，磷石膏转化为 α 半水磷石膏的速率降低。其中，顺丁烯二酸、丁二酸、邻苯二甲酸和柠檬酸是通过延长诱导时间来降低反应速率，诱导时间是控制反应的限速步骤。在 $CaCl_2$ 溶液中添加少量的 Na_2SO_4 能缩短诱导时间，但会对 α 半水磷石膏的晶形和力学强度产生不利影响。L-天冬氨酸是通过延长生长时间来抑制磷石膏的转化，反应受生长控制。研究发现采用 Boltzmann 函数能够建立产物结晶水含量随反应时间的变化方程，且对不同转晶剂浓度下的转化过程具有普适性。随着转晶剂浓度的增大，α 半水磷石膏从长柱状向短柱状转变，长径比接近 3∶1～1∶1，标准稠度用水量降低，抗折强度和抗压强度增大。

③ 有机酸类转晶剂的分子结构特征是其含有两个或两个以上的 COOH，且 COOH 的间距为两个 C 原子，此外分子结构中含有双键或 NH_2 使转晶剂表现出更强的晶形调控效果。当有机酸分子结构中 COOH 的间距低于或高于两个 C 原子或 COOH 数量少于两个时，有机酸不具备调控 α 半水磷石膏晶形的能力。

④ 采用直接循环 $CaCl_2$ 溶液和调节循环液 pH 值至 8.60 两种回用方式，随着循环次数的增加，反应后溶液酸性增强，α 半水磷石膏的力学强度迅速降低。显微结构分析表明，硬化体疏松多孔，存在大量未水化的 α 半水磷石膏，未见结晶良好的二水石膏生成。调节 $CaCl_2$ 循环液 pH 值至 10.0，可以有效去除循环液中的可溶磷；随着循环次数的增加，对 α 半水磷石膏的晶形和力学强度影响不大，抗折强度和抗压强度分别大于 9MPa 和 27MPa，强度等级达到 α25（JC/T 2038—2010）。此外，使用 $CaCl_2$ 循环液还能有效降低 L-天冬氨酸的浓度。

第4章 α半水磷石膏晶形调控机理

为了揭示反应过程中有机酸类转晶剂调控α半水磷石膏晶形的作用机理，采用FTIR、XPS和zeta电位等手段探讨晶形调控效果较好的顺丁烯二酸和L-天冬氨酸在α半水磷石膏表面的吸附机理，并基于密度泛函理论计算查明顺丁烯二酸分子在α半水磷石膏不同晶面的吸附差异，提出有机酸类转晶剂调控α半水磷石膏晶形的作用模型，查明不具备调控α半水磷石膏晶形能力有机酸的原因。

4.1 有机酸类转晶剂在α半水磷石膏表面吸附FTIR分析

FTIR是研究药剂在矿物表面作用机理的最重要手段之一，通过是否产生新的吸收峰或发生吸收峰位移来判断药剂与矿物表面发生化学反应、化学吸附或物理吸附[239,240]。因此，可以借助FTIR分析来研究有机酸类转晶剂调控α半水磷石膏晶形的作用机理。

4.1.1 顺丁烯二酸在α半水磷石膏表面吸附FTIR分析

未添加转晶剂条件下所制备α半水磷石膏的FTIR图谱如图4-1(a)所示。由图4-1(a)可以看出，$1621cm^{-1}$为α半水磷石膏中O—H对称性弯曲振动，$3610cm^{-1}$和$3557cm^{-1}$为O—H的伸缩振动[241]；$1152cm^{-1}$和$1093cm^{-1}$为［SO_4］的反对称伸缩振动υ_3，$1004cm^{-1}$为［SO_4］的对称伸缩振动υ_1；$660cm^{-1}$和$599cm^{-1}$为［SO_4］反对称弯曲振动υ_4，$466cm^{-1}$属于［SO_4］的对称性弯曲振动υ_2[242,243]。此外，在$799cm^{-1}$处的吸收峰为P—O的伸缩振动峰，表明α半水磷石膏中含有难溶磷[234]。

在顺丁烯二酸作用下所制备α半水磷石膏的FTIR图谱如图4-1(b)所示。由图4-1(b)可以看出，COO的伸缩振动发生很强的耦合作用，分裂为两个峰，一个是COO反对称伸缩振动峰，位于$1623cm^{-1}$，另一个是COO对称伸缩振动峰，位于$1421cm^{-1}$，羧酸根COO反对称和对称振动频率的位置与金属离子种类和配位方式有关，如图4-2所示。以单齿配位化合物配位方式的COO反对称和对称伸缩振动频率之间的差值最大，Δ值［ν_{as}(COO)－ν_s(COO)］达到$200cm^{-1}$以上；双齿配位（螯合）化合物的配位方式为COO反对称和对称伸缩振动频率之间的差值很小，Δ值只有几十个波数；桥式配位化合物的配位方式为COO反对称和对称伸缩振动频率之间的差值介于单齿和双齿配位方式之间，Δ值在$150cm^{-1}$左右。因此，可以根据COO对称伸缩振动和反对称伸缩振动的差值来判断COO是否参与配位及其配位方式[244~246]。由图4-1(b)可以看出，COO反对称和对称伸缩振动频率的差值为$202cm^{-1}$。因此，可以判断α半水磷石膏表面的金属离子Ca与COO是以单齿配位化合物的形式存在。因此，顺丁烯二酸能够以单齿配位的方式吸附在α半水磷石膏表面。

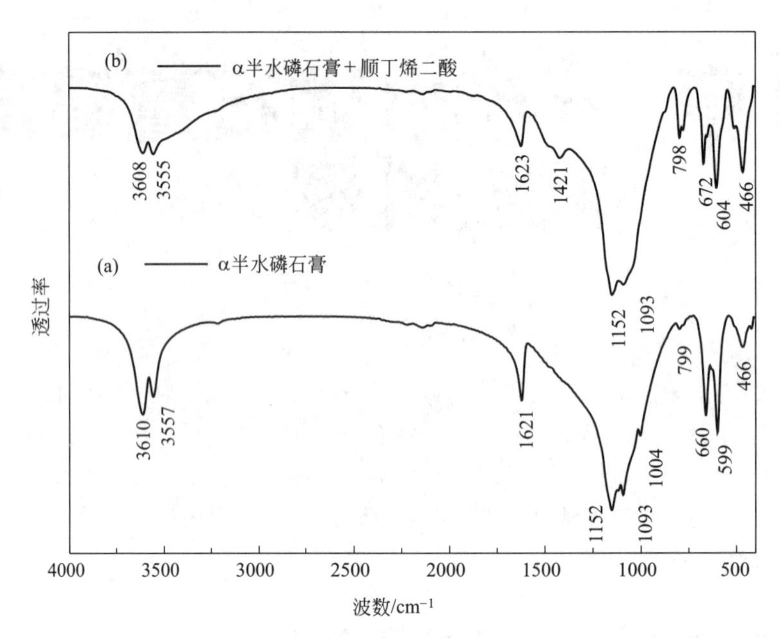

图 4-1 顺丁烯二酸吸附前后 α 半水磷石膏的 FTIR 图谱

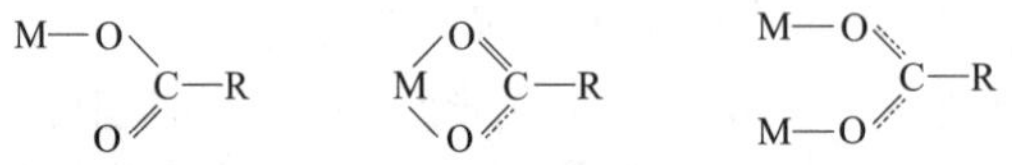

(a) 单齿配位化合物 (b) 双齿配位化合物 (c) 桥式配位化合物

图 4-2 RCOO 与金属离子 M 的配位方式

4.1.2 L-天冬氨酸在 α 半水磷石膏表面吸附 FTIR 分析

在 L-天冬氨酸作用下制备 α 半水磷石膏的 FTIR 图谱如图 4-3(b) 所示。与未添加转晶剂条件下所制备 α 半水磷石膏的 FTIR 图谱 [图 4-3(a)] 相比，由图 4-3(b) 可以看出，L-天冬氨酸作用下所制备 α 半水磷石膏在 $2922cm^{-1}$ 和 $2851cm^{-1}$ 处的吸收峰分别为 CH_2 的反对称和对称伸缩振动峰[247,248]，$1444cm^{-1}$ 可能是氨基酸中 COO^- 的对称伸缩振动峰，由于其位于碳氢变角振动吸收区，强度与碳氢变角振动强度相差不大，难于区分；$779cm^{-1}$ 是 COO^- 的弯曲振动峰，是短链脂肪酸盐的特征吸收峰。因此，L-天冬氨酸能够吸附在 α 半水磷石膏表面。

由于丙二酸、间苯二甲酸、L-谷氨酸和 L-天冬酰胺等有机酸不具备调控 α 半水磷石膏晶形的能力，采用 FTIR 分析这些有机酸在 α 半水磷石膏表面的吸附情况，结果如图 4-4 所示。

由图 4-4 可以看出，与未添加转晶剂条件下所制备 α 半水磷石膏的 FTIR 图谱 [图 4-4(a)] 相比，在添加丙二酸 [图 4-4(b)]、间苯二甲酸 [图 4-4(c)]、L-谷氨酸 [图 4-4(d)] 和 L-天冬酰胺 [图 4-4(e)] 体系中制备的 α 半水磷石膏官能团特征吸收峰的位置和数量未发生变化，表明这些有机酸不能吸附在 α 半水磷石膏表面，因此不能调控 α 半水磷石膏的晶形。

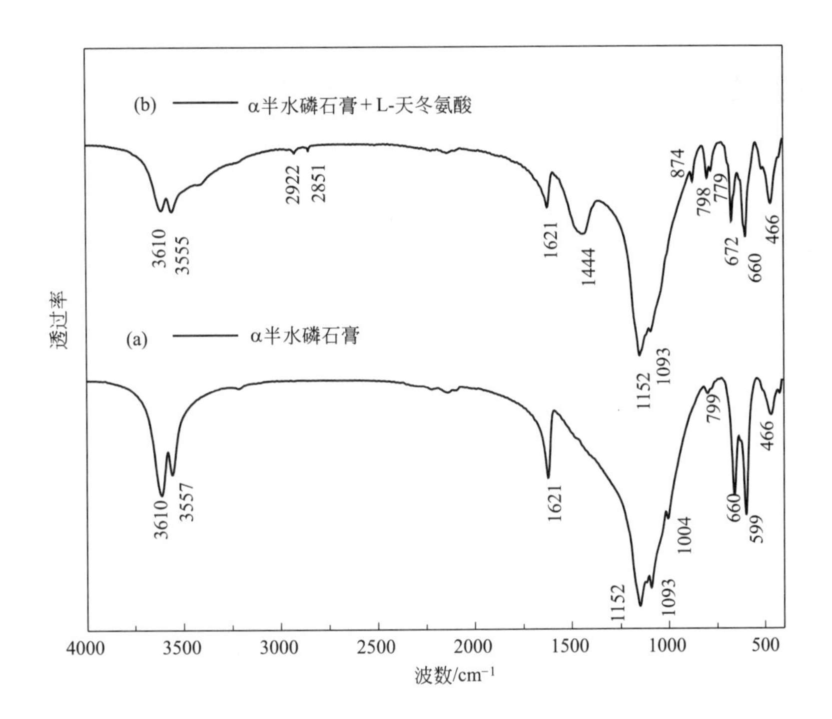

图 4-3 L-天冬氨酸作用前后 α 半水磷石膏的 FTIR 图谱

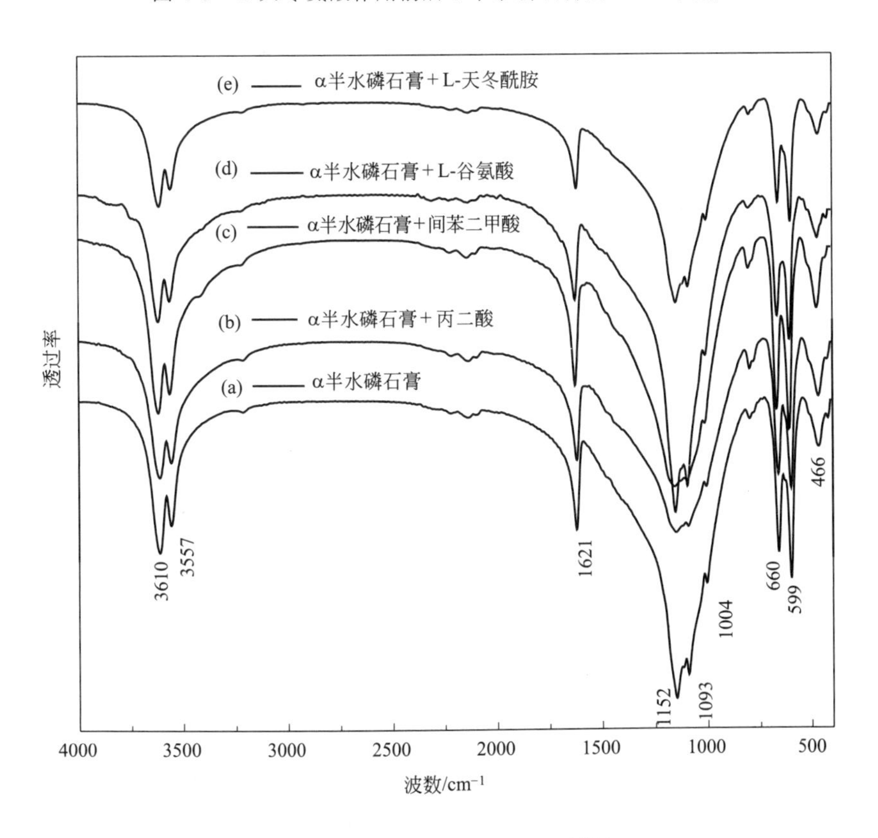

图 4-4 不同有机酸作用前后所制备
α 半水磷石膏的 FTIR 图谱

4.2 有机酸类转晶剂在 α 半水磷石膏表面吸附 XPS 分析

XPS 是研究物质表面元素组成与离子状态的重要分析手段。为了进一步研究有机酸类转晶剂在 α 半水磷石膏表面的吸附机理，对未添加转晶剂以及分别添加顺丁烯二酸和 L-天冬氨酸条件下制备的 α 半水磷石膏进行 XPS 分析。

4.2.1 顺丁烯二酸在 α 半水磷石膏表面吸附 XPS 分析

在顺丁烯二酸浓度为 0 和 1.72×10^{-4}mol/L 条件下制备 α 半水磷石膏的 C 1s XPS 光谱如图 4-5 所示。由图 4-5 可以看出，两个样品中，位于 284.8eV 处最强的 C 1s 峰来源于碳污染[249]或者顺丁烯二酸中的 C—C/C—H[250]。在没有添加转晶剂的条件下，所制备 α 半水磷石膏的 C 1s 光谱［图 4-5(a)］能拟合出三种组分，除了位于 284.8eV 的组分外，位于 286.1eV 和 289.4eV 处的组分分别来自于原料磷石膏中残余有机物中的 C—O 以及碳酸盐（CO_3^{2-}）[251]。在添加顺丁烯二酸后制备的 α 半水磷石膏在 288.2eV 处出现新的 C1s 峰［图 4-4(b)］，这来源于羧酸基团或羧酸根（COO^-）[252]，表明顺丁烯二酸吸附到 α 半水磷石膏表面。

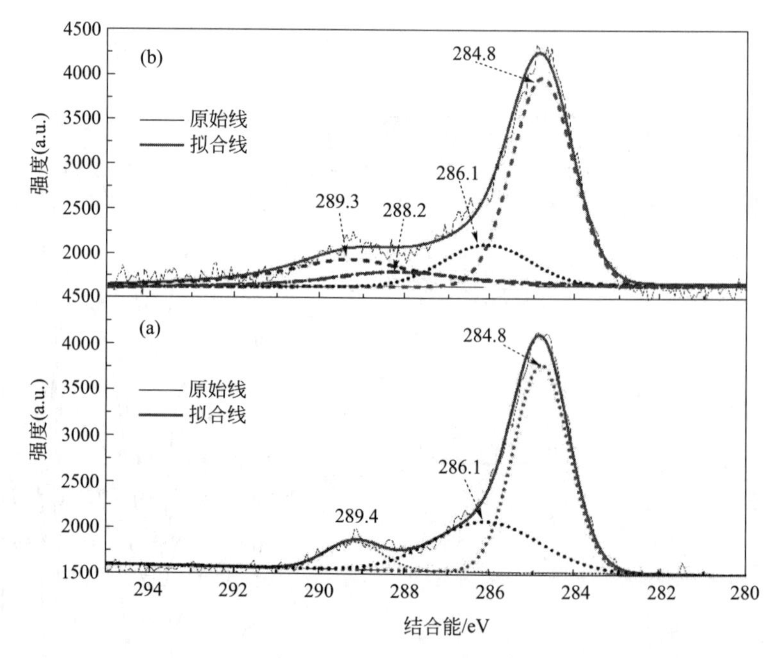

图 4-5 不同顺丁烯二酸浓度下制备 α 半水磷石膏 C 1s XPS 光谱

(a) 0mol/L；(b) 1.72×10^{-4}mol/L

在不添加转晶剂和添加顺丁烯二酸条件下所制备的 α 半水磷石膏 Ca 2p XPS 光谱如图 4-6 所示。由图 4-6 可以看出，α 半水磷石膏的 Ca 2p 位于 348.1eV 和 351.5eV 的峰分别为 Ca $2p_{3/2}$和 Ca $2p_{1/2}$[253,254]。在添加顺丁烯二酸条件下制备的 α 半水磷石膏在 347.8eV 处出现第三个峰［图 4-6(b)］，这是由顺丁烯二酸中的 COOH 络合 α 半水磷石膏表面的 Ca 原子所产生[255]，表明顺丁烯二酸调控 α 半水磷石膏主要是通过 COOH 与 α 半水磷石膏表面的 Ca 作用。

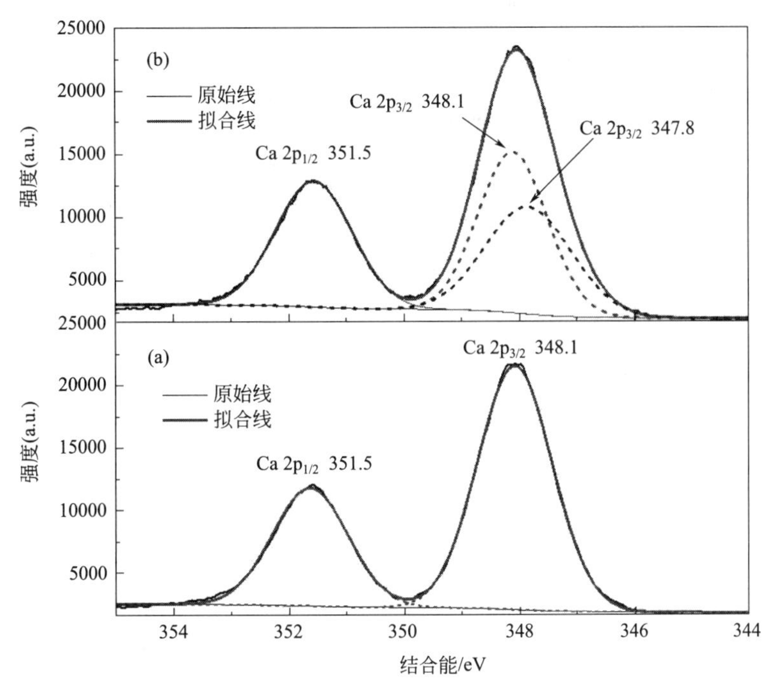

图 4-6 不同顺丁烯二酸浓度下制备 α 半水磷石膏 Ca 2p XPS 光谱

(a) 0mol/L；(b) 1.72×10^{-4}mol/L

4.2.2 L-天冬氨酸在 α 半水磷石膏表面吸附 XPS 分析

在 L-天冬氨酸浓度为 0 和 2.50×10^{-3}mol/L 条件下制备 α 半水磷石膏的 C 1s XPS 光谱

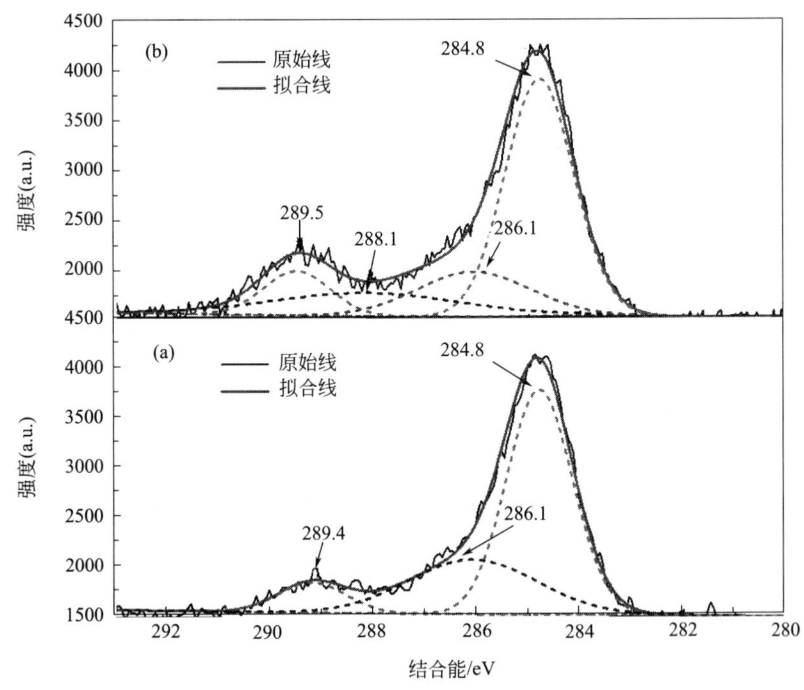

图 4-7 不同 L-天冬氨酸浓度下制备 α 半水磷石膏 C 1s XPS 光谱

(a) 0mol/L；(b) 2.50×10^{-3}mol/L

如图 4-7 所示。与顺丁烯二酸作用前后的 XPS 光谱相似，位于 284.8eV 处最强的 C 1s 峰来源于碳污染或者 L-天冬氨酸中的 C—C/C—H[256]，位于 286.1eV 和 289.4eV 处的组分分别来自于磷石膏中残余有机物中的 C—O 以及碳酸盐（CO_3^{2-}）。在添加 L-天冬氨酸条件下所制备的 α 半水磷石膏在 288.1eV 处出现新的 C 1s 峰［图 4-7(b)］，这来源于羧酸基团或羧酸根（COO^-），表明 L-天冬氨酸吸附到 α 半水磷石膏的表面。

L-天冬氨酸作用前后 α 半水磷石膏 Ca 2p 的 XPS 光谱如图 4-8 所示。由图 4-8 可以看出，与未添加转晶剂条件下所制备 α 半水磷石膏 Ca 2p 的 XPS 光谱［图 4-8(a)］相比，在添加 L-天冬氨酸体系中所制备 α 半水磷石膏的 Ca 2p 在 347.5eV 处出现一个新的峰［图 4-8(b)］，这是由 L-天冬氨酸中的 COOH 与 α 半水磷石膏表面的 Ca 原子相互作用产生，表明 L-天冬氨酸吸附在 α 半水磷石膏表面，从而阻碍 α 半水磷石膏晶体沿 *c* 轴方向的生长[257]。

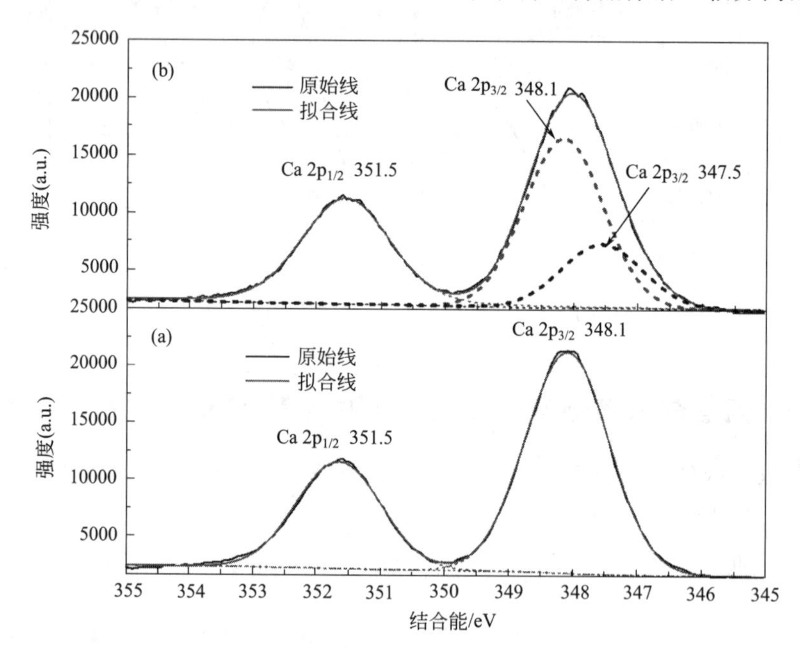

图 4-8 不同 L-天冬氨酸浓度下制备 α 半水磷石膏 Ca 2p XPS 光谱

(a) 0mol/L；(b) 2.50×10^{-3}mol/L

4.3 有机酸类转晶剂吸附对 α 半水磷石膏表面电位的影响

在制备 α 半水磷石膏的过程中，α 半水磷石膏颗粒的表面电位易受到所添加转晶剂的影响，采用 zeta 电位分析能够判断有机酸类转晶剂在 α 半水磷石膏表面的吸附形式。

4.3.1 顺丁烯二酸在 α 半水磷石膏表面吸附 zeta 电位分析

α 半水磷石膏的 zeta 电位随顺丁烯二酸浓度的变化如表 4-1 所示。由表 4-1 可以看出，在未添加顺丁烯二酸时，α 半水磷石膏的 zeta 电位为－7.42mV，表明 α 半水磷石膏表面带负电荷。随着顺丁烯二酸浓度的增加，α 半水磷石膏的 zeta 电位逐渐向负方向移动，zeta 电位绝对值增大，在顺丁烯二酸浓度为 2.87×10^{-4} mol/L 时，α 半水磷石膏的 zeta 电位降低为－12.87mV，表明顺丁烯二酸是以阴离子的形式吸附在 α 半水磷石膏表面，从而降低其

zeta 电位。此外，随着顺丁烯二酸浓度的增大，其在 α 半水磷石膏表面的吸附量增加，导致 zeta 电位逐渐降低。虽然 α 半水磷石膏表面带负电，但顺丁烯二酸能够克服静电排斥而吸附在 α 半水磷石膏表面，所以顺丁烯二酸在 α 半水磷石膏表面发生了化学吸附。

表 4-1　不同顺丁烯二酸浓度下 α 半水磷石膏的 zeta 电位

顺丁烯二酸浓度/(mol/L)	0	5.74×10^{-5}	1.15×10^{-4}	1.72×10^{-4}	2.30×10^{-4}	2.87×10^{-4}
zeta 电位/mV	−7.42	−9.27	−10.45	−11.09	−11.81	−12.87

顺丁烯二酸属二元羧酸，其在不同溶液 pH 条件下能够解离出不同形式的羧基基团，解离过程为：

$$HOOCCH=CHCOOH \rightleftharpoons HOOCCH=CHCOO^- + H^+ (pK_1=1.92) \quad (4\text{-}1)$$

$$HOOCCH=CHCOO^- \rightleftharpoons [OOCCH=CHCOO]^{2-} + H^+ (pK_2=6.23) \quad (4\text{-}2)$$

由反应方程式(4-1) 和式(4-2) 可以看出，当 $pH<1.92$ 时，顺丁烯二酸主要以未解离的 $HOOCCH=CHCOOH$ 形式存在；当 $1.92<pH<6.23$ 时，顺丁烯二酸解离出一个 H^+，$HOOCCH=CHCOO^-$ 是优势组分；在 $pH>6.23$ 时，顺丁烯二酸完全解离，以阴离子 $[OOCCH=CHCOO]^{2-}$ 的形式存在。由于反应体系的 pH 值由最初的弱碱性（pH=8.6）转变为酸性（pH=4.5），因此顺丁烯二酸能够以 $HOOCCH=CHCOO^-$ 和 $[OOCCH=CHCOO]^{2-}$ 的形式与 α 半水磷石膏（1 1 1）面的 Ca 原子作用生成 [CaOOCCH=CHCOOCa]，从而抑制 α 半水磷石膏沿 c 轴方向生长。

4.3.2 L-天冬氨酸在 α 半水磷石膏表面吸附 zeta 电位分析

L-天冬氨酸浓度对 α 半水磷石膏 zeta 电位的影响如表 4-2 所示。从表 4-2 可以看出，随着 L-天冬氨酸浓度的增大，α 半水磷石膏的 zeta 电位向正方向移动。当 L-天冬氨酸浓度为 2.50×10^{-3}mol/L 时，α 半水磷石膏的 zeta 电位增大为−2.74mV，表明 L-天冬氨酸是以阳离子的形式吸附在 α 半水磷石膏表面，从而使其表面电位增大。

表 4-2　不同 L-天冬氨酸浓度下 α 半水磷石膏的 zeta 电位

L-天冬氨酸浓度/(mol/L)	0	6.26×10^{-4}	1.25×10^{-3}	1.88×10^{-3}	2.50×10^{-3}
zeta 电位/mV	−7.42	−6.66	−4.32	−3.57	−2.74

L-天冬氨酸属二元酸，在不同 pH 条件下能够解离成不同形式的羧基基团[258]，结构式如图 4-9 所示，解离过程为：

$$HOOCCH_2CH(NH_3^+)COOH \rightleftharpoons HOOCCH_2CH(NH_3^+)COO^- + H^+ (pK_1=2.09) \quad (4\text{-}3)$$

$$HOOCCH_2CH(NH_3^+)COO^- \rightleftharpoons [OOCCH_2CH(NH_3^+)COO]^{2-} + H^+ (pK_R=3.86) \quad (4\text{-}4)$$

$$^-OOCCH_2CH(NH_3^+)COO^- \rightleftharpoons [OOCCH_2CH(NH_2)COO]^{2-} + H^+ (pK_2=9.82) \quad (4\text{-}5)$$

由反应方程式(4-3) 和式(4-4) 可以计算出 L-天冬氨酸的等电点 pI，其值为 2.98。因此，当 $pH<2.98$ 时，L-天冬氨酸以阳离子 $HOOCCH_2CH(NH_3^+)COOH$ 的形式存在；当 $pH=2.98$ 时，以两性离子 $HOOCCH_2CH(NH_3^+)COO^-$ 的形式存在。当 $3.86<pH<9.82$

时，$[OOCCH_2CH(NH_3^+)COO]^{2-}$占主要组分；而当 pH>9.82 时，L-天冬氨酸以阴离子$[OOCCH_2CH(NH_2)COO]^{2-}$的形式存在。由于反应体系 pH 的变化范围为 8.6～4.5，因此$[OOCCH_2CH(NH_3^+)COO]^{2-}$是 L-天冬氨酸的有效组分，其能与 α 半水磷石膏（1 1 1）面的 Ca 原子作用生成$[CaOOCCH_2CH(NH_3^+)COOCa]$，从而抑制 α 半水磷石膏向 *c* 轴方向生长。此外，由于$[CaOOCCH_2CH(NH_3^+)COOCa]$中含有阳离子$NH_3^+$，有利于其在带负电的 α 半水磷石膏表面吸附，因此当 L-天冬氨酸浓度增加时，α 半水磷石膏的 zeta 电位增大。

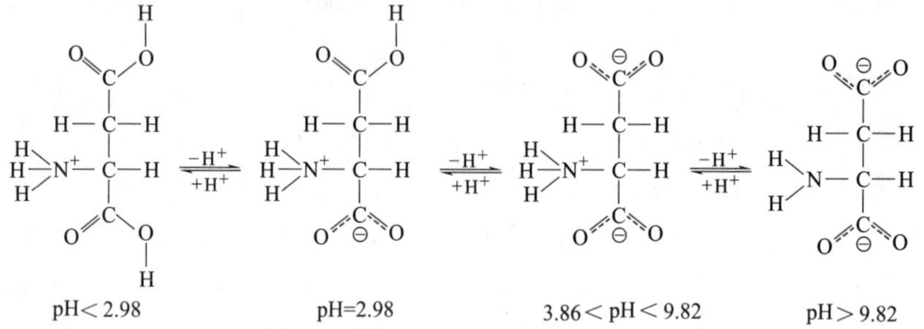

pH< 2.98　　pH=2.98　　3.86< pH< 9.82　　pH> 9.82

图 4-9　L-天冬氨酸在不同溶液 pH 下的存在形式

4.4　有机酸类转晶剂在 α 半水磷石膏表面吸附第一性原理计算

尽管通过 FTIR、XPS 和 zeta 电位分析揭示了顺丁烯二酸和 L-天冬氨酸能吸附在 α 半水磷石膏表面，且通过有机酸类转晶剂中的 COOH 与 α 半水磷石膏表面的 Ca 原子相互作用，从而达到调控 α 半水磷石膏晶形的目的，但这些测试结果是由大量 α 半水磷石膏颗粒共同呈现的，并不能解释有机酸类转晶剂分子在单个 α 半水磷石膏颗粒不同晶面吸附的微观差异。因此，研究以顺丁烯二酸为代表，采用 Materials Studio（MS）计算顺丁烯二酸分子在 α 半水磷石膏（1 1 1）、(1 1 0）和（0 1 0）晶面的吸附。

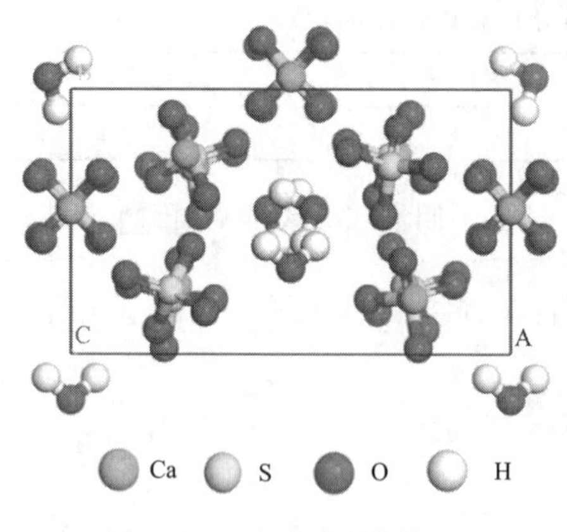

图 4-10　α 半水磷石膏单胞

4.4.1　α 半水磷石膏体相优化

基于密度泛函理论的第一性原理[259]，采用 MS 8.0 软件中 CASTEP 模块完成所有模拟与计算[260]。首先优化 α 半水磷石膏体相单胞(图 4-10)，确定稳定的晶体结构，体相优化主要考察交换关联函数、截断能、Brillouin 区 *k* 点三个指标，收敛精度设为 Medium，其他参数均为默认值。以总能和晶胞参数为主要参考标准。计算时优化参数收敛标准为：原子最大位移的收敛标准为 0.002Å（1Å=0.1nm，下同），原子间作用力的收敛标准设为 0.05eV/Å，原子间内应力的收敛标准设为 0.1GPa，体系总能量变化的收敛标准设为 2.0×10^{-5} eV/atom，SCF 自洽场收敛精度设为 2.0×10^{-6} eV/atom。

(1) 交换关联函数计算

选取不同的交换关联函数，其他参数均为默认值，计算结果如表 4-3 所示。当采用广义梯度近似（GGA）下的 PW91 梯度修正近似（GGA-PW91）时，α 半水磷石膏体相总能最小，此时结构最稳定。

表 4-3 不同关联函数下的计算总能和晶胞参数

交换关联函数	晶格参数/Å			β/(°)	总能/eV
	a	*b*	*c*		
GGA-PW91	12.6108	7.1435	12.8124	90.37	−39228.45
GGA-RPBE	12.6878	7.9055	12.9996	89.71	−39224.65
GGA-PBE	12.4233	7.2034	12.9740	90.28	−39191.47
实验值[261]	12.0275	6.9312	12.6919	90.18	

(2) 截断能计算

交换关联函数采用 GGA-PW91，改变截断能，其他参数均为默认值，计算结果如表 4-4 所示。随着截断能的增加，α 半水磷石膏体相总能逐渐减小，当截断能为 400eV 时，体相能量最低，继续增大截断能会增加计算量，故选取合适的截断能为 400eV。

表 4-4 不同截断能下的计算总能和晶胞参数

截断能/eV	晶格参数/Å			β/(°)	总能/eV
	a	*b*	*c*		
340	12.6108	7.1435	12.8123	90.37	−39228.45
360	12.2837	7.1408	12.8630	90.00	−39230.99
380	12.2154	7.1005	12.9815	90.42	−39231.25
400	12.2215	7.0854	12.8870	90.29	−39231.92
420	12.1783	7.1032	12.8466	90.14	−39231.31
实验值	12.0275	6.9312	12.6919	90.18	

(3) *k* 点计算

交换关联函数采用 GGA-PW91，截断能设为 400eV，改变 *k* 点，其他参数均为默认值，计算结果如表 4-5 所示。

表 4-5 不同 *k* 点下的计算总能和晶胞参数

k 点	晶格参数/Å			β/(°)	总能/eV	误差/%		
	a	*b*	*c*			*a*	*b*	*c*
1×1×1	12.1884	7.1205	12.9069	90.18	−39231.51	1.34	2.73	1.69
1×2×1	12.2215	7.0854	12.8870	90.29	−39231.92	1.61	2.20	1.54
2×2×2	12.2716	7.0671	12.9251	90.42	−39231.69	2.03	1.96	1.84
实验值	12.0275	6.9312	12.6919	90.18				

由表 4-5 可以看出，*k* 点为 1×2×1 时，体系能量最低。此时，计算的晶胞参数与实验值的误差在 2.5%以内。

4.4.2 α 半水磷石膏体相电子结构性质分析

α 半水磷石膏的能带结构如图 4-11 所示，取费米能级（E_F）作为能量零点。计算结果表明 α 半水磷石膏的禁带宽度为 5.66eV，禁带宽度较宽，因此 α 半水磷石膏晶体为绝缘体。

α 半水磷石膏的态密度如图 4-12 所示。由图 4-12 可以看出，α 半水磷石膏在−38eV 附

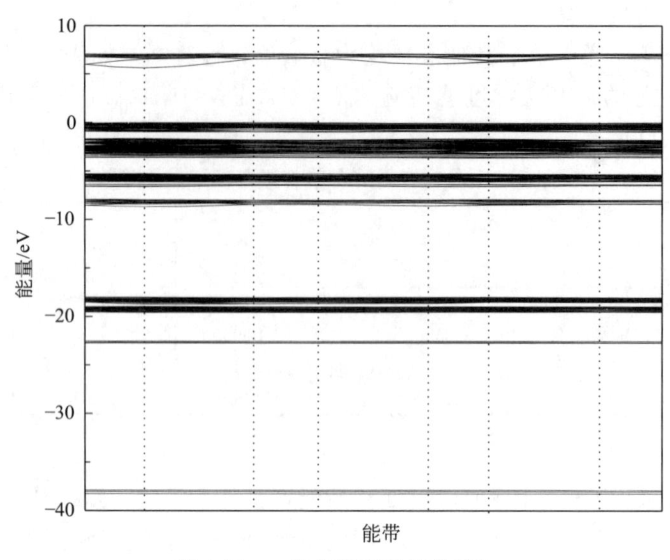

图 4-11　α半水磷石膏能带结构

近主要由 Ca 3s 轨道组成，而处于−20eV 附近的态密度主要由 Ca 3p、O 2s 轨道组成；而在费米能级附近主要由 O 2p 轨道贡献，其次是 Ca 3d 和 S 3s。表面原子在费米能级附近态密度贡献越大，电子结构的反应活性越强，根据 α 半水磷石膏的态密度轨道贡献可知 α 半水磷石膏在参与化学反应时 O 的活性较强，其次是 Ca 和 S。

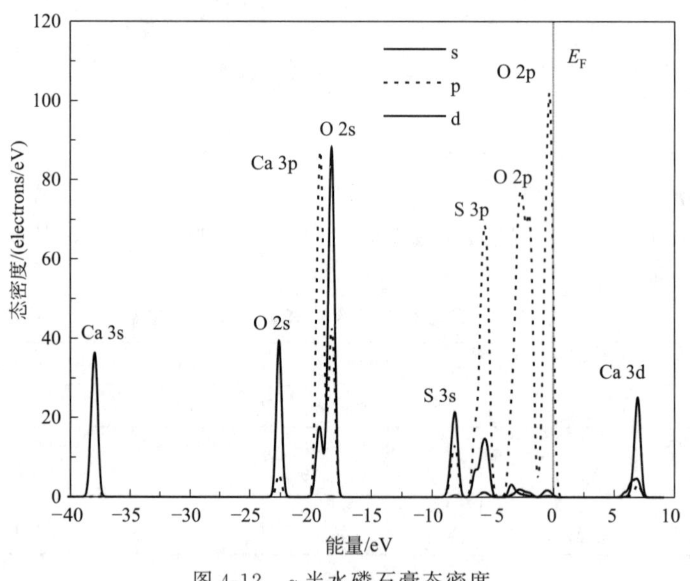

图 4-12　α半水磷石膏态密度

4.4.3　顺丁烯二酸在 α 半水磷石膏不同晶面的吸附

α 半水磷石膏的晶形示意图如图 4-13(a) 所示，由图 4-13(a) 可以看出，α 半水磷石膏常见的吸附面有（1 1 1)、(1 1 0）和（0 1 0)；在真空层厚度为 15Å，分别计算顺丁烯二酸分子在 α 半水磷石膏三个晶面 Ca 位点的吸附，吸附后的构型分别如图 4-13(b)、图 4-13(c) 和图 4-13(d) 所示，Mulliken 键布居和键长如表 4-6 所示。顺丁烯二酸分子结构中含有两个

COOH，将其中一个 COOH 中 C—O 单键中的氧原子定义为 O_1，另一个 COOH 中 C ═O 双键中的氧原子定义为 O_2。顺丁烯二酸分子与 α 半水磷石膏表面之间的距离可以直观地反映相互作用的强弱。从图 4-13(b) 可以看出，顺丁烯二酸分子是通过两个 COOH 中的氧原子分别与（1 1 1）面上两个 Ca 位点作用，其中一个 COOH 中 O_1 与 Ca_1 位点的作用键长（O_1—Ca_1）为 2.319Å，另一个 COOH 中 O_2 与 Ca_2 位点作用的键长（O_2—Ca_2）为 2.174Å，表明顺丁烯二酸分子两个 COOH 中的 O_1 和 O_2 能同时与（1 1 1）面上 Ca 位点成键，形成一个环状结构的化合物。此外，在（1 1 1）晶面上，O_2—Ca_2 的 Mulliken 键布居（0.17）高于 O_1—Ca_1 的键布居（0.10），这表明 O_2—Ca_2 表现出更强的共价性，作用更强。因此，顺丁烯二酸能够以化学吸附的形式稳定地吸附在 α 半水磷石膏（111）面上。

对于顺丁烯二酸分子在 α 半水磷石膏（1 1 0）面的吸附 [图 4-13(c)]，O_1 与 Ca_1 间的距离明显延长至 2.828Å，O_2—Ca_2 的键长增加至 2.336Å，表明只有 O_2 与（1 1 0）面的 Ca 位点作用，不能形成稳定的环状结构。此外，（1 1 0）面上 O_2—Ca_2 的 Mulliken 键布居减小为 0.13，与（1 1 1）面的键布居相比，其表现出较弱的共价性。因此，顺丁烯二酸在（1 1 1）面的吸附明显强于（1 1 0）面。

对于（0 1 0）面 [图 4-13(d)]，顺丁烯二酸分子的两个 COOH 与同一个 Ca 作用，其中 O_1—Ca 和 O_2—Ca 的距离分别达到 2.745Å 和 2.681Å。因此，顺丁烯二酸在（0 1 0）面上作用最弱。

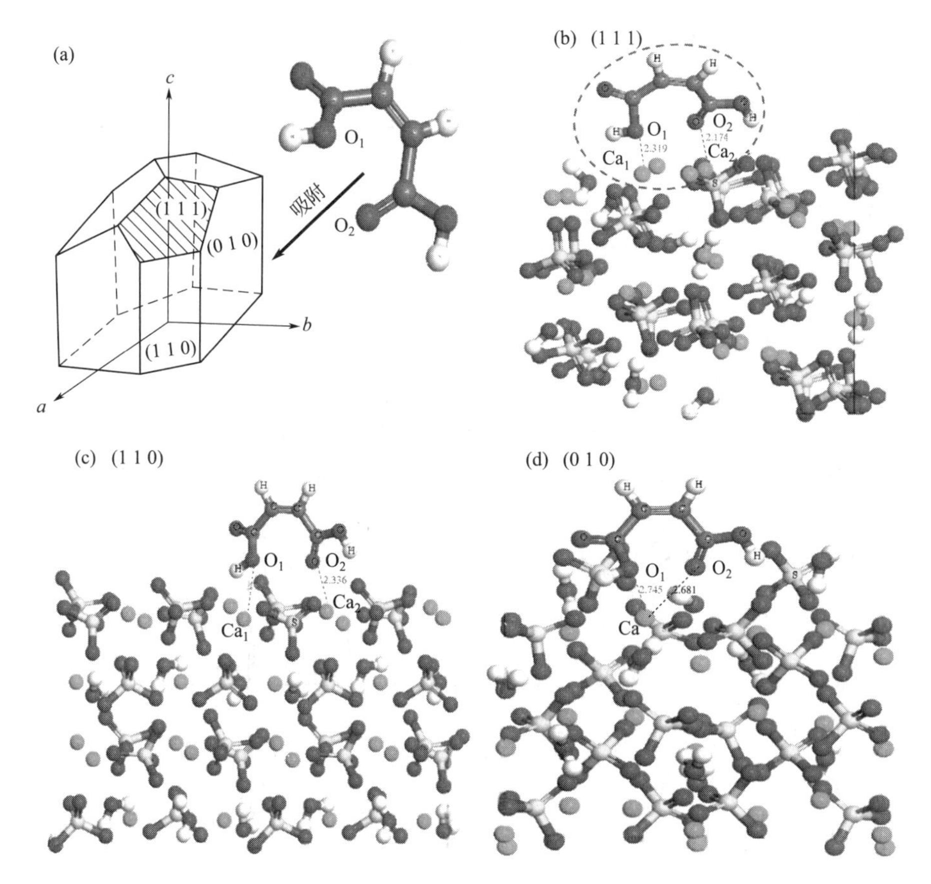

图 4-13　α 半水磷石膏晶形示意图 (a)，顺丁烯二酸分子在 α 半水磷石膏（1 1 1）面 (b)、（1 1 0）面 (c) 和（0 1 0）面 (d) 的吸附构型

表 4-6 顺丁烯二酸吸附后不同晶面的 Mulliken 键布居和键长

晶面	键	键布居	键长/Å
(1 1 1)	O_1—Ca_1	0.10	2.319
	O_2—Ca_2	0.17	2.173
(1 1 0)	O_1—Ca_1	0.01	2.828
	O_2—Ca_2	0.13	2.336
(0 1 0)	O_1—Ca	0.04	2.745
	O_2—Ca	0.08	2.681

顺丁烯二酸在α半水磷石膏（1 1 1）、（1 1 0）和（0 1 0）面间的吸附强度差异能够通过吸附能的大小进一步解释，吸附能计算公式为[262]：

$$E_{ads}=E_{maleic\ acid/surface}-E_{maleic\ acid}-E_{surface} \tag{4-6}$$

式中，E_{ads}为吸附能；$E_{maleic\ acid/surface}$为已吸附顺丁烯二酸α半水磷石膏表面的能量；$E_{maleic\ acid}$为晶胞中顺丁烯二酸的能量；$E_{surface}$为α半水磷石膏表面的能量。

计算结果列于表 4-7 中，数据表明：顺丁烯二酸在α半水磷石膏（1 1 1）面的吸附能最低，为−201.65kJ/mol，这表明（1 1 1）面为最稳定的化学吸附面，与顺丁烯二酸作用能呈现出很强的成键作用。其次是（1 1 0）面，吸附能为−95.32kJ/mol。顺丁烯二酸在（0 1 0）面的吸附最弱，吸附能为−66.57kJ/mol。因此，可以推断出顺丁烯二酸在α半水磷石膏不同晶面的吸附强弱顺序为（1 1 1）>（1 1 0）>（0 1 0）。

表 4-7 顺丁烯二酸在α半水磷石膏（1 1 1）、（1 1 0）和（0 1 0）面的吸附能

晶面	(111)	(110)	(010)
吸附能/(kJ/mol)	−201.65	−95.32	−66.57

态密度反映的是电子在特定能级处的分布，一般而言，低能级的态密度表示电子相对稳定，而高能级的态密度表示电子不稳定，活性较强[263]。顺丁烯二酸中的 O_2 与α半水磷石膏表面的 Ca_2 相互作用的态密度结果如图 4-14 所示。

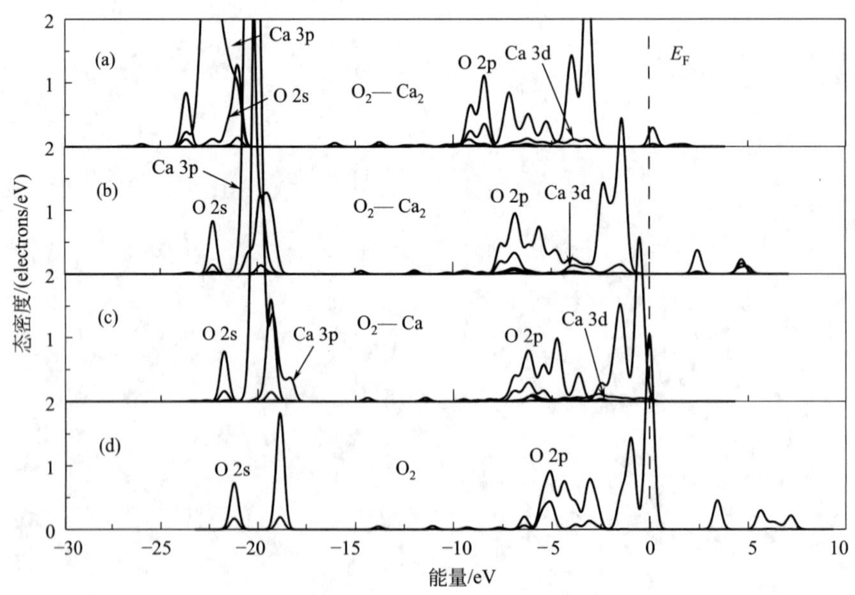

图 4-14 α半水磷石膏表面 Ca 和顺丁烯二酸中 O 相互作用的态密度

(a)（1 1 1）面；(b)（1 1 0）面；(c)（0 1 0）面；(d) 顺丁烯二酸

由图 4-14 可以看出，顺丁烯二酸 COOH 中的 O_2 在费米能级附近（−2～0.5eV）的态密度主要由 O_2 2p 贡献，表明 O_2 原子有很强的活性。顺丁烯二酸在与 α 半水磷石膏不同晶面作用后，O_2 和 Ca_2 原子的态密度明显向低能级方向移动，说明顺丁烯二酸与 α 半水磷石膏表面发生了作用，获得了电子；尤其是顺丁烯二酸与（1 1 1）面作用后，O_2 和 Ca_2 原子的态密度曲线向低能级方向移动最大，体系能量降低最大。对于（1 1 0）面，O_2 和 Ca_2 原子的态密度曲线向低能级方向移动较小，表明顺丁烯二酸与 α 半水磷石膏（1 1 0）面的作用相对较弱。顺丁烯二酸与 α 半水磷石膏（0 1 0）面作用后，O_2 和 Ca 原子的态密度曲线基本没有变化，因此顺丁烯二酸与（0 1 0）间的相互作用最弱。一般而言，态密度负移越多，电子结构越稳定，作用也越强。因此，顺丁烯二酸在 α 半水磷石膏（1 1 1）表面作用最强，其次是（1 1 0）面，在（0 1 0）作用最弱，该结果与吸附能分析结果一致[264]。

综上所述，有机酸类转晶剂调控 α 半水磷石膏晶形的模型如图 4-15 所示。在磷石膏常压盐溶液法制备 α 半水磷石膏的过程中添加转晶剂后，转晶剂分子会通过两个 COOH 分别络合 α 半水磷石膏（1 1 1）面上的两个 Ca 原子形成环状结构化合物，并选择性吸附在该晶面上，从而抑制 α 半水磷石膏沿 *c* 轴方向生长，增大 α 半水磷石膏的直径并降低其长径比。

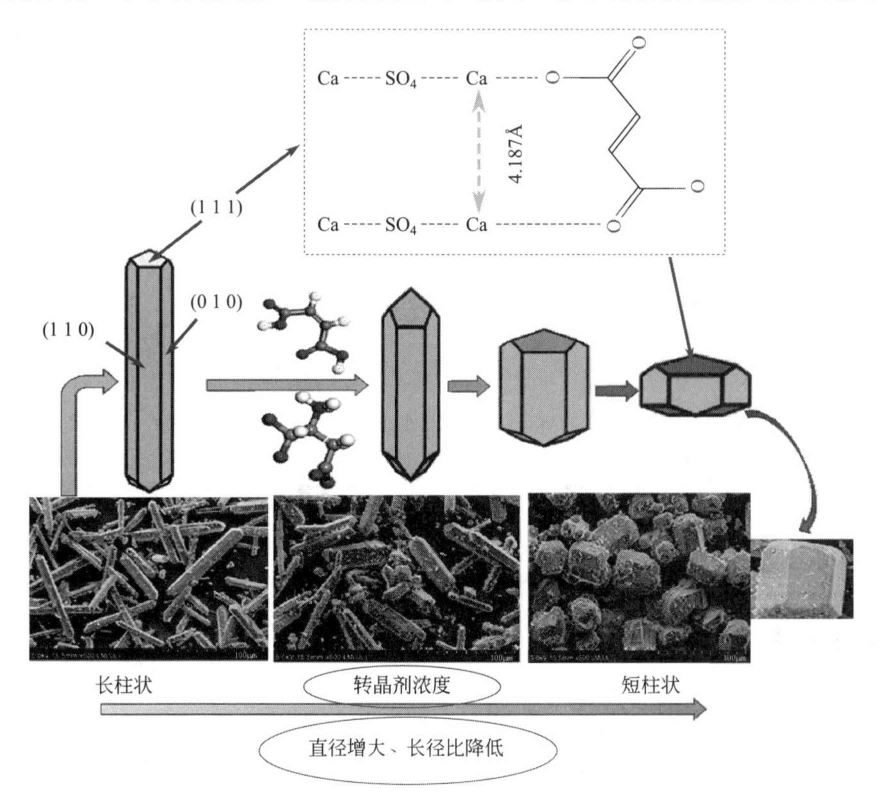

图 4-15　转晶剂调控 α 半水磷石膏晶形的模型

为了从分子水平揭示具有调控 α 半水磷石膏晶形能力的有机酸类转晶剂和不具备调晶能力有机酸的差别，分别计算了不同有机酸中 COOH 间的距离，结果如表 4-8 所示。由于 α 半水磷石膏（1 1 1）面的 Ca 原子间距为 4.187Å，由表 4-8 可以看出，具有调控 α 半水磷石膏晶形能力的丁二酸、顺丁烯二酸、柠檬酸、邻苯二甲酸和 L-天冬氨酸等转晶剂 COOH 间的距离分别为 4.327Å、3.785Å、4.368Å、3.946Å 和 4.154Å，与（1 1 1）面 Ca 原子间的距离接近，因此两个 COOH 能分别与两个 Ca 原子作用，进而吸附在（1 1 1）面上。

由于乙二酸和丙二酸 COOH 间距离分别为 2.670Å 和 2.865Å，比 Ca 原子间距分别小 1.517Å 和 1.322Å，导致其不能同时与 Ca 原子作用［图 4-16(a)］；而间苯二甲酸、对苯二甲酸、L-谷氨酸的 COOH 间距分别比 Ca 原子间距超出 0.933Å、2.831Å 和 1.746Å，COOH 间距过大［图 4-16(b)］，故也不能与 α 半水磷石膏（1 1 1）面上的 Ca 原子作用。尽管 L-天冬酰胺中 COOH 与 C═O 两个官能团间的距离与 Ca 原子间距接近，但其只有一个 COOH 与 Ca 作用，不能形成稳定的环状结构，所以不具备晶形调控的能力。FTIR 分析也证实这些有机酸不能吸附在 α 半水磷石膏表面。因此，只有当相邻 COOH 间距与 α 半水磷石膏（1 1 1）面的 Ca 原子间距相匹配时有机酸才具有调控 α 半水磷石膏晶形的能力。

表 4-8 不同有机酸中 COOH 间距

有机酸	乙二酸	丙二酸	丁二酸	顺丁烯二酸	柠檬酸	邻苯二甲酸
COOH 间距/Å	2.670	2.865	4.327	3.785	4.368	3.946
有机酸	间苯二甲酸	对苯二甲酸	L-天冬氨酸	L-天冬酰胺	L-谷氨酸	
COOH 间距/Å	5.120	7.018	4.154	4.073	5.933	

注：L-天冬酰胺为 C═O 与 COOH 间的距离。

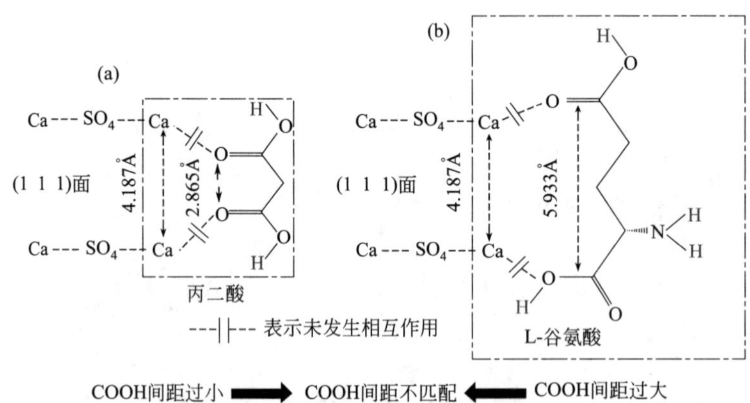

图 4-16 丙二酸和 L-谷氨酸在 α 半水磷石膏（1 1 1）面作用示意图

4.5 本章小结

本章揭示了转晶剂顺丁烯二酸和 L-天冬氨酸调控 α 半水磷石膏晶形的作用机理，并查明了不具备调控 α 半水磷石膏晶形能力有机酸的原因。得到如下主要结论：

① FTIR 分析表明在添加顺丁烯二酸和 L-天冬氨酸条件下制备的 α 半水磷石膏表面均出现了 COO 的对称伸缩振动峰，表明转晶剂已吸附在 α 半水磷石膏表面；XPS 分析进一步表明转晶剂调控 α 半水磷石膏晶形主要是通过 COOH 络合 α 半水磷石膏表面的 Ca 原子；顺丁烯二酸是以阴离子的形式吸附在 α 半水磷石膏表面，而 L-天冬氨酸是以阳离子的形式吸附。

② 顺丁烯二酸主要是通过分子中的两个 COOH 分别与 α 半水磷石膏（1 1 1）面的两个 Ca 位点发生作用，形成环状结构化合物，作用最强，吸附能最低，为－201.65kJ/mol；只

有一个 COOH 与 α 半水磷石膏（1 1 0）面的 Ca 位点作用，吸附能为－95.32kJ/mol，作用相对较弱，其在（0 1 0）面作用最弱。

③ 当两个 COOH 间距与 α 半水磷石膏（1 1 1）面的 Ca 原子间距（4.187Å）相匹配时有机酸才具有调控 α 半水磷石膏晶形的能力。COOH 间距偏小的乙二酸和丙二酸以及间距过大的间苯二甲酸、对苯二甲酸和 L-谷氨酸均不能够与 α 半水磷石膏（1 1 1）面的 Ca 原子作用；L-天冬酰胺只含有一个 COOH，不能在 α 半水磷石膏（1 1 1）面形成稳定的环状结构；同时 FTIR 分析也证实这些有机酸未吸附在 α 半水磷石膏表面，故不具备调控 α 半水磷石膏晶形的能力。

第5章 α半水磷石膏水化硬化性能

α半水磷石膏只有经过水化生成二水石膏且二水石膏颗粒相互凝结硬化后才具有一定的力学性能。在采用热力学分析α半水磷石膏水化过程的基础上，研究在不同转晶剂条件下所制备α半水磷石膏的水化速率、水化产物生长形态和粒度分布，并揭示α半水磷石膏的水化机理，分析硬化体显微结构特征及其对力学性能的影响。

5.1 α半水磷石膏水化过程热力学分析

在水溶液中，α半水磷石膏水化反应的方程为：

$$CaSO_4 \cdot 0.5H_2O + 1.5H_2O + aq \longrightarrow CaSO_4 \cdot 2H_2O + Q + aq \tag{5-1}$$

α半水磷石膏水化反应的标准吉布斯自由能和标准摩尔生成焓变为：

$$\Delta G^{\ominus}_{298(\alpha半水磷石膏水化)} = \Delta G^{\ominus}_{CaSO_4 \cdot 2H_2O} - \Delta G^{\ominus}_{CaSO_4 \cdot 0.5H_2O} - 1.5\Delta G^{\ominus}_{H_2O} = -4.83kJ/mol$$

$$\Delta H^{\ominus}_{298(\alpha半水磷石膏水化)} = \Delta H^{\ominus}_{CaSO_4 \cdot 2H_2O} - \Delta H^{\ominus}_{CaSO_4 \cdot 0.5H_2O} - 1.5\Delta H^{\ominus}_{H_2O} = -17.15kJ/mol$$

因此，从热力学上可以看出，在298K的水溶液中，α半水磷石膏水化生成二水石膏的$\Delta G^{\ominus}_{298(\alpha半水磷石膏水化)} < 0$，表明α半水磷石膏能自发水化生成二水石膏；$\Delta H^{\ominus}_{298(\alpha半水磷石膏水化)} < 0$，表明α半水磷石膏的水化是一个放热反应。

（1）α半水磷石膏的溶解过程

首先研究α半水磷石膏在室温、一个大气压下的溶解过程：

$$CaSO_4 \cdot 0.5H_2O + aq \longrightarrow Ca^{2+} + SO_4^{2-} + 0.5H_2O + aq \tag{5-2}$$

$$\Delta G^{\ominus}_{298(\alpha半水磷石膏溶解)} = \Delta G^{\ominus}_{Ca^{2+}} + \Delta G^{\ominus}_{SO_4^{2-}} + 0.5\Delta G^{\ominus}_{H_2O} - \Delta G^{\ominus}_{CaSO_4 \cdot 0.5H_2O} = 19.90kJ/mol$$

$$\Delta G_{298(\alpha半水磷石膏溶解)} = \Delta G^{\ominus}_{298(\alpha半水磷石膏溶解)} + RT\ln K_p \tag{5-3}$$

式中，$R=8.314J/(mol \cdot K)$；$T=298K$；K_p是反应方程（5-2）的平衡常数。

故：

$$\Delta G_{298(\alpha半水磷石膏溶解)} = 19.90 + 5.70\lg K_p \tag{5-4}$$

$$K_p = [Ca^{2+}][SO_4^{2-}][H_2O]^{0.5}/[CaSO_4 \cdot 0.5H_2O] \tag{5-5}$$

由于$CaSO_4 \cdot 0.5H_2O$和H_2O的活度为1，式(5-2)在平衡时$\Delta G_{298(\alpha半水磷石膏溶解)}=0$

则有：

$$0 = 19.90 + 5.70\lg[Ca^{2+}][SO_4^{2-}] \tag{5-6}$$

所以：

$$\lg[Ca^{2+}] = -3.49 - \lg[SO_4^{2-}] \tag{5-7}$$

在平衡状态下时有$[Ca^{2+}]=[SO_4^{2-}]$

因此，由式(5-7)可得：

$$[Ca^{2+}] = 0.018mol/L$$

（2）二水石膏的溶解过程

$$CaSO_4 \cdot 2H_2O + aq \longrightarrow Ca^{2+} + SO_4^{2-} + 2H_2O + aq \tag{5-8}$$

$$\Delta G^{\ominus}_{298(二水石膏溶解)} = 24.73\text{kJ/mol}$$

$$\Delta G_{298(二水石膏溶解)} = \Delta G^{\ominus}_{298(二水石膏溶解)} + RT\ln K_p \tag{5-9}$$

其中 $T=298\text{K}$，K_p 是反应方程（5-8）的平衡常数

故有：
$$\Delta G_{298(二水石膏溶解)} = 24.73 + 5.70\lg K_p \tag{5-10}$$

$$K_p = [Ca^{2+}][SO_4^{2-}][H_2O]^2/[CaSO_4 \cdot 2H_2O] \tag{5-11}$$

由于 $CaSO_4 \cdot 2H_2O$ 和 H_2O 的活度为 1，式(5-9) 在平衡时 $\Delta G_{298(二水石膏溶解)}=0$

则有：
$$0 = 24.73 + 5.70\lg[Ca^{2+}][SO_4^{2-}] \tag{5-12}$$

所以：
$$\lg[Ca^{2+}] = -4.335 - \lg[SO_4^{2-}] \tag{5-13}$$

在平衡状态下，$[Ca^{2+}]=[SO_4^{2-}]$

因此，由式(5-13) 可得：

$$[Ca^{2+}] = 0.0068\text{mol/L}$$

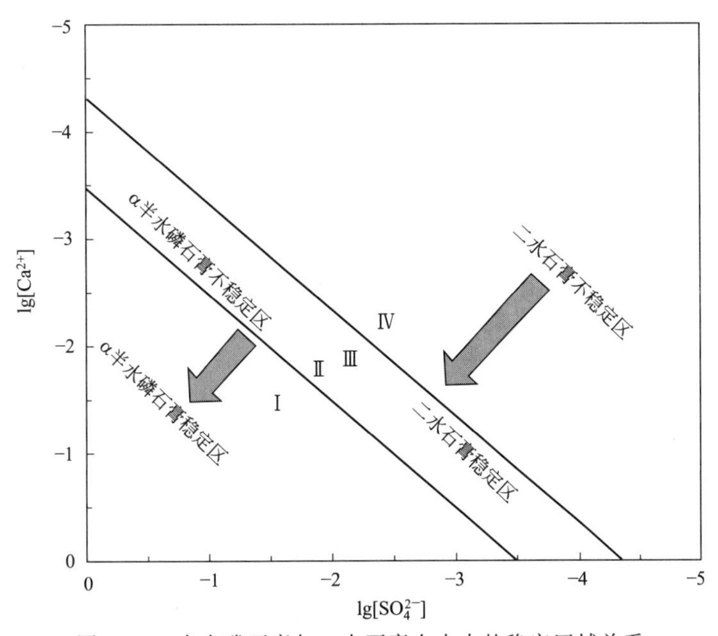

图 5-1　α半水磷石膏与二水石膏在水中的稳定区域关系

Ⅰ：α半水磷石膏稳定区，Ⅱ：α半水磷石膏不稳定区；Ⅲ：二水石膏稳定区；Ⅳ：二水石膏不稳定区

α半水磷石膏水化达到平衡时可以建立其值为 0.018/0.0068=2.65 的 Ca^{2+} 有效浓度，即较达到二水石膏溶度积所需的有效 Ca^{2+} 浓度高出 2.65 倍。由图 5-1 可以看出，在α半水磷石膏的溶解过程中，要依次经过二水石膏的不稳定区域、二水石膏的稳定区域等，因此，在α半水磷石膏未达到自身溶解平衡之前，就已经析出二水石膏晶体并达到稳定区域。岳文海等[192]发现硬石膏在溶解过程中，同样经历二水石膏的不稳定区域和二水石膏的稳定区域，但硬石膏在溶解平衡时的有效 Ca^{2+} 浓度比α半水磷石膏高。

5.2　α半水磷石膏水化进程

5.2.1　无转晶剂条件下制备α半水磷石膏的水化进程

在 $CaCl_2$ 浓度为 2.97mol/L、反应温度为 95℃、固液比为 1∶3、未添加转晶剂的条件

下制备出的α半水磷石膏，连续测定其在24h水化过程中液相离子（Ca^{2+}、SO_4^{2-}）浓度和产物结晶水含量，其变化规律如图5-2所示。

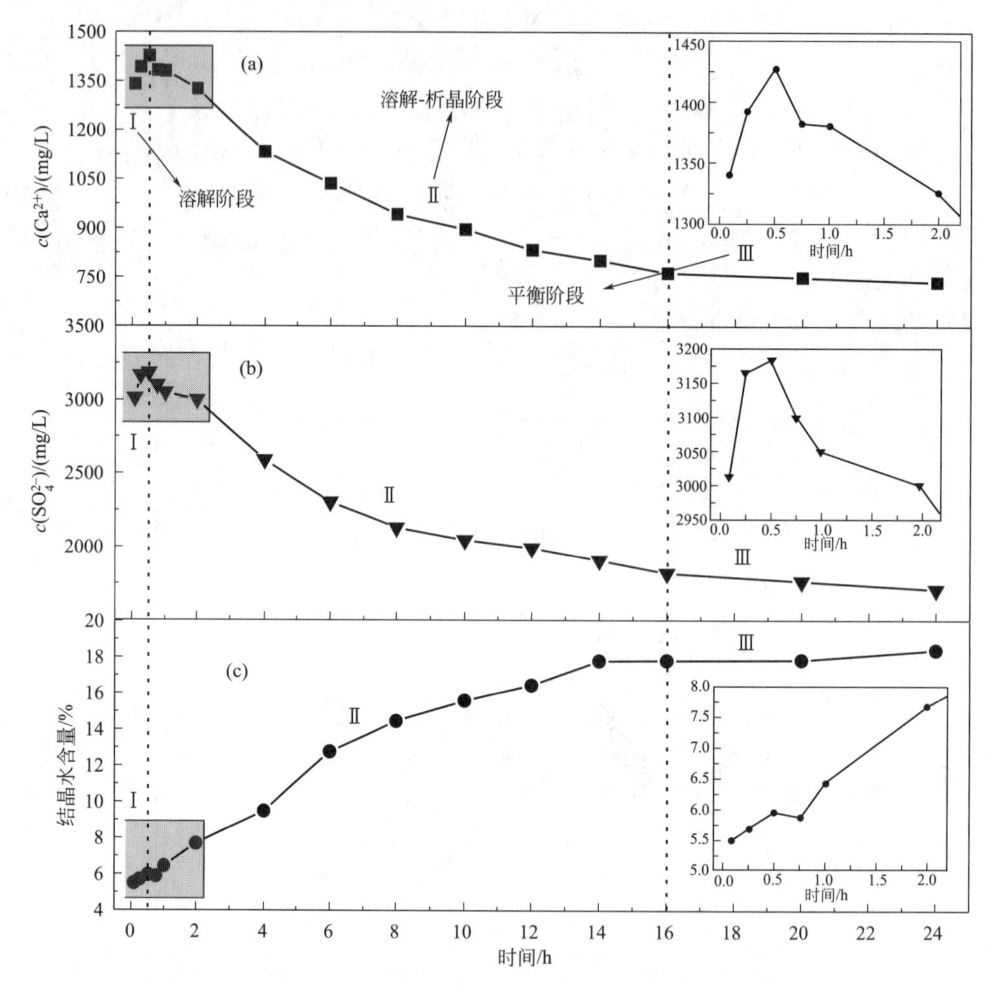

图5-2　α半水磷石膏水化过程中Ca^{2+}浓度（a）、SO_4^{2-}浓度（b）和产物结晶水含量（c）的变化

由图5-2中Ca^{2+}和SO_4^{2-}浓度及水化产物结晶水含量的变化趋势可以看出，α半水磷石膏的水化进程可分为三个阶段[265]：

Ⅰ：溶解阶段（0～30min）

在溶解阶段，部分α半水磷石膏迅速溶解生成Ca^{2+}和SO_4^{2-}，这一阶段持续时间为30min。随着水化的进行，液相中Ca^{2+}和SO_4^{2-}浓度迅速增大。在水化时间为5min时，Ca^{2+}和SO_4^{2-}浓度分别达到1340.68mg/L和3012.91mg/L；水化30min时，Ca^{2+}和SO_4^{2-}浓度达到峰值，分别为1426.85mg/L和3184.14mg/L。与此同时，水化产物的结晶水含量略有增加，但总体变化不大。

在水化时间为5min和30min时，料浆中颗粒的粒径分布如图5-3所示。由图5-3可以看出，颗粒粒径主要分布在0～5μm、10～20μm和25～60μm三个粒级。与水化5min时的粒径分布相比，在水化时间为30min时颗粒粒径分布向细粒级方向移动，在粗粒级25～60μm的分布有所减少，而在细粒级0～5μm的分布略有增多，D_{50}从2.29μm降低为

2.01μm，这由于 α 半水磷石膏溶解导致颗粒粒度变小。

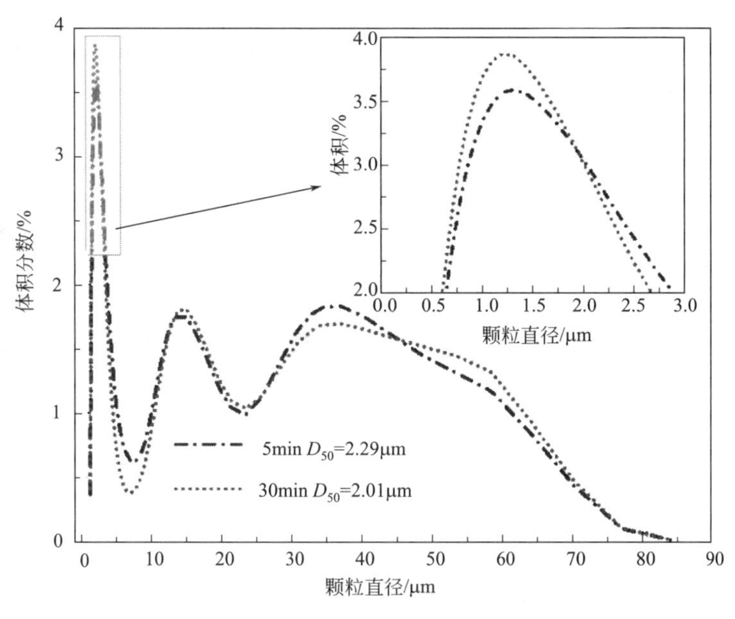

图 5-3 溶解阶段颗粒的粒径分布

水化 30min 时产物的微观形貌如图 5-4 所示。由图 5-4 可以看出，由于经过粉磨改性，所以产物中含有一定量的细颗粒。大颗粒的形貌呈六方长柱状，晶面略有溶解，但相对完整，此时产物仍为 α 半水磷石膏，未见二水石膏晶体生成。从图 5-9 可以看出，在水化 30min 时产物的衍射峰与半水石膏标准卡片的衍射峰吻合，未发现二水石膏的衍射峰存在，α 半水磷石膏的含量约为 90.7%。

Ⅱ：溶解-析晶阶段（0.5～16h）

溶解-析晶阶段是一个动态过程，持续的时间较长，达到 15.5h。在这一阶段，α 半水磷石膏不断溶解产生 Ca^{2+} 和 SO_4^{2-}，由于二水石膏的溶解度比 α 半水磷石膏的溶解度小，α 半水磷石膏溶解后很快形成过饱和溶液便析出二水石膏晶核并逐渐长大，且析出二水石膏晶体速度大于 α 半水磷石膏的溶解速度，从而导致体系中 Ca^{2+} 和 SO_4^{2-} 浓度逐渐降低，Ca^{2+} 浓度从 1426.85mg/L 降低至 763.52mg/L，SO_4^{2-} 浓度从 3184.14mg/L 降低至 1819.27mg/L。二水石膏晶体的析出破坏了溶液中 α 半水磷石膏溶解的平衡状态，从而促使 α 半水磷石膏进一步溶解，以补偿析出二水石膏晶体而在溶液中减少的 Ca^{2+} 和 SO_4^{2-}。从而连续不断地循环 α 半水磷石膏溶解和二水石膏析晶过程，直至 α 半水磷石膏完全溶解[185]。此外，在溶解-析晶阶段，由于二水石膏晶体的生成，导致水化产物的结晶水含量迅速增加，从 5.95% 增加至 17.82%。

在溶解-析晶阶段，料浆中颗粒的粒径分布如图 5-5 所示。由图 5-5 可以看出，在 2～12h，随着水化时间的延长，中间粒级 10～20μm 和粗粒级 25～60μm 颗粒的分布逐渐减少，而细粒级 0～5μm 的颗粒分布增多；D_{mean} 由 10.75μm 降低至 9.82μm，D_{50} 从 1.95μm 降低至 1.82μm，表明 α 半水磷石膏不断溶解并生成结晶粒度更小的二水石膏晶体。

水化 4h 时产物的微观形貌如图 5-6 所示。与图 5-4 比较可以看出，由于溶解作用，使得粗颗粒的数量迅速减少，细碎颗粒数量明显增多；α 半水磷石膏颗粒表面变得十分粗糙，没有完整的晶面 [图 5-6(a)]。因此，在水化过程中 α 半水磷石膏是从表面逐渐向内部溶解。

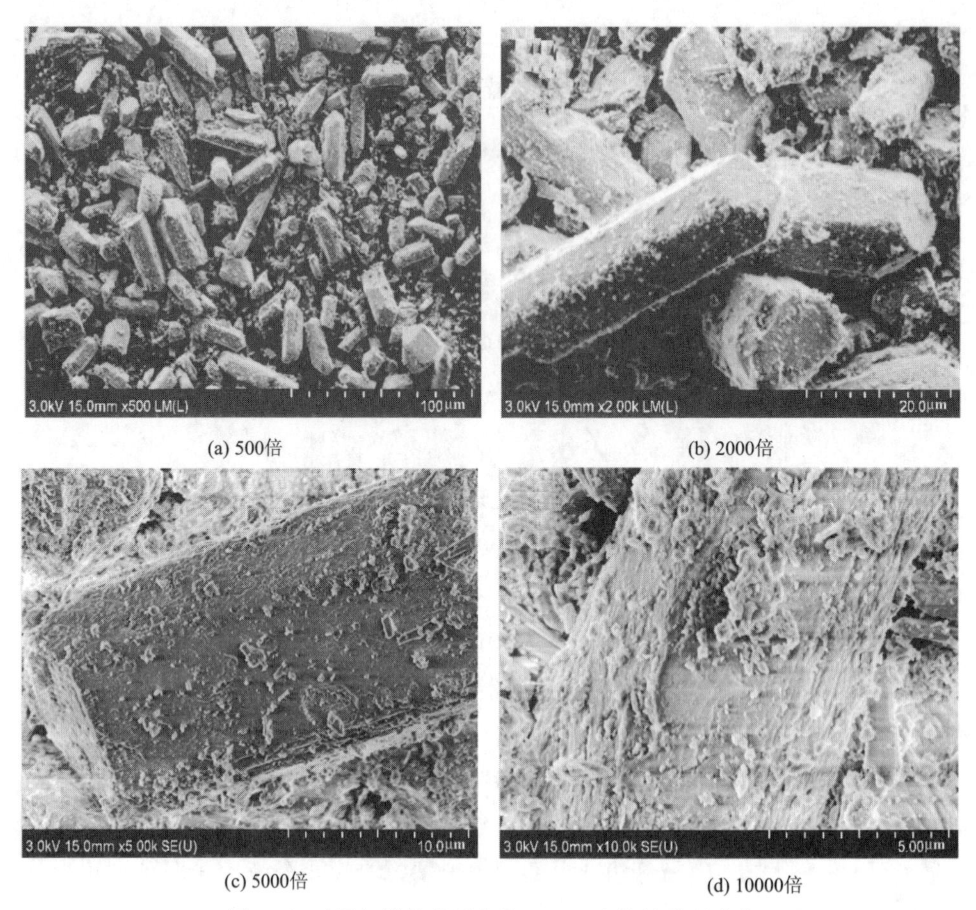

(a) 500倍　(b) 2000倍

(c) 5000倍　(d) 10000倍

图 5-4　不同扫描倍数下水化 30min 产物的微观形貌

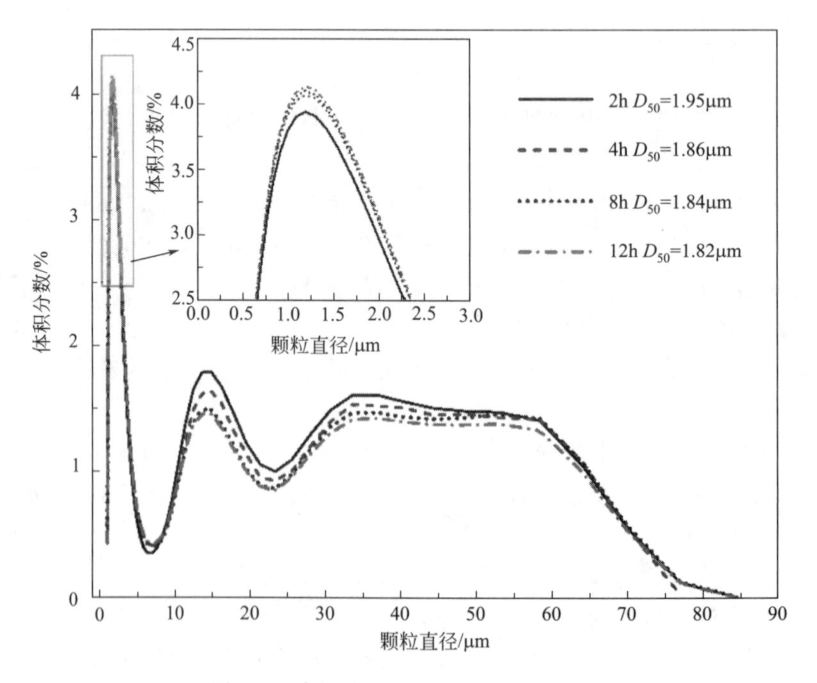

图 5-5　溶解-析晶阶段颗粒的粒径分布

同时，水化产物中析出长柱状和菱形状的二水石膏晶体，二水石膏晶形完整，表面光滑［图5-6(b) 和 (c)］。此外，由图 5-6(d) 可以清晰看出，在 α 半水磷石膏表面依附生长有细长的二水石膏晶体，这是由于在非均相体系的晶体成核和生长过程中，新相易在已有的母相表面成核析出，有利于降低体系表面自由能，降低活化能垒，导致二水石膏在 α 半水磷石膏表面成核和生长。范征宇等[199]也认为半水石膏的水化成核多为非均匀成核，即核化发生在异相物质的表面，主要是在半水石膏和杂质颗粒的棱角处（曲率半径比较小），在此处成核可以降低核化的势垒，形成晶核的总表面能低于均相成核所需的能量。

从图 5-9 可以看出，在水化 4h 时，产物的 XRD 图谱在 11.508°、20.608°、23.260°和 28.980°处出现二水石膏的特征衍射峰，表明已经有部分二水石膏生成，含量约为 33%。随着水化的进行，半水石膏的衍射峰强度降低，二水石膏衍射峰强度增加，在水化时间为 8h 时，二水石膏的含量增加至 62.7%。

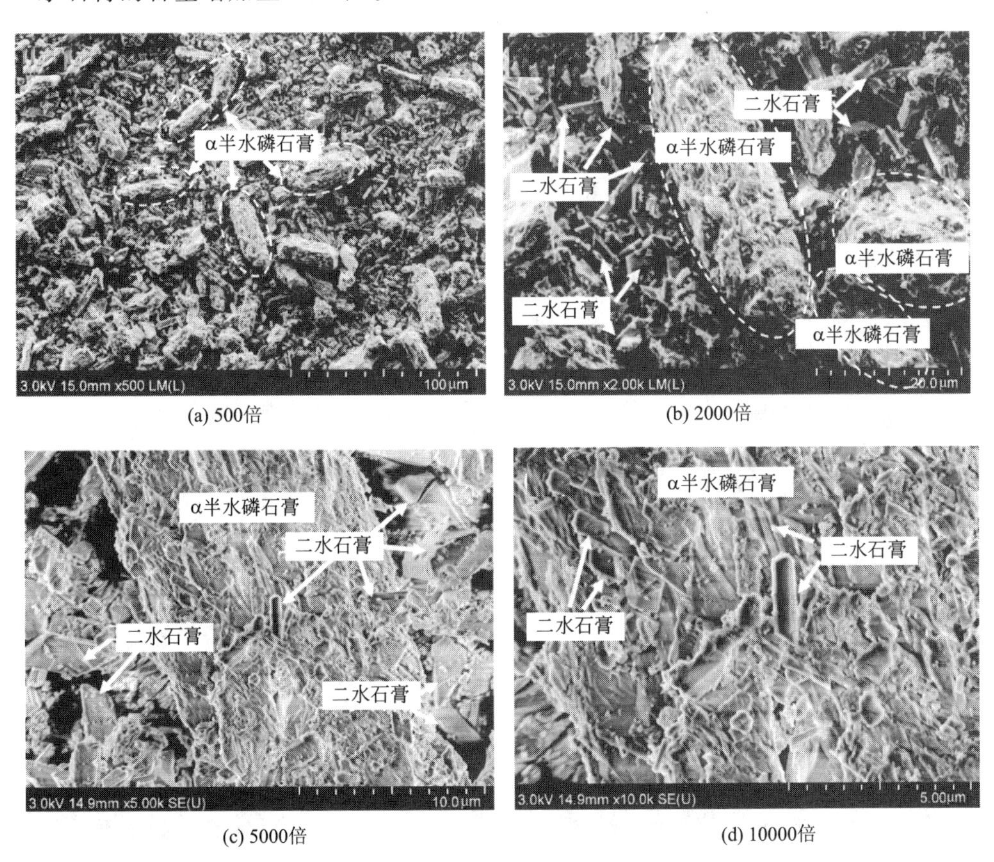

(a) 500倍　(b) 2000倍

(c) 5000倍　(d) 10000倍

图 5-6　不同扫描倍数下水化 4h 产物的微观形貌

Ⅲ：平衡阶段（>16h）

进入平衡阶段，α 半水磷石膏基本上水化为二水石膏晶体，且二水石膏自身的溶解和析晶达到动态平衡，即二水石膏溶解生成 Ca^{2+} 和 SO_4^{2-} 的速度与 Ca^{2+} 和 SO_4^{2-} 重结晶析出二水石膏晶体的速度相同。从图 5-2(c) 也可以看出，在平衡阶段，水化产物的结晶水含量变化不大，保持在 18%左右。

水化时间为 24h 时料浆中颗粒的粒径分布如图 5-7 所示。由图 5-7 可以看出，反应生成的二水石膏晶体主要集中分布在细粒级 0～5μm，中间粒级 10～20μm 和粗粒级 25～60μm

颗粒的分布较少，D_{mean}为 7.27μm，D_{50}为 1.72μm。

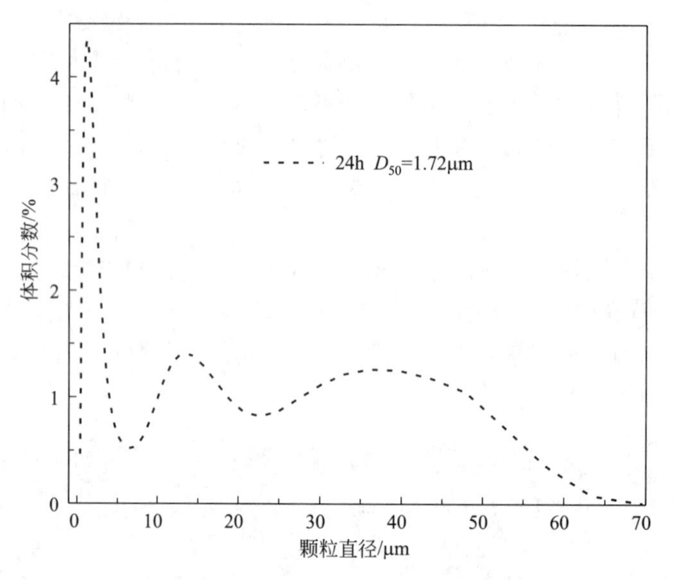

图 5-7　水化 24h 料浆中颗粒的粒径分布

水化 24h 时产物的微观形貌如图 5-8 所示。由图 5-8 可以看出，水化产物中 α 半水磷石膏颗粒消失，完全转化为二水石膏晶体，其结晶形态主要呈长柱状，长径比大，为 3.78∶1。这是由于没有外加剂时，在二水石膏晶体 c 轴方向上 Ca^{2+} 和 SO_4^{2-} 有两个成键，键合稳定性高，且有两个端面可以成键，促进平行于 c 轴方向的生长而形成长柱状晶体[266]。长柱状二水石膏晶体间相互搭接时产生的孔隙较大，会导致硬化体的力学强度降低。

(a) 500倍　　(b) 1000倍

图 5-8　不同扫描倍数下水化 24h 产物的微观形貌

α 半水磷石膏水化过程中产物的 XRD 图谱如图 5-9 所示。由图 5-9 可以看出，在水化 16～24h 时，水化产物的 XRD 图谱与二水石膏标准卡片的衍射峰吻合，α 半水磷石膏的衍射峰消失，表明 α 半水磷石膏已经水化为二水石膏。在 24h 时，二水石膏的含量约为 91.1%。

在整个水化过程中，产物的 zeta 电位随时间的变化如表 5-1 所示。由表 5-1 可以看出，在不同的水化时间下，水化产物的 zeta 电位均为负值，表明 α 半水磷石膏和二水石膏表面

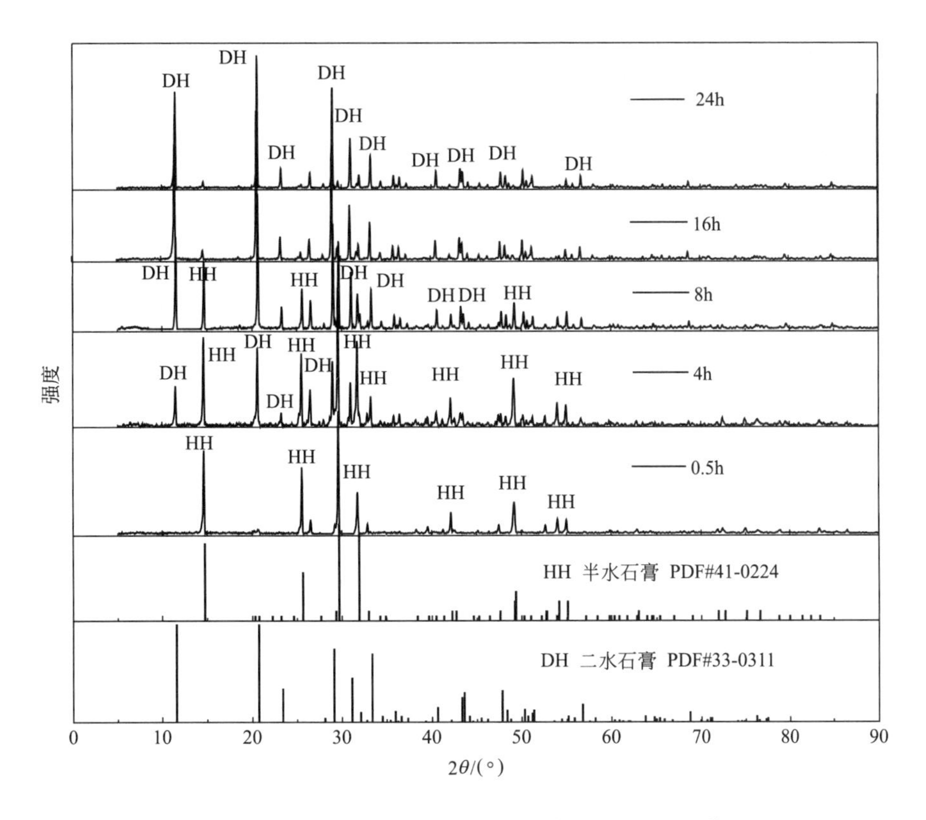

图 5-9 α半水磷石膏水化过程中产物的 XRD 图谱

均带负电。这是因为α半水磷石膏加入水后，颗粒的表面与水接触，并开始溶解产生 Ca^{2+} 和 SO_4^{2-}。由于 SO_4^{2-} 的体积比 Ca^{2+} 大得多，难以向外扩散，因此滞留在α半水磷石膏颗粒的表面形成电位离子，而 Ca^{2+} 则由于体积小，扩散能力强，很快进入溶液中，形成配位离子，从而构成 zeta 电位为负的双电层结构（式 5-14）[267]。

$$\{[CaSO_4 \cdot 0.5H_2O]nSO_4^{2-} \cdot xCa^{2+}\}^{-2(n-x)}(n-x)Ca^{2+} \tag{5-14}$$

表 5-1 水化过程中产物的 zeta 电位变化

水化时间/h	0.08	0.5	2	6	10	16	24
zeta 电位/mV	−1.49	−1.51	−1.64	−1.54	−1.40	−0.92	−1.22

zeta 电位的变化范围为−1.64～−0.92mV（平均值为−1.39mV，与文献报道二水石膏的 zeta 电位−1.36mV 接近[268]），数值变化不大，表明二水石膏与α半水磷石膏具有相似的表面电位。此外，在整个水化过程中，并未发现吸附络合物或胶凝体的存在，因此，α半水磷石膏水化机理不符合胶体理论。

5.2.2 添加顺丁烯二酸条件下制备α半水磷石膏的水化进程

在顺丁烯二酸浓度为 1.72×10^{-4}mol/L 时所制备α半水磷石膏的水化进程如图 5-10 所示，连续测定了 48h 液相中 Ca^{2+} 和 SO_4^{2-} 浓度以及水化产物结晶水含量。

由图 5-10 可以看出，α半水磷石膏的水化过程同样可以分成溶解阶段、溶解-析晶阶段和平衡阶段：

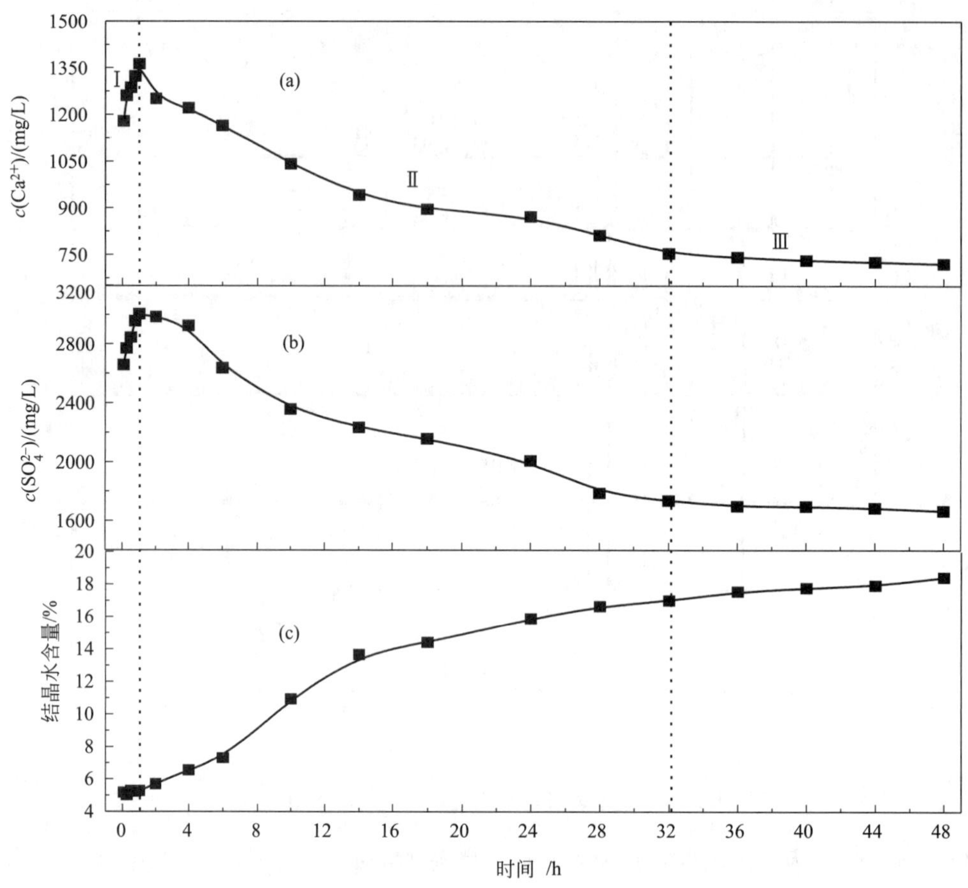

图 5-10 α 半水磷石膏水化过程中 Ca^{2+} 浓度（a）、SO_4^{2-} 浓度（b）和产物结晶水含量（c）的变化（顺丁烯二酸：1.72×10^{-4} mol/L）

Ⅰ：溶解阶段（0～1h）

水化时间为 0～1h，α 半水磷石膏迅速溶解生成 Ca^{2+} 和 SO_4^{2-}，且浓度逐渐增加；Ca^{2+} 和 SO_4^{2-} 浓度分别增大至 1362.72mg/L 和 3004.68mg/L。此外，在溶解阶段水化产物的结晶水含量变化不大。水化 1h 时产物的微观形貌如图 5-11 所示。由于溶解作用 α 半水磷石膏颗粒表面变得粗糙，但整体轮廓还在，未见二水石膏生成。

Ⅱ：溶解-析晶阶段（1～32h）

在溶解-析晶阶段，由于 Ca^{2+} 和 SO_4^{2-} 形成过饱和溶液后结晶析出二水石膏晶体，导致 Ca^{2+} 和 SO_4^{2-} 浓度逐渐降低，Ca^{2+} 浓度从 1362.72mg/L 降低至 753.50mg/L，同时 SO_4^{2-} 浓度从 3004.68mg/L 降低至 1735.30mg/L。此外，由图 5-10(c) 可以看出，水化产物的结晶水含量由 5.27%增加至 17.00%。对比图 5-2 和图 5-10 可以看出，添加顺丁烯二酸条件下制备的 α 半水磷石膏会延长溶解和溶解-析晶的时间，尤其是溶解-析晶的时间增加了 1 倍，这是由于制备 α 半水磷石膏过程中残余的顺丁烯二酸会在水化时吸附在二水石膏晶体表面，阻碍其生长。

水化 10h 时产物的微观形貌如图 5-12 所示。由图 5-12 可以看出，在溶解-析晶阶段，已经有部分晶形完整的二水石膏生成，未完全溶解的 α 半水磷石膏颗粒变得表面粗糙、内部疏松多孔。

(a) 500倍　　(b) 2000倍

图 5-11　不同扫描倍数下水化 1h 产物的微观形貌

（顺丁烯二酸：1.72×10^{-4} mol/L）

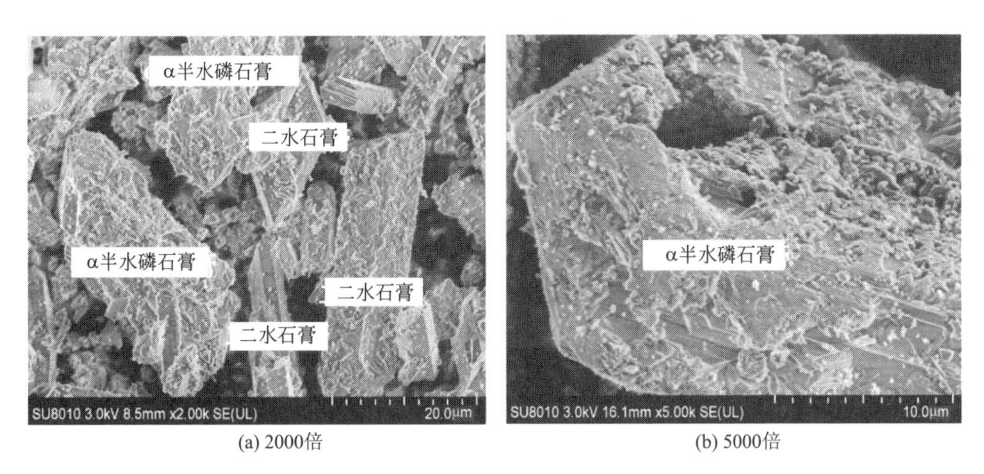

(a) 2000倍　　(b) 5000倍

图 5-12　不同扫描倍数下水化 10h 产物的微观形貌

（顺丁烯二酸：1.72×10^{-4} mol/L）

Ⅲ：平衡阶段（>32h）

水化时间超过 32h 后进入平衡阶段，反应体系中 Ca^{2+} 和 SO_4^{2-} 浓度变化不大，二水石膏自身的溶解和析晶基本达到平衡。水化产物结晶水含量略有增加，但总体变化不大。水化 48h 产物的微观形貌如图 5-13 所示。由图 5-13 可以看出，产物已经由短柱状的 α 半水磷石膏水化成菱形状或短柱状的二水石膏晶体。与未添加转晶剂时相比，添加顺丁烯二酸条件下制备出的 α 半水磷石膏，其水化产物的晶面生长速率受到顺丁烯二酸的影响，晶体形态发生改变，针状晶体的生成减少，长径比明显降低，从而有利于减少二水石膏晶体间相互搭接而产生的孔洞，使晶体间的堆积更加致密，进而提高其力学性能。

整个水化过程中，产物粒径分布随反应时间的变化如图 5-14 所示。由图 5-14 可以看出，在 0～48h，随着水化的进行，产物的粒度先迅速减小，后趋于平缓。在溶解-析晶阶段（1～32h），水化产物的粒度迅速减小。当水化时间为 1h 时，D_{50} 为 2.33μm；在水化时间为 10h 时，D_{50} 降低至 1.88μm；当水化时间延长至 24h，D_{50} 继续降低为 1.69μm。在平衡阶

(a) 500倍　　(b) 2000倍

图 5-13　不同扫描倍数下水化 48h 产物的微观形貌
（顺丁烯二酸：1.72×10^{-4} mol/L）

段，产物的粒度变化不大，当水化时间为 36h 和 48h 时，水化产物的 D_{50} 分别为 1.63μm 和 1.62μm。对比图 5-10 和图 5-14 可以看出，水化产物粒度的变化趋势与水化过程中 Ca^{2+}、SO_4^{2-} 浓度和产物结晶水含量的变化规律相关，即液相中 Ca^{2+} 和 SO_4^{2-} 浓度下降越快，产物结晶水含量增加越快，水化产物的粒度减小越快；当 Ca^{2+}、SO_4^{2-} 浓度和产物结晶水含量变化不大时，水化产物的粒度也趋于平衡。此外，与没有添加转晶剂制备 α 半水磷石膏水化产物的粒度相比，在添加顺丁烯二酸后所制备的 α 半水磷石膏水化产物粒度变小。

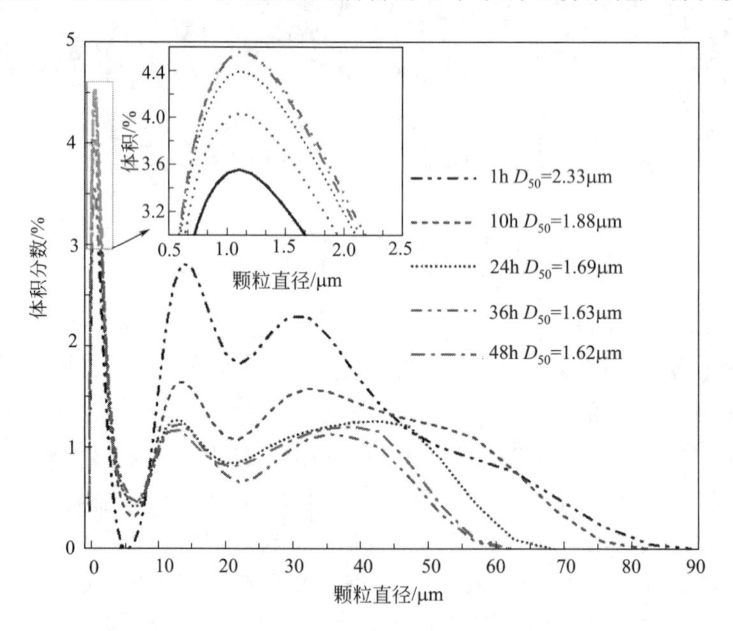

图 5-14　不同时间下水化产物的粒径分布（顺丁烯二酸：1.72×10^{-4} mol/L）

5.2.3 添加 L-天冬氨酸条件下制备 α 半水磷石膏的水化进程

在 L-天冬氨酸浓度为 2.50×10^{-3} mol/L 时所制备 α 半水磷石膏的水化过程如图 5-15 所示，连续测定了 48h 液相中 Ca^{2+} 和 SO_4^{2-} 浓度以及水化产物结晶水含量。

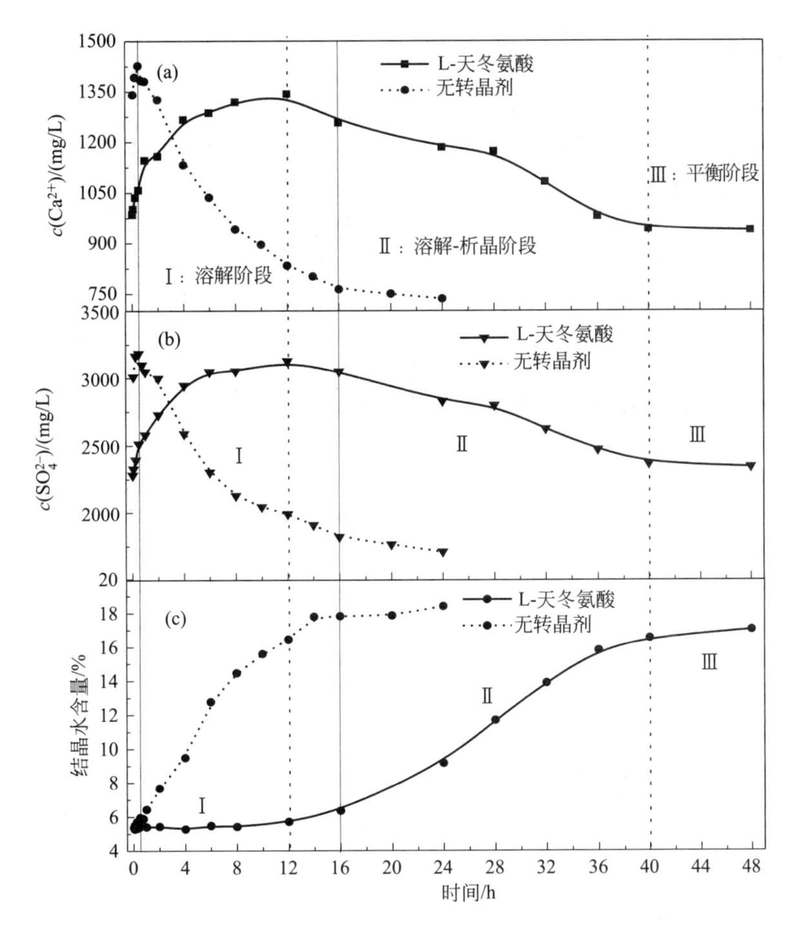

图 5-15　α 半水磷石膏水化过程中 Ca^{2+} 浓度（a）、SO_4^{2-} 浓度（b）和产物结晶水含量（c）的变化（L-天冬氨酸：2.50×10^{-3}mol/L）

水化进程分为三个阶段：

Ⅰ：溶解阶段（0～12h）

与未添加转晶剂时相比，在添加 L-天冬氨酸条件下制备 α 半水磷石膏水化过程中溶解的时间明显延长，这是由于氨基酸会通过吸附和胶体保护阻碍 α 半水磷石膏的溶解和二水石膏晶核的生成，抑制 α 半水磷石膏的早期水化，延长水化诱导期[269,270]。在这一阶段，α 半水磷石膏溶解生成的 Ca^{2+} 和 SO_4^{2-} 浓度逐渐增加。在水化时间为 1min 时，Ca^{2+} 和 SO_4^{2-} 浓度分别为 985.97mg/L 和 2282.32mg/L；当水化时间为 12h 时，Ca^{2+} 和 SO_4^{2-} 浓度分别增大至 1342.68mg/L 和 3128.16mg/L，但水化产物的结晶水含量变化不大，保持在 5.40% 左右。水化 8h 时产物的微观形貌如图 5-16 所示，此时产物仍然为 α 半水磷石膏，未见二水石膏晶体生成。

Ⅱ：溶解-析晶阶段（12～40h）

在水化时间为 12h 时，Ca^{2+} 和 SO_4^{2-} 浓度达到峰值，随后浓度开始降低，进入溶解-析晶阶段，该阶段持续的时间较长，达到 28h，这是由于 L-天冬氨酸会通过与 Ca^{2+} 结合形成化学吸附层覆盖在二水石膏晶核表面，降低晶核的表面能，阻碍二水石膏晶体的生长[271,272]。由于 Ca^{2+} 和 SO_4^{2-} 结晶析出二水石膏晶体，导致体系中 Ca^{2+} 和 SO_4^{2-} 浓度逐渐

(a) 500倍

(b) 2000倍

图 5-16　不同扫描倍数下水化 8h 产物的微观形貌

（L-天冬氨酸：2.50×10^{-3} mol/L）

降低，Ca^{2+} 浓度从 1342.68mg/L 降低至 941.84mg/L，SO_4^{2-} 浓度从 3128.16mg/L 降低至 2364.64mg/L。与此同时，水化产物的结晶水含量从 5.70%增加至 16.53%。水化 24h 时产物的微观形貌如图 5-17 所示，由于溶解作用导致 α 半水磷石膏颗粒呈蜂窝状，疏松多孔，此外已经有部分二水石膏晶体生成。

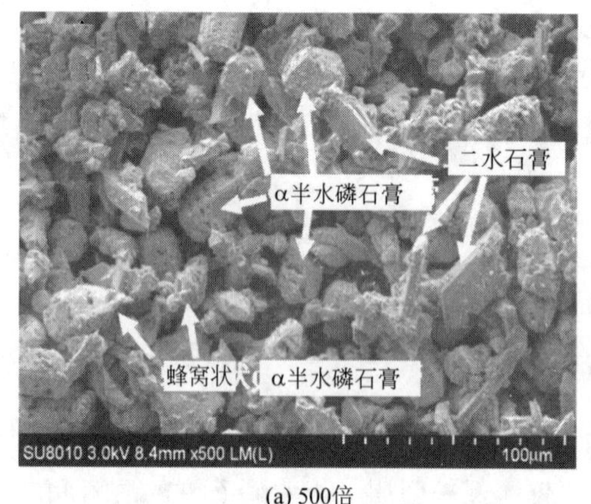

(a) 500倍

(b) 2000倍

图 5-17　不同扫描倍数下水化 24h 产物的微观形貌

（L-天冬氨酸：2.50×10^{-3} mol/L）

Ⅲ：平衡阶段（＞40h）

进入平衡阶段后，反应体系中 Ca^{2+} 和 SO_4^{2-} 浓度变化不大，表明二水石膏的溶解和析晶基本达到动态平衡，水化产物结晶水含量略有增加，但总体变化不大。水化 48h 产物的微观形貌如图 5-18 所示。由图 5-18 可以看出，水化产物中未见 α 半水磷石膏晶体，表明 α 半水磷石膏已经完全水化生成二水石膏，二水石膏呈典型的菱形块状，晶形完整。与未添加转晶剂时相比（图 5-8），在 L-天冬氨酸作用下所制备 α 半水磷石膏水化生成的颗粒长径比明显降低，接近 1∶1，从而减少颗粒间相互搭接造成的孔隙，使硬化体结构更加致密。

在整个水化过程中，产物粒径分布随反应时间的变化如图 5-19 所示。由图 5-19 可以看出，在 0～48h 内，随着水化的进行，产物的粒度先迅速减小，后略有增加；总体而言，水

(a) 500倍

(b) 2000倍

图 5-18　不同扫描倍数下水化 48h 产物的微观形貌

（L-天冬氨酸：2.50×10^{-3} mol/L）

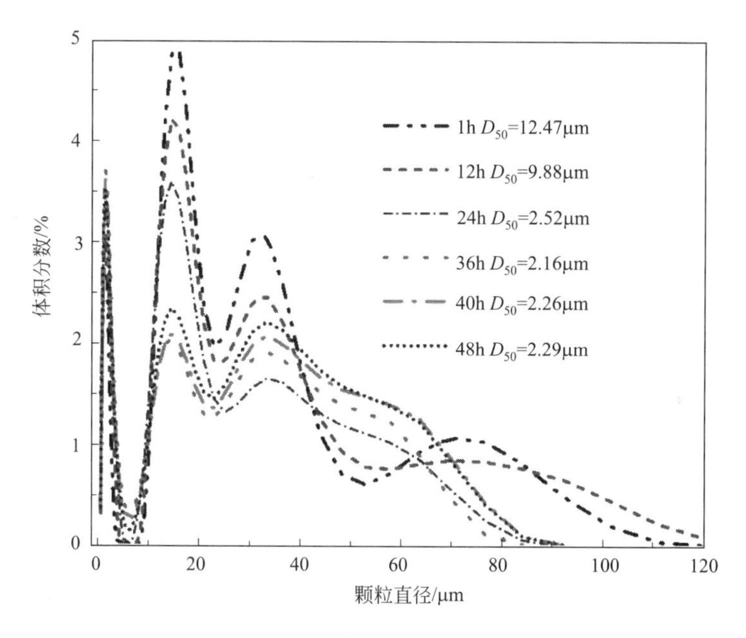

图 5-19　不同水化时间下产物的粒径分布

（L-天冬氨酸：2.50×10^{-3} mol/L）

化生成的二水石膏粒度较 α 半水磷石膏粒度小。在溶解阶段，水化产物的粒度迅速减小；在水化时间为 1h 时，水化产物 D_{50} 为 12.47μm；当水化时间延长至 12h 时，产物的 D_{50} 降低为 9.88μm。在溶解-析晶阶段，水化产物的粒度先继续降低后略有增加；当水化时间为 36h 时，D_{50} 降低至 2.16μm；产物粒度降低的主要原因是 α 半水磷石膏不断溶解，而结晶生成的二水石膏粒度较 α 半水磷石膏小。在水化时间为 40h 时，粒度略有增加，D_{50} 为 2.26μm，这是二水石膏颗粒结晶长大造成的。在进入平衡阶段后，水化产物的粒度变化不大。对比图 5-15 和图 5-19 可以看出，水化过程中粒度的变化趋势与液相中 Ca^{2+}、SO_4^{2-} 浓度以及产物结晶水含量的变化相关。

影响结晶的最主要因素是溶液的过饱和度，对一定的结晶过程而言，过饱和度越大结晶生长速率越快，有利于生长。但过饱度过高时，结晶产物的粒度越小[273]。在不同转晶剂条件下，所制备α半水磷石膏水化过程中最大相对过饱和度计算公式为：

$$S_{max}=\frac{c_{二水石膏,max}-c_{二水石膏,equ}}{c_{二水石膏,equ}} \tag{5-15}$$

式中，S_{max}为最大相对过饱和度；$c_{二水石膏,max}$是由最大SO_4^{2-}浓度计算所得二水石膏最大浓度；$c_{二水石膏,equ}$是由水化曲线中最后一个点SO_4^{2-}浓度计算所得二水石膏平衡浓度。

表 5-2　α半水磷石膏水化过程中最大相对过饱和度

转晶剂	浓度/(mol/L)	$c_{SO_4^{2-},max}$/(mg/L)	$c_{SO_4^{2-},equ}$/(mg/L)	$c_{二水石膏,max}$/(mg/L)	$c_{二水石膏,equ}$/(mg/L)	S_{max}
无	0	3184.14	1708.96	5707.50	3063.28	0.86
顺丁烯二酸	1.72×10^{-4}	3004.68	1665.73	5385.87	2985.68	0.80
L-天冬氨酸	2.50×10^{-3}	3128.16	2342.00	5604.62	4196.08	0.34

α半水磷石膏水化过程中最大相对过饱和度如表 5-2 所示。由表 5-2 可以看出，在未添加转晶剂时，所制备α半水磷石膏水化的最大相对过饱和度为 0.86。在顺丁烯二酸浓度为 1.72×10^{-4} mol/L 时，所制备α半水磷石膏水化的最大相对过饱和度降低为 0.80；尤其是 L-天冬氨酸浓度为 2.50×10^{-3} mol/L 时，所制备α半水磷石膏水化的最大相对过饱和度减小为 0.34。因此，在有机酸类转晶剂作用下会降低α半水磷石膏水化的最大相对过饱和度，从而降低二水石膏的结晶速率，延长水化时间。

综上所述，提出α半水磷石膏水化成二水石膏的模型，其示意图如图 5-20 所示。整个水化过程要依次经历α半水磷石膏溶解、α半水磷石膏溶解-二水石膏析晶、二水石膏溶解-析晶三个阶段。

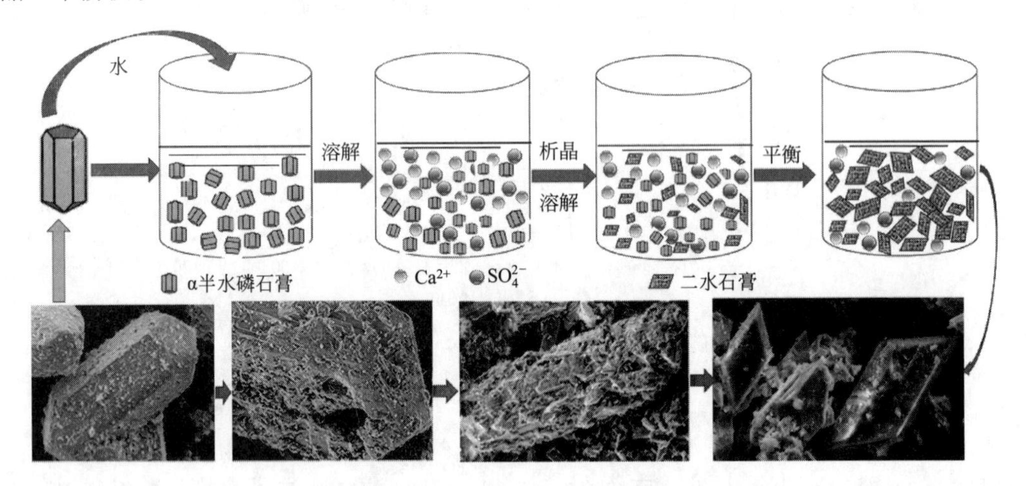

图 5-20　α半水磷石膏水化过程示意图

5.3　α半水磷石膏硬化体显微结构与性能

α半水磷石膏的力学性能主要由硬化体的显微结构决定，硬化体结构越致密，颗粒间相互搭接的面积越大、孔洞数量越少、体积越小，所得到硬化体的力学强度越高。为了便于观察硬化体内部的结构，将其测试抗折强度后的一半试块用于分析，其外观形貌如图 5-21 所示。由图 5-21 可以看出，仅从外观上并不能明显看出不同转晶剂条件下所制备 α 半水磷石膏硬化体结构的差别。

(a) 0mol/L　(b) 顺丁烯二酸：1.72×10^{-4}mol/L　(c) L-天冬氨酸：2.50×10^{-3}mol/L

图 5-21　不同转晶剂下所制备 α 半水磷石膏硬化体的外观形貌

在添加顺丁烯二酸浓度为 0～1.72×10^{-4} mol/L 时所制备 α 半水磷石膏硬化体的显微结构如图 5-22 所示。

α 半水磷石膏和二水石膏的理论结晶水含量分别为 6.21%和 20.91%。因此，α 半水磷石膏完全水化生成二水石膏的理论用水量约为 18.6%，但在试件成型过程中，为了使料浆具有足够的流动性以便浇注，使得 α 半水磷石膏的标准稠度用水量明显高于理论用水量，从而导致多余的水分在 α 半水磷石膏水化硬化过程中蒸发，原本由水分子占据的空间由于蒸发作用而留下大量的孔洞或孔隙。因此，从图 5-22 可以看出，不同顺丁烯二酸浓度下所制备 α 半水磷石膏的硬化体内部均出现了数量和大小不同的孔洞。

由图 5-22(a) 可以看出，由于在未添加转晶剂时所制备 α 半水磷石膏的长径比较大，导致料浆流动性差，标准稠度用水量达到 42%，多余的水分蒸发使得硬化体内部呈现多孔结构；水化产物二水石膏呈长柱状，晶粒较大，且分布不均，使得晶体间相互搭接面积减小、孔洞和孔穴数量增多，从而使硬化体力学强度降低，抗压强度只有 10MPa 左右。

在添加顺丁烯二酸后，所制备 α 半水磷石膏硬化体的结构明显改善，二水石膏主要呈菱形状，晶体粒度减小，分布更加均匀。随着顺丁烯二酸浓度的增加，α 半水磷石膏的硬化体结构更加致密，颗粒间结晶接触点增多，堆积紧密，孔洞数量迅速减少，从而使硬化体力学强度逐渐增大。在顺丁烯二酸浓度为 1.72×10^{-4} mol/L 时，硬化体的抗压强度接近 30MPa。

L-天冬氨酸浓度为 6.26×10^{-4}～2.50×10^{-3} mol/L 所制备 α 半水磷石膏硬化体的显微结构如图 5-23 所示。由图 5-23 可以看出，在 L-天冬氨酸浓度为 6.26×10^{-4} mol/L 时，硬化体疏松多孔，颗粒间接触面积较小，堆积松散，其抗压强度只有 15MPa。随着 L-天冬氨酸浓度的增大，硬化体中晶体间相互堆积更加致密，孔洞分布相对减少，从而使其表现出更高的力学性能。

尽管采用 SEM 能对硬化体局部结构和内部二水石膏颗粒微观形貌进行观察，但受限于放大倍数和样品的尺寸，难以对断面上的宏观孔洞进行分析，采用 3D 超景深显微系统可以直观地观察断面上的孔洞分布情况。在未添加转晶剂条件下所制备 α 半水磷石膏硬化体的断

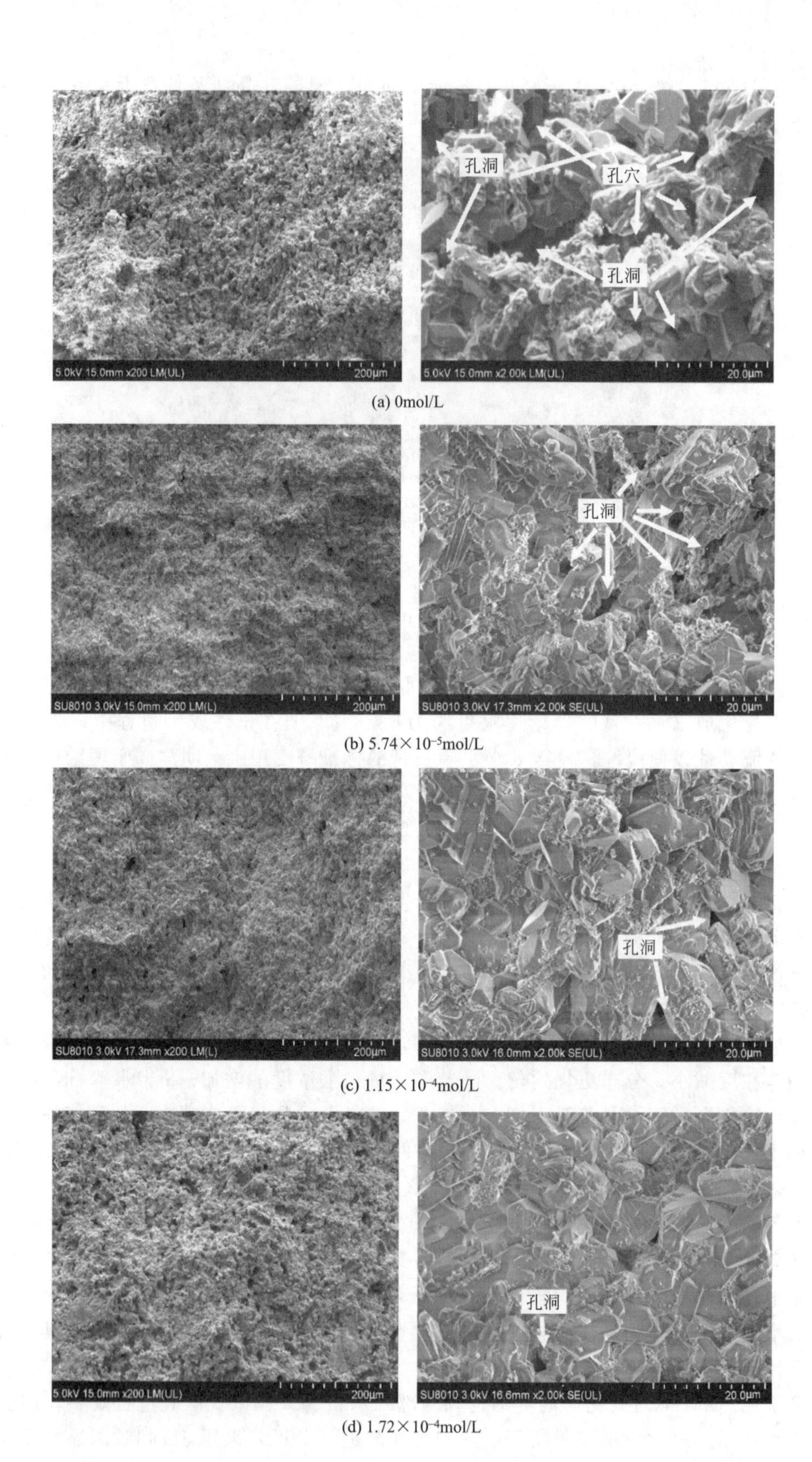

(a) 0mol/L

(b) 5.74×10^{-5}mol/L

(c) 1.15×10^{-4}mol/L

(d) 1.72×10^{-4}mol/L

图 5-22　不同顺丁烯二酸浓度下所制备 α 半水磷石膏硬化体的显微结构

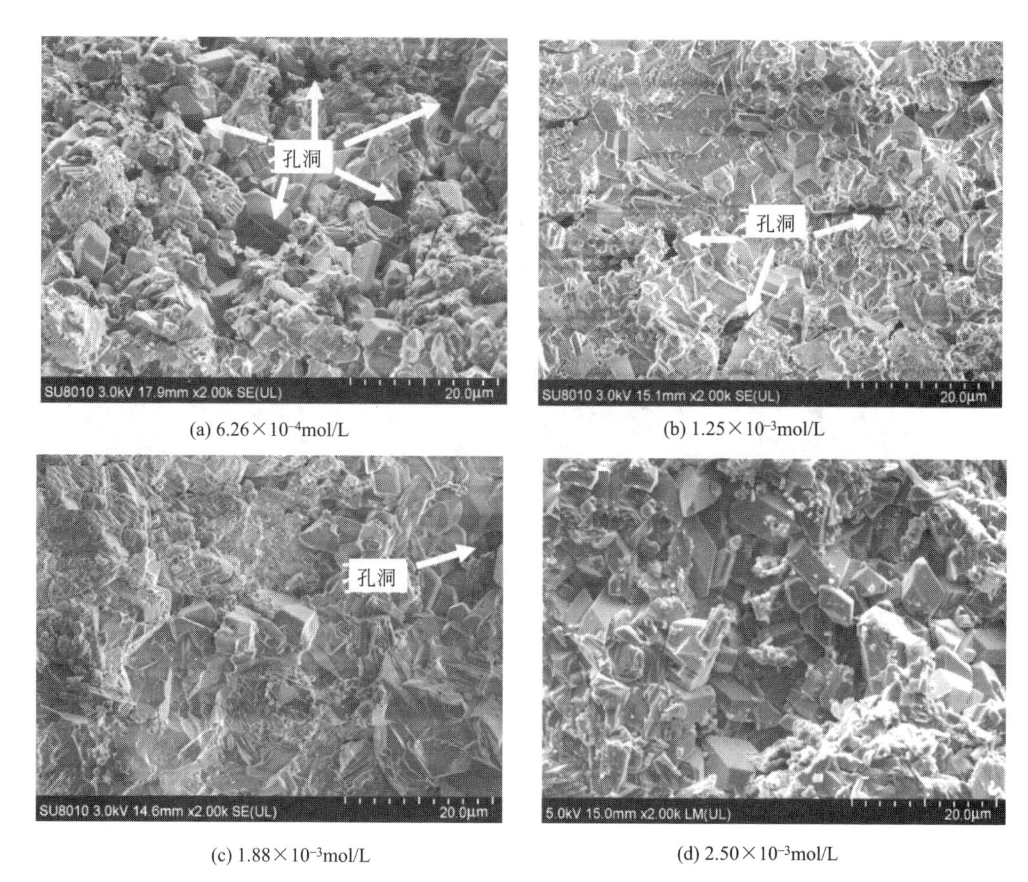

(a) 6.26×10^{-4}mol/L (b) 1.25×10^{-3}mol/L

(c) 1.88×10^{-3}mol/L (d) 2.50×10^{-3}mol/L

图 5-23 不同 L-天冬氨酸浓度下所制备 α 半水磷石膏硬化体的显微结构

面形貌如图 5-24 所示。由图 5-24 可以看出，硬化体的断面不平整，且表面密集分布有大小不同的孔洞。顺丁烯二酸和 L-天冬氨酸作用下所制备 α 半水磷石膏硬化体的断面形貌分别如图 5-25 和图 5-26 所示。由图 5-25 和图 5-26 可以看出，在顺丁烯二酸和 L-天冬氨酸作用下所制备 α 半水磷石膏硬化体断面上分布的孔洞明显减少，结构更加致密，有利于力学强度的提高。此外，硬化体中孔洞的深度、长度和形貌各异。

采用 SEM 和 3D 超景深显微系统只能观察硬化体表面孔洞的分布情况，难以对硬化体内部三维孔洞结构的分布密度、孔洞体积和缺陷面积进行定量分析。CT 扫描可以对材料内部结构进行无损伤、三维可视化检测，从而确定石膏硬化体内部孔洞缺陷比例、大小及分布规律。

在未添加转晶剂和添加 2.50×10^{-3} mol/L L-天冬氨酸的条件下制备 α 半水磷石膏，将其硬化体测试抗折强度后的一半试块用于 CT 扫描分析，扫描实物如图 5-27 所示。从外观上看，未添加转晶剂时所制备 α 半水磷石膏的硬化体表面分布有大量的小孔，而添加 L-天冬氨酸条件下所制备 α 半水磷石膏的硬化体表面光滑，基本未见孔洞。

硬化体内部整体孔洞分布如图 5-28 所示，硬化体中不同颜色的点代表不同体积大小的孔洞，从深蓝色向绿色最后向红色逐渐过渡。其中深蓝色代表孔体积为 0～0.2mm^3，红色代表孔体积约大于 2mm^3。由图 5-28(a) 可以明显看出，在未添加转晶剂时所制备 α 半水磷石膏的硬化体内部孔洞十分丰富，均匀地布满整个硬化体。由其对应的孔数量随孔体积的分布图（图 5-29）可以看出，孔体积分布在 0.001～2.6mm^3，其中 0.001～0.12mm^3 体积分

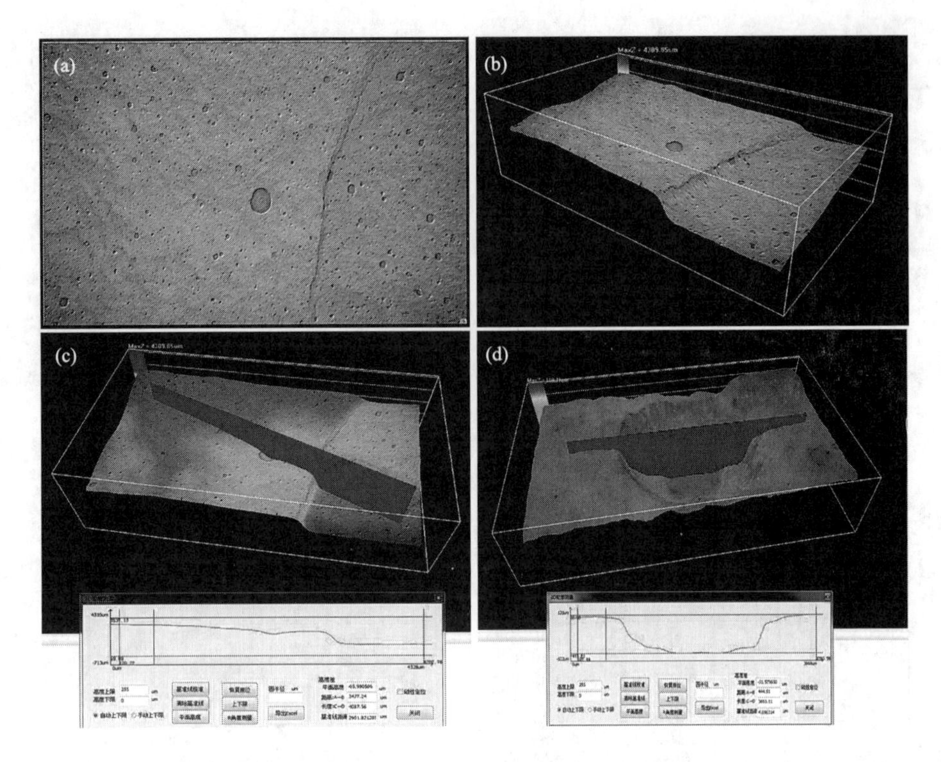

图 5-24　未添加转晶剂条件下所制备 α 半水磷石膏硬化体的断面形貌

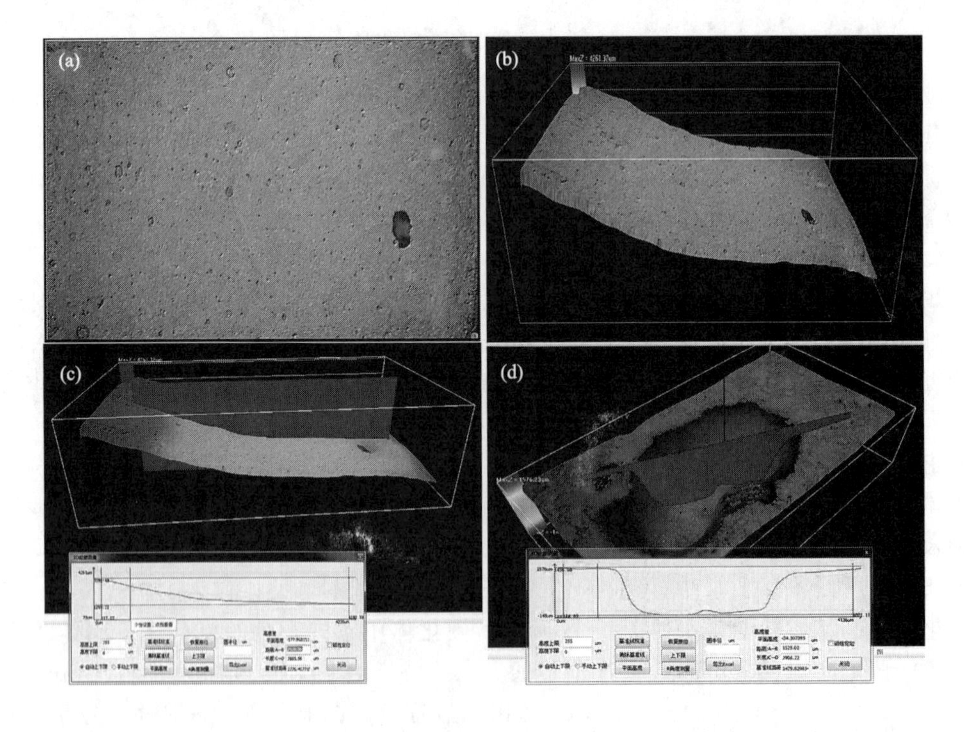

图 5-25　顺丁烯二酸作用下所制备 α 半水磷石膏硬化体的断面形貌
（浓度：1.72×10^{-4} mol/L）

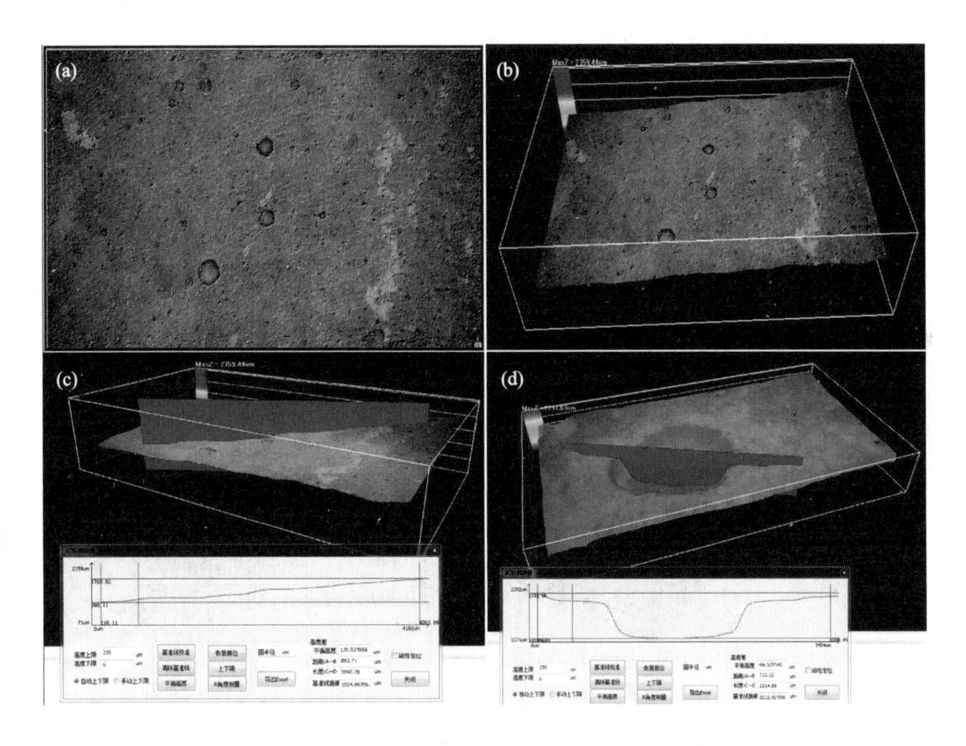

图 5-26 L-天冬氨酸作用下所制备 α 半水磷石膏硬化体的断面形貌
（浓度：2.50×10^{-3} mol/L）

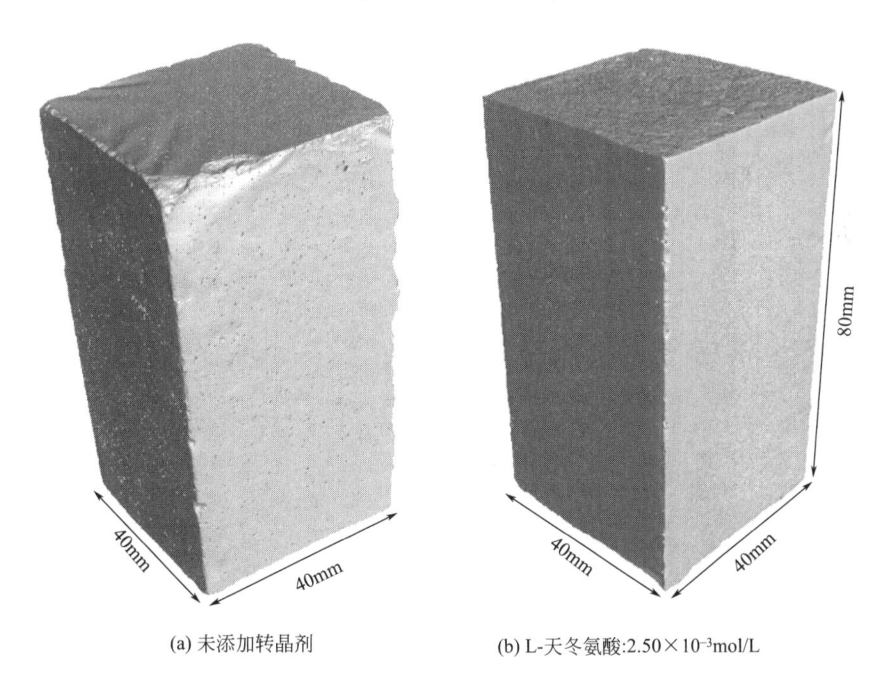

(a) 未添加转晶剂　　(b) L-天冬氨酸:2.50×10^{-3}mol/L

图 5-27 硬化体扫描图

布的孔数量最多，其次是 0.12～0.21mm^3，在孔体积为 0.21～2.6mm^3 分布的孔数量较少。

由图 5-28(b) 可以看出，在添加 L-天冬氨酸浓度为 2.50×10^{-3} mol/L 时，所制备 α 半水磷石膏的硬化体内部孔洞数量明显减少，主要集中分布在硬化体中心部位，边缘部分的孔洞分布逐渐减少。由其对应的孔数量随孔体积的分布图（图 5-30）可以看出，硬化体内部的孔体积分布在 0.05～4.10mm³，其中 0.05～0.12mm³ 体积分布的孔洞数量最多，其次分布在 0.12～0.33mm³，在 0.33～4.10mm³ 体积孔洞分布数量最少。

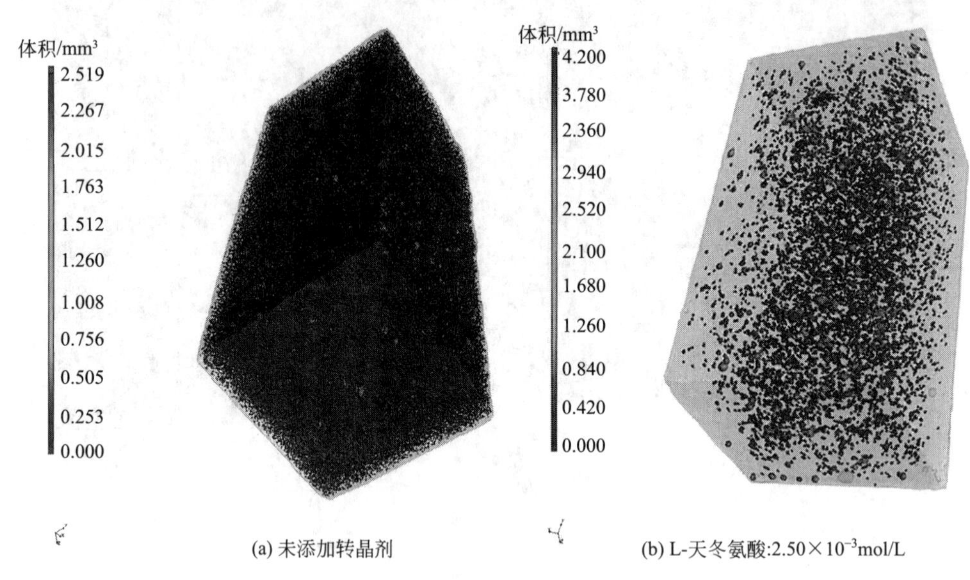

图 5-28 硬化体内部整体孔洞分布

综合图 5-29 和图 5-30 可以看出，在未添加转晶剂条件下所制备 α 半水磷石膏的硬化体内部孔数量较多，尤其是小孔（0.001～0.12mm³）数量明显增加。因此，转晶剂的加入能明显减少 α 半水磷石膏硬化体内部的孔洞缺陷。

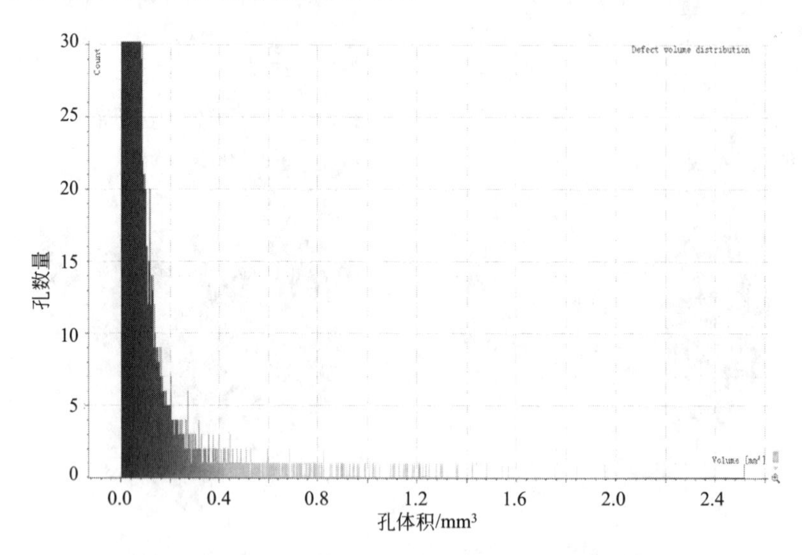

图 5-29 硬化体内部孔洞体积分布（无转晶剂）

硬化体内部孔洞数据如表 5-3 所示。由表 5-3 可以看出，在未添加转晶剂和添加 L-天冬氨酸时所制备 α 半水磷石膏的硬化体内部缺陷比表面积分别为 17.28cm²/g 和 0.99cm²/g。因此，添加 L-天冬氨酸能显著降低 α 半水磷石膏硬化体的内部缺陷比表面积。此外，未添加转晶剂和添加 L-天冬氨酸时所制备 α 半水磷石膏的硬化体内部孔隙率（体积比）分别为

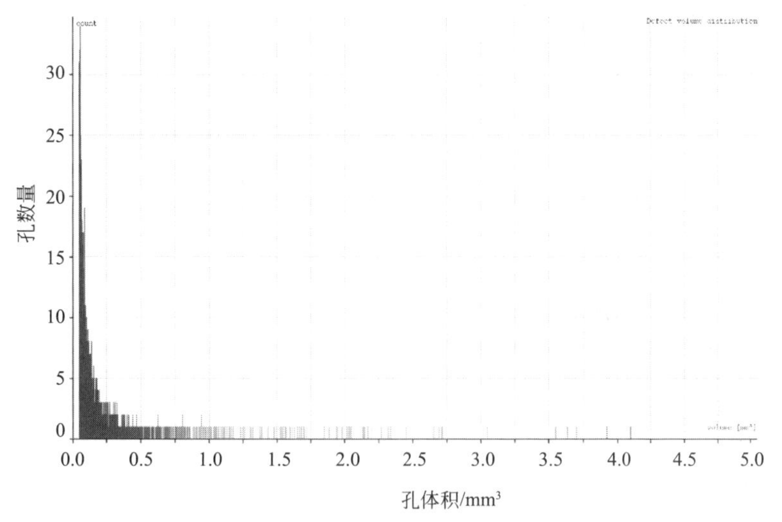

图 5-30 硬化体内部孔洞体积分布（L-天冬氨酸：2.50×10^{-3} mol/L）

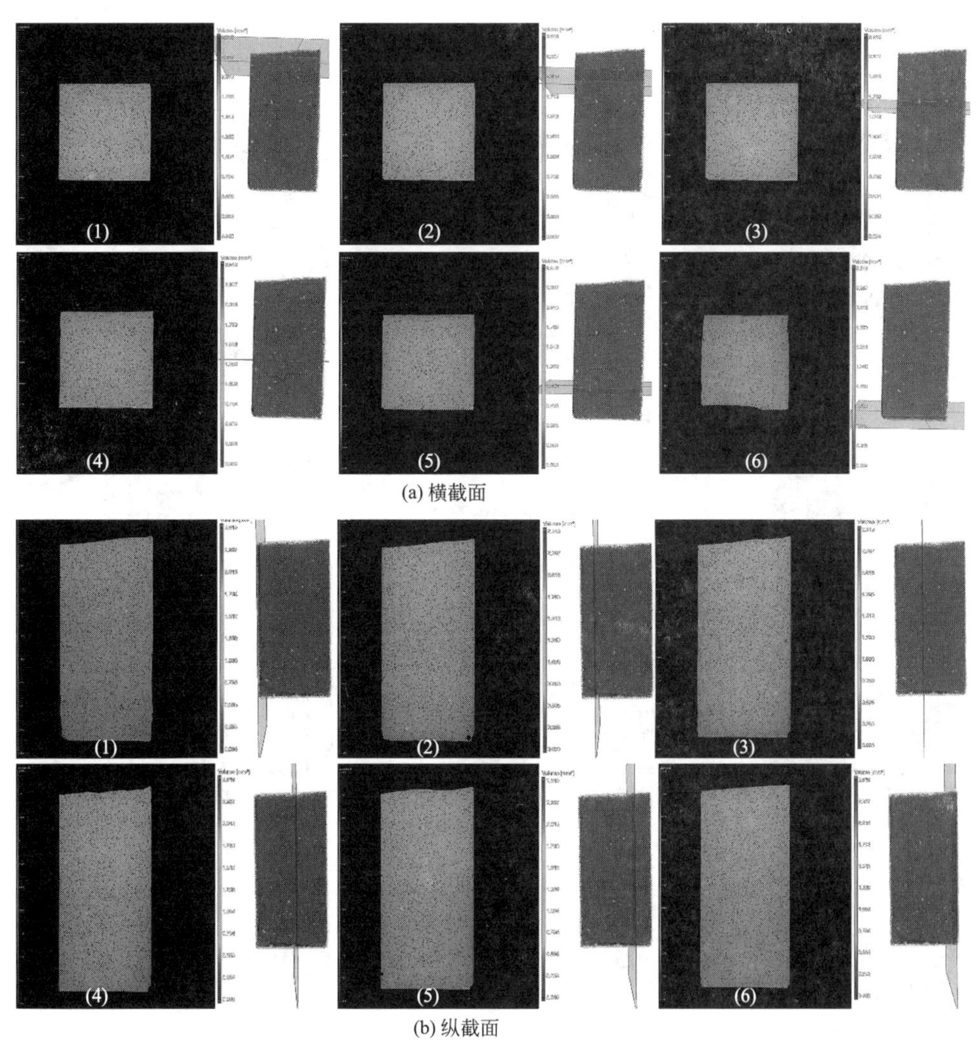

图 5-31 未添加转晶剂条件下所制备 α 半水磷石膏硬化体的断层扫描图

6.07%和0.80%，添加L-天冬氨酸使硬化体内部孔隙率降低5.27%。因此，在转晶剂L-天冬氨酸作用下所制备α半水磷石膏的硬化体内部缺陷面积和内部孔隙率迅速降低，从而使其抗压强度从9.7MPa提高至28.8MPa。

表5-3 硬化体内部孔洞数据

L-天冬氨酸浓度/(mol/L)	内部缺陷面积/mm^2	硬化体表观体积/mm^3	硬化体质量/g	内部缺陷比表面积/(cm^2/g)	孔洞体积/mm^3	内部孔隙率/%	抗压强度/MPa
0	291235.47	117712.26	168.46	17.28	7141.95	6.07	9.7
2.50×10^{-3}	20861.44	126982.34	210.65	0.99	1023.81	0.80	28.8

为了清晰地查看硬化体内部各截面上的孔洞分布情况，按照一定的间隔截取硬化体CT扫描图（图5-28）。未添加转晶剂和添加L-天冬氨酸条件下所制备α半水磷石膏硬化体的断层扫描图分别如图5-31和图5-32所示。由图5-31可以看出，未添加转晶剂时所制备α半水磷石膏硬化体的横截面和纵截面均随机分布有大小不同的孔，且孔分布比较致密。由图5-32可以看出，加入转晶剂后，所制备α半水磷石膏硬化体各断层零星分散有大小不同的孔，但孔的数量明显减少。

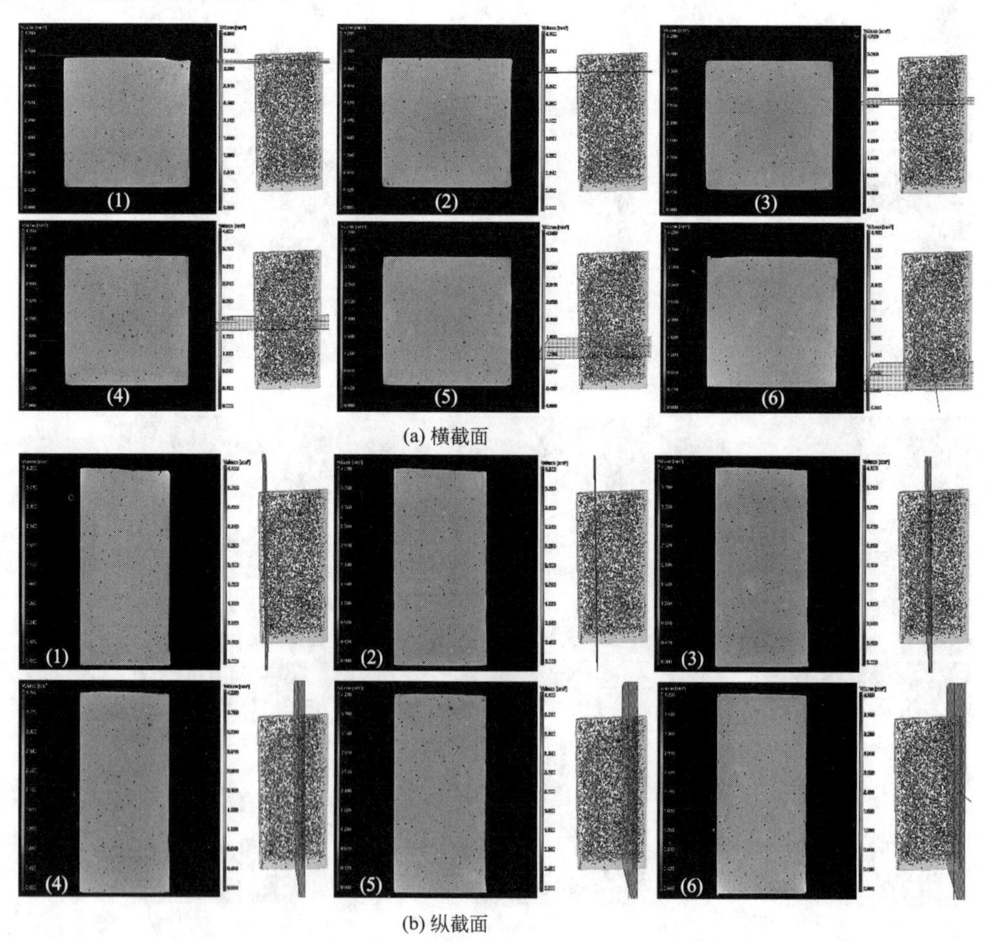

图5-32 L-天冬氨酸作用下所制备α半水磷石膏硬化体的断层扫描图

5.4 本章小结

本章采用热力学分析了 α 半水磷石膏的水化过程，研究了不同转晶剂作用下所制备 α 半水磷石膏的水化进程，并采用 SEM、3D 超景深显微系统结合 CT 扫描分析了硬化体的显微结构特征，主要结论如下：

① 热力学计算表明 α 半水磷石膏能自发水化生成二水石膏，且水化过程为放热反应。在 α 半水磷石膏的水化过程中，要依次经过二水石膏的不稳定区域、二水石膏的稳定区域等，即在 α 半水磷石膏未达到自身溶解平衡之前，就已经析出二水石膏晶体。

② α 半水磷石膏的水化遵循溶解-析晶原理，水化过程可分为三个阶段。a. 溶解阶段：α 半水磷石膏首先溶解生成 Ca^{2+}、SO_4^{2-}，其浓度逐渐增大，α 半水磷石膏颗粒表面变得粗糙，粒度有所减小，产物结晶水含量变化不大；b. 溶解-析晶阶段：α 半水磷石膏继续溶解产生 Ca^{2+} 和 SO_4^{2-}，使其颗粒呈蜂窝状；同时形成过饱和溶液后析出二水石膏晶体，且析晶速度大于溶解速度，水化产物结晶水含量增加，粒度减小；c. 平衡阶段：反应体系中 Ca^{2+} 和 SO_4^{2-} 浓度、产物结晶水含量和粒度变化不大，溶解和析晶达到平衡。在顺丁烯二酸和 L-天冬氨酸作用下，所制备 α 半水磷石膏水化的相对过饱和度降低，水化时间延长，二水石膏颗粒长径比降低。

③ 在未添加转晶剂时所制备 α 半水磷石膏的硬化体内部呈多孔结构，水化产物二水石膏呈长柱状、晶粒较大且分布不均、晶体间相互搭接面积减小，从而使硬化体力学强度较低。在添加顺丁烯二酸和 L-天冬氨酸的条件下，所制备 α 半水磷石膏的硬化体结构致密，孔洞分布明显减少。硬化体中二水石膏主要呈菱形状，晶体粒度减小，分布均匀，颗粒间结晶接触点增多，晶体间相互堆积紧密，从而使硬化体表现出良好的力学性能。

④ 采用 CT 扫描技术对硬化体内部的三维结构进行分析。结果表明，添加转晶剂后所制备 α 半水磷石膏的硬化体内部孔洞数量和体积、内部缺陷比表面积明显降低。与空白试验相比，添加 2.50×10^{-3}mol/L L-天冬氨酸时所制备 α 半水磷石膏的硬化体内部缺陷比表面积由 17.28cm^2/g 降低至 0.99cm^2/g，内部孔隙率由 6.07%降低为 0.80%，使其抗压强度从 9.7MPa 提高至 28.8MPa。

参 考 文 献

[1] Cánovas C R, Macías F, Pérez-López R, et al. Valorization of wastes from the fertilizer industry: Current status and future trends [J]. Journal of Cleaner Production, 2018, 174: 678-690.

[2] Tayibi H, Choura M, López F A, et al. Environmental impact and management of phosphogypsum [J]. Journal of Environmental Management, 2009, 90 (8): 2377-2386.

[3] Islam G M S, Chowdhury F H, Raihan M T, et al. Effect of phosphogypsum on the properties of portland cement [J]. Procedia Eng., 2017, 171: 744-751.

[4] 叶学东. 2018年我国磷石膏利用现状、问题及建议 [J]. 磷肥与复肥, 2019, 34 (7): 1-4.

[5] Nizevičienė D, Vaičiukynienė D, Michalik B, et al. The treatment of phosphogypsum with zeolite to use it in binding material [J]. Construction and Building Materials, 2018, 180: 134-142.

[6] Tian T, Yan Y, Hu Z H, et al. Utilization of original phosphogypsum for the preparation of foam concrete [J]. Construction and Building Materials, 2016, 115: 143-152.

[7] Liu D, Wang C, Mei X, et al. An effective treatment method for phosphogypsum [J]. Environmental Science and Pollution Research, 2019, 26 (29): 30533-30539.

[8] 宫洪霞, 谭建红, 袁鹏, 等. 对磷石膏中各危害组分环境污染本质的分析 [J]. 广州化工, 2013, 41 (22): 135-136.

[9] Rashad A M. Phosphogypsum as a construction material [J]. Journal of Cleaner Production, 2017, 166: 732-743.

[10] Yang L, Zhang Y S, Yan Y. Utilization of original phosphogypsum as raw material for the preparation of self-leveling mortar [J]. Journal of Cleaner Production, 2016, 127: 204-213.

[11] 董超颖, 孙振平. 磷石膏的特性及其在新型建筑材料中的应用现状 [J]. 粉煤灰综合利用, 2014 (4): 51-56.

[12] Kuryatnyk T, Angulski Da Luz C, Ambroise J, et al. Valorization of phosphogypsum as hydraulic binder [J]. Journal of Hazardous Materials, 2008, 160 (2-3): 681-687.

[13] Yang L, Yan Y, Hu Z, et al. Utilization of phosphate fertilizer industry waste for belite - ferroaluminate cement production [J]. Construction and Building Materials, 2013, 38: 8-13.

[14] 黄照昊, 罗康碧, 李沪萍. 磷石膏中杂质种类及除杂方法研究综述 [J]. 硅酸盐通报, 2016, 35 (5): 1504-1508.

[15] 张茹, 李艳军, 刘杰, 等. 磷石膏的综合利用及有害元素处理方法 [J]. 矿产保护与利用, 2015 (2): 50-54.

[16] 杨敏. 杂质对不同相磷石膏性能的影响 [D]. 重庆: 重庆大学, 2008.

[17] Ölmez H, Yilmaz V T. Infrared study on the refinement of phosphogypsum for cements [J]. Cement and Concrete Research, 1988, 18 (3): 449-454.

[18] 彭家惠, 万体智, 汤玲, 等. 磷石膏中的有机物、共晶磷及其对性能的影响 [J]. 建筑材料学报, 2003, 6 (3): 221-226.

[19] 庞英, 杨敏. 磷石膏中杂质及其影响作用浅析 [J]. 中国建材科技, 2008, 17 (1): 67-68.

[20] 张欢, 彭家惠, 李美, 等. 不同形态氟对石膏性能的影响 [J]. 硅酸盐通报, 2012, 31 (5): 1076-1080.

[21] 张建新, 彭家惠, 万体智. 磷石膏中有机物的测定及其对水泥性能的影响 [J]. 四川大学学报 (工程科学版), 2006, 38 (3): 110-113.

[22] 马丽萍. 磷石膏资源化综合利用现状及思考 [J]. 磷肥与复肥, 2019, 34 (7): 5-9.

[23] Dueñas C, Fernández M C, Cañete S, et al. Radiological impacts of natural radioactivity from phosphogypsum piles in Huelva (Spain) [J]. Radiation Measurements, 2010, 45 (2): 242-246.

[24] Abril J, García-Tenorio R, Manjón G. Extensive radioactive characterization of a phosphogypsum stack in SW Spain: 226Ra, 238U, 210Po concentrations and 222Rn exhalation rate [J]. Journal of Hazardous Materials, 2009, 164 (2-3): 790-797.

[25] El-Bahi S M, Sroor A, Mohamed G Y, et al. Radiological impact of natural radioactivity in Egyptian phosphate rocks, phosphogypsum and phosphate fertilizers [J]. Applied Radiation and Isotopes, 2017, 123: 121-127.

[26] 万体智, 彭家惠, 张建新. 磷石膏中磷的分析及对性能影响研究 [J]. 房材与应用, 2001, 29 (4): 38-41.

[27] 彭家惠, 彭志辉, 张建新, 等. 磷石膏中可溶磷形态、分布及其对性能影响机制的研究 [J]. 硅酸盐学报, 2000, 28 (4): 309-313.

[28] Singh M. Effect of phosphatic and fluoride impurities of phosphogypsum on the properties of selenite plaster [J]. Cement & Concrete Research，2003，33 (9)：1363-1369.
[29] Shen Y，Qian J S，Chai J Q，et al. Calcium sulphoaluminate cements made with phosphogypsum：Production issues and material properties [J]. Cement and Concrete Composites，2014，48：67-74.
[30] Singh M，Garg M，Verma C L，et al. An improved process for the purification of phosphogypsum [J]. 1996，10 (8)：597-600.
[31] 柏光山，杨林，曹建新，等. 磷石膏预处理工艺对硫酸钙晶须性能影响的研究 [J]. 化工矿物与加工，2011，40 (12)：14-17.
[32] Singh M. Processing of phosphogypsum for the manufacture of gypsum plaster [J]. Research & Industry，1982，27 (2)：167-169.
[33] 曾明，阮燕，陈晶，等. 磷石膏不同预处理方法的效果比较 [J]. 建材世界，2011，32 (2)：18-21.
[34] 李永靖，岳玮琦，潘铖，等. 预处理工艺影响磷石膏水泥砂浆性能研究 [J]. 非金属矿，2018，41 (1)：15-17.
[35] 胡旭东，赵志曼. 磷石膏的预处理工艺综述 [J]. 建材发展导向，2006，4 (1)：48-51.
[36] 丁萌，李建锡，李兵兵. 磷石膏中杂质及预处理对 α 半水石膏性能的影响 [J]. 环境工程学报，2014，8 (9)：4017-4021.
[37] Bumanis G，Zorica J，Bajare D，et al. Technological properties of phosphogypsum binder obtained from fertilizer production waste [J]. Energy Procedia，2018，147：301-308.
[38] Kaziliunas A，Leskeviciene V，Vektaris B，et al. The study of neutralization of the dihydrate phosphogypsum impurities [J]. Ceramics Silikaty，2006，50 (3)：178-184.
[39] 王莹，王鹏起，谭丹君，等. 磷石膏的预处理及在建材中的应用 [J]. 建设科技，2016 (16)：164-166.
[40] 巴太斌，徐亚中，卢文运，等. 石灰中和预处理磷石膏试验研究 [J]. 新型建筑材料，2018，45 (2)：96-99.
[41] 彭家惠，张家新，万体智，等. 磷石膏预处理工艺研究 [J]. 重庆建筑大学学报，2000，22 (5)：74-78.
[42] 马林转，宁平，杨月红，等. 磷石膏预处理工艺综述 [J]. 磷肥与复肥，2007，22 (3)：62-63.
[43] 段庆奎，王立明. 闪烧法——磷石膏的无害化处理新工艺 [J]. 宁夏石油化工，2004 (3)：23-26.
[44] 朱鹏程，罗鸣坤，王国栋. 磷石膏脱硅柱浮选工艺研究 [J]. 云南化工，2016，43 (5)：1-7.
[45] 曾波，朱鹏程，王国栋. 一种酸性条件下磷石膏正浮选脱硅的方法 [P]. 中国：CN 103464288 A. 2013-12-25.
[46] 朱鹏程，曾波，王国栋. H2-Z 捕收剂正浮选石膏性能研究 [J]. 矿冶工程，2015，35 (1)：54-56.
[47] Filippova I V，Filippov L O，Duverger A，et al. Synergetic effect of a mixture of anionic and nonionic reagents：Ca mineral contrast separation by flotation at neutral pH [J]. Minerals Engineering，2014，66-68：135-144.
[48] Merma A G，Torem M L，Morán J J V，et al. On the fundamental aspects of apatite and quartz flotation using a Gram positive strain as a bioreagent [J]. Minerals Engineering，2013，48：61-67.
[49] 杨勇，朱孔金，单连勇. 一种磷石膏废渣的浮选方法 [P]. 中国：CN 102319633 A. 2012-01-18.
[50] 文书明. 磷石膏浮选脱硅试验研究 [J]. 有色金属，2000，52 (4)：157-158.
[51] Tao D. Reagents evaluation in gypsum flotation [R]. 2012.
[52] 王进明，董发勤，王肇嘉，等. 磷石膏浮选增白净化新工艺研究 [J]. 非金属矿，2019，42 (5)：1-5.
[53] 沈晓林，石洪志，石磊，等. 一种烧结烟气脱硫石膏的纯化方法 [P]. 中国：CN 101397148 A. 2009-04-01.
[54] 郑绍聪，陈吉书. 一种磷石膏反浮选脱硅除杂的工艺 [P]. 中国：CN 102500469 A. 2012-06-20.
[55] 孔霞，罗康碧，李沪萍，等. 硫酸酸浸法除磷石膏中杂质氟的研究 [J]. 化学工程，2012，40 (8)：65-68.
[56] 赵红涛，包炜军，孙振华，等. 磷石膏中杂质深度脱除技术 [J]. 化工进展，2017，36 (4)：1240-1246.
[57] 白有仙，詹骏，朱云勤. 高品质磷石膏处理工艺研究 [J]. 无机盐工业，2008 (5)：45-47.
[58] Mashifana T，Ntuli F，Okonta F. Leaching kinetics on the removal of phosphorus from waste phosphogypsum by application of shrinking core model [J]. South African Journal of Chemical Engineering，2019，27：1-6.
[59] 刘佳，黄滔，邱峰，等. 球磨对磷石膏物理性能的影响：2011 中国建筑材料联合会石膏建材分会第二届年会暨第六届全国石膏技术交流大会及展览会，中国宁夏银川，2011.
[60] 陈红琼. 磷石膏的预处理技术 [J]. 磷肥与复肥，2014，29 (6)：55-58.
[61] Potgieter J H，Potgieter S S，Mccrindle R I，et al. An investigation into the effect of various chemical and physical treatments of a South African phosphogypsum to render it suitable as a set retarder for cement [J]. Cement & Concrete Research，2003，33 (8)：1223-1227.

[62] 彭家惠，林常青，彭志辉，等. 非水洗预处理磷石膏的研究 [J]. 新型建筑材料，2000 (9)：6-9.
[63] 田键，苑跃辉，黄志林，等. 磷石膏的综合利用现状及建议 [J]. 建材世界，2018，39 (4)：38-40，51.
[64] 马金波，谢刚，余强，等. 利用磷石膏制β-半水石膏砌块的实验 [J]. 武汉理工大学学报，2015，37 (7)：20-24.
[65] 林敏. 水热法α-半水脱硫石膏制备工艺及转晶技术研究 [D]. 重庆：重庆大学，2009.
[66] 胡宏，何兵兵，薛绍秀. α-半水石膏的制备与应用研究进展 [J]. 新型建筑材料，2015，42 (4)：44-48.
[67] 廖若博，徐晓燕，纪罗军，等. 我国磷石膏资源化应用的现状及前景 [J]. 硫酸工业，2012 (3)：1-7.
[68] 谭明洋，张西兴，相利学，等. 磷石膏作水泥缓凝剂的研究进展 [J]. 无机盐工业，2016，48 (7)：4-6.
[69] 谭明洋，李国龙，于南树，等. 蒸养磷石膏用作水泥缓凝剂的实验研究 [J]. 磷肥与复肥，2018，33 (1)：12-13.
[70] 郑建国. 改性磷石膏作水泥缓凝剂的应用探讨 [J]. 河南建材，2016 (4)：230-232.
[71] 王英，汪国庆，王兆兴. 热处理磷石膏用作水泥缓凝剂的实验研究 [J]. 建材发展导向，2015，13 (16)：50-52.
[72] 牟善彬. 工业废石膏在水泥生产中的应用 [J]. 非金属矿，2001 (6)：31-32.
[73] 吕天宝，刘飞. 石膏制硫酸与水泥技术 [M]. 南京：东南大学出版社，2010.
[74] 鲍树涛. 磷石膏制硫酸联产水泥的技术现状 [J]. 磷肥与复肥，2011，26 (6)：60-64.
[75] 郑苏云，陈通，郑林树. 磷石膏综合利用的现状和研究进展 [J]. 化工生产与技术，2003 (4)：33-35.
[76] Yang L，Yang X，Zhang Z，et al. Thermodynamic study of phosphogypsum decomposition by sulfur [J]. The Journal of Chemical Thermodynamics，2013，57：39-45.
[77] 宁平，马林转. 高硫煤还原分解磷石膏的技术基础 [M]. 北京：冶金工业出版社，2007.
[78] 姚华龙，孟昭颂. 磷石膏制酸联产硅钙钾镁肥技术的生产实践 [J]. 硫酸工业，2018 (1)：41-44.
[79] 高璐阳，陈宏坤，王怀利，等. 工业副产磷石膏大宗利用清洁生产技术 [J]. 现代化工，2018，38 (11)：18-19.
[80] 吴雨龙. 磷石膏化工利用的工艺分析 [J]. 化工技术与开发，2012，41 (6)：41-44.
[81] 何兵兵，胡宏，薛绍秀，等. 磷石膏制硫酸铵的反应机理与动力学实验研究 [J]. 化学工程，2017，45 (5)：68-71.
[82] 张利珍，张永兴，张秀峰，等. 中国磷石膏资源化综合利用研究进展 [J]. 矿产保护与利用，2019，39 (4)：14-18.
[83] 张天毅，胡宏，何兵兵，等. 磷石膏制硫酸铵与副产碳酸钙工艺研究 [J]. 化工矿物与加工，2017，46 (2)：31-34.
[84] 朱鹏程，彭操，苟苹，等. 脱硅磷石膏制备硫酸铵和碳酸钙的研究 [J]. 化工矿物与加工，2017，46 (6)：14-17.
[85] 朱志伟，何东升，陈飞，等. 磷石膏预处理与综合利用研究进展 [J]. 矿产保护与利用，2019，39 (4)：19-25.
[86] 陈代伟，郭亚飞，邓天龙. 硫酸钾生产工艺研究现状 [J]. 无机盐工业，2010，42 (4)：4-7.
[87] 张丽辉，孔东，张艺强. 磷石膏在碱化土壤改良中的应用及效果 [J]. 内蒙古农业大学学报（自然科学版），2001，22 (2)：97-100.
[88] 舒晓晓，彭飚. 磷石膏与有机肥配施对盐碱土水分环境的影响研究 [J]. 科技与创新，2019 (18)：72-73.
[89] 李剑秋，李子军，王佳才，等. 磷石膏充填材料与技术发展现状及展望 [J]. 现代矿业，2018，34 (10)：1-4.
[90] 李逸晨，杨再银. 磷石膏综合利用技术发展动态 [J]. 磷肥与复肥，2018，33 (2)：1-6.
[91] 汪家铭. 磷石膏综合利用技术现状与前景展望 [J]. 硫磷设计与粉体工程，2013 (1)：7-12.
[92] 兰文涛，吴爱祥，王贻明，等. 半水磷石膏充填强度影响因素试验 [J]. 哈尔滨工业大学学报，2019，51 (8)：128-135.
[93] 赵辉. α半水石膏的制备及其改性 [D]. 武汉：湖北大学，2015.
[94] 董秀芹，刘孝柱，苏英. α型高强石膏的生产工艺、性能与应用 [J]. 建材世界，2016，37 (3)：6-9.
[95] 张凡凡，陈超，相利学. 基于磷石膏的半干法制备α半水石膏试验 [J]. 现代矿业，2016，32 (10)：72-74.
[96] 陈燕，岳文海，董若兰. 石膏建筑材料 [M]. 北京：中国建材工业出版社，2003.
[97] 赵青南，陈少雄，岳文海. 蒸压法生产高强石膏粉的工艺参数研究 [J]. 建材地质，1995 (6)：40-42.
[98] 陈勇，张毅，李东旭. 利用脱硫石膏制备α-半水石膏的蒸压制度研究 [J]. 硅酸盐通报，2015，34 (5)：1241-1245.
[99] 丁萌. 磷石膏制备α半水石膏墙体材料的研究 [D]. 昆明：昆明理工大学，2014.
[100] 何玉龙，陈德玉，刘路珍，等. 磷石膏制备高强石膏工艺研究 [J]. 非金属矿，2015，38 (2)：1-4.
[101] Garg M，Jain N，Singh M. Development of alpha plaster from phosphogypsum for cementitious binders [J]. Construction and Building Materials，2009，23 (10)：3138-3143.

[102] 杨林，张冰，周杰，等. 磷石膏制备 α 型高强石膏及其转化过程研究 [J]. 建筑材料学报，2014，17 (1)：147-152.
[103] 董秀芹，赵建华，宋树峰，等. 脱硫石膏液相法生产 α-石膏粉的工业化试验研究 [J]. 硫磷设计与粉体工程，2009 (5)：8-11.
[104] 邓召，杨昌炎，余洋，等. 高强石膏的制备工艺研究 [J]. 武汉工程大学学报，2017，39 (5)：415-419.
[105] Shao D D，Zhao B，Zhang H Q，et al. Preparation of large-grained α-high strength gypsum with FGD gypsum [J]. Crystal Research and Technology，2017，52 (7)：1700078.
[106] 郭会宾. 脱硫石膏制备 α-半水石膏工艺研究 [D]. 西宁：青海大学，2013.
[107] 胥桂萍，童仕唐，吴高明. 从 FGD 残渣中制备高强型 α 半水石膏的研究 [J]. 江汉大学学报（自然科学版），2003，31 (1)：31-33.
[108] 胡俊要，李军，金央，等. 盐种类对常压盐溶液法制备半水石膏的影响 [J]. 无机盐工业，2018，50 (6)：47-50.
[109] 李林，李琳，孙元喜. 常压盐溶液法制备 α-半水石膏的工艺参数研究 [J]. 湖南文理学院学报（自然科学版），2005，17 (1)：31-33.
[110] 李林，李琳，孙元喜. 常压盐溶液法制备 α-半水石膏的工艺条件研究 [J]. 化工时刊，2005，19 (1)：18-20.
[111] Yang L C，Guan B H，Wu Z B，et al. Solubility and phase transitions of calcium sulfate in KCl solutions between 85 and 100 ℃ [J]. Industrial & Engineering Chemistry Research，2009，48 (16)：7773-7779.
[112] 马宪法. α 半水石膏在氯化钾盐溶液中的稳定性 [D]. 杭州：浙江大学，2008.
[113] Guan B H，Yang L C，Wu Z B，et al. Preparation of α-calcium sulfate hemihydrate from FGD gypsum in K，Mg-containing concentrated $CaCl_2$ solution under mild conditions [J]. Fuel，2009，88 (7)：1286-1293.
[114] Guan B H，Shen Z X，Wu Z B，et al. Effect of pH on the preparation of α-calcium sulfate hemihydrate from FGD gypsum with the hydrothermal method [J]. Journal of the American Ceramic Society，2008，91 (12)：3835-3840.
[115] Guan B H，Kong B，Fu H L，et al. Pilot scale preparation of α-calcium sulfate hemihydrate from FGD gypsum in Ca - K - Mg aqueous solution under atmospheric pressure [J]. Fuel，2012，98：48-54.
[116] Kong B，Guan B H，Yang L C. Influence of seed crystal and modifier on the morphology of α-calcium sulfate hemihydrate prepared by salt solution method in pilot scale [J]. Advanced Materials Research，2010，168-170：8-12.
[117] Guan B H，Yang L，Fu H L，et al. α-calcium sulfate hemihydrate preparation from FGD gypsum in recycling mixed salt solutions [J]. Chemical Engineering Journal，2011，174 (1)：296-303.
[118] Jiang G M，Wang H，Chen Q S，et al. Preparation of alpha-calcium sulfate hemihydrate from FGD gypsum in chloride-free Ca $(NO_3)_2$ solution under mild conditions [J]. Fuel，2016，174：235-241.
[119] 赵俊梅，张金山，李侠. 脱硫石膏常压盐溶液法制备半水石膏的试验研究 [J]. 非金属矿，2012，35 (2)：33-35.
[120] 茹晓红. 磷石膏基胶凝材料的制备理论及应用技术研究 [D]. 武汉：武汉理工大学，2013.
[121] Ru X H，Ma B G，Huang J，et al. Phosphogypsum transition to α-calcium sulfate hemihydrate in the presence of omongwaite in NaCl solutions under atmospheric pressure [J]. Journal of the American Ceramic Society，2012，95 (11)：3478-3482.
[122] 茹晓红，李海涛，张新爱，等. 可溶磷对常压水热法制备高强 α-半水石膏的影响 [J]. 化工学报，2015，66 (5)：1983-1988.
[123] 马保国，茹晓红，邹开波，等. 常压水热 Ca-Na-Cl 溶液中用磷石膏制备 α-半水石膏 [J]. 化工学报，2013，64 (7)：2701-2707.
[124] 马保国，高超，卢文达，等. 电解质浓度与媒晶剂掺量对磷基高强石膏制备的影响 [J]. 新型建筑材料，2018，45 (1)：92-95.
[125] 米阳. 常压无氯盐溶液法 α-半水磷石膏的制备及晶形调控研究 [D]. 绵阳：西南科技大学，2019.
[126] 刘伟，刘永秀，王琰沛. 利用不同磷石膏制备 α 型半水石膏的研究 [J]. 山东化工，2019，48 (14)：59-61.
[127] 王鑫. 磷石膏常压盐溶液法制备 α-半水硫酸钙研究 [D]. 上海：华东理工大学，2017.
[128] 吴传龙，董发勤，陈德玉，等. 常压醇水法制备 α-高强石膏的工艺条件研究 [J]. 西南科技大学学报，2016，31 (4)：33-37.
[129] 刘金凤. 工业磷石膏基 α-半水石膏的制备及其浆体性能调控研究 [D]. 绵阳：西南科技大学，2019.
[130] Jia C Y，Chen Q S，Zhou X，et al. Trace NaCl and Na_2EDTA mediated synthesis of α-calcium sulfate hemihydrate

in glycerol - water solution [J]. Industrial & Engineering Chemistry Research, 2016, 55 (34): 9189-9194.
[131] 蒋光明，赵浚雯，张贤明，等. 非电解质乙二醇水溶液脱硫石膏制备高强石膏 [J]. 重庆工商大学学报（自然科学版），2016，33（4）：15-21.
[132] Guan B H, Jiang G M, Wu Z B, et al. Preparation of α-calcium sulfate hemihydrate from calcium sulfate dihydrate in methanol-water solution under mild conditions [J]. Journal of the American Ceramic Society, 2011, 94 (10): 3261-3266.
[133] 茹晓红，马保国，黄赟. 磷石膏制高强 α 半水石膏研究进展 [J]. 新型建筑材料，2011，38（11）：15-18.
[134] 龚小梅，宾晓蓓，杨少博，等. 脱硫石膏转化为半水石膏的过程及机理 [J]. 硅酸盐通报，2015，34（9）：2491-2495.
[135] 牟国栋，马喆生，施倪承. 两种半水石膏形态特征的电子显微镜研究及其形成机理的探讨 [J]. 矿物岩石，2000，20（3）：9-13.
[136] 张巨松，郑万荣，范兆荣，等. α 半水石膏晶体生长习性的探讨 [J]. 沈阳建筑大学学报（自然科学版），2008，24（2）：261-264.
[137] 吴晓琴，杨有余，裘建军. 常压盐溶液法转化脱硫石膏制备 α-半水石膏的相变机理 [J]. 武汉科技大学学报，2011，34（1）：37-41.
[138] Yang L C, Guan B H, Wu Z B. Characterization and precipitation mechanism of α-calcium sulfate hemihydrate growing out of FGD gypsum in salt solution [J]. Science in China Series E: Technological Sciences, 2009, 52 (9): 2688-2694.
[139] Wu X Q, Tong S T, Guan B H, et al. Transformation of flue-gas-desulfurization gypsum to α-hemihydrated gypsum in salt solution at atmospheric pressure [J]. Chinese Journal of Chemical Engineering, 2011, 19 (2): 349-355.
[140] 王志，邹爱红，李国忠，等. 高强石膏材料研究最新进展 [J]. 新型建筑材料，1999（9）：47-48.
[141] 胥桂萍，童仕唐. 从 FGD 残渣中制备 α 型半水石膏结晶机理的研究 [J]. 吉林化工学院学报，2002，19（1）：9-12.
[142] 付海陆. 氯化钙溶液中亚硫酸钙和硫酸钙相变与结晶转化 [D]. 杭州：浙江大学，2013.
[143] Fu H L, Guan B H, Wu Z B. Transformation pathways from calcium sulfite to α-calcium sulfate hemihydrate in concentrated $CaCl_2$ solutions [J]. Fuel, 2015, 150: 602-608.
[144] 刘红霞，彭家惠，瞿金东. 常压盐溶液法制备 α-半水石膏转晶剂的研究 [J]. 新型建筑材料，2010，37（4）：5-8.
[145] 胥桂萍. 媒晶剂对制备 α-半水石膏的影响 [J]. 能源与环境，2008（1）：23-24.
[146] 姜洪义，曹宇. 高强石膏的制备及性能影响因素研究 [J]. 武汉理工大学学报，2006（4）：35-37.
[147] 段珍华，秦鸿根，李岗，等. 脱硫石膏制备高强 α-半水石膏的晶形改良剂与工艺参数研究 [J]. 新型建筑材料，2008（8）：1-4.
[148] Li F, Liu J L, Yang G Y, et al. Effect of pH and succinic acid on the morphology of α-calcium sulfate hemihydrate synthesized by a salt solution method [J]. Journal of Crystal Growth, 2013, 374: 31-36.
[149] 汪潇，曹博伦，金彪，等. 添加剂调控半水石膏结晶生长研究进展 [J]. 硅酸盐学报，2019：1-10.
[150] 孙蓬，王晓东. α 型半水石膏的研究与发展 [J]. 丹东纺专学报，2004，11（3）：36-40.
[151] 应翔，郭文程，肖钧，等. 不同硫酸盐对磷石膏转晶制备 α-$CaSO_4 \cdot 0.5H_2O$ 的影响 [J]. 安徽化工，2019，45（5）：43-46.
[152] 杨欢，刘芳，刘寅，等. 磷石膏常压水盐法制备高强石膏转晶剂探究 [J]. 科技资讯，2017，15（24）：102-104.
[153] 董胤喆. 常压醇盐体系由脱硫石膏制备 α-半水石膏的工艺条件研究 [D]. 合肥：合肥工业大学，2019.
[154] 赵志曼，栾扬，全思臣，等. 含辅助官能团类有机酸对磷建筑石膏晶体转晶影响研究 [J]. 建筑材料学报，2017，21（2）：1-7.
[155] 张咏青. α-半水硫酸钙的制备及其性能研究 [D]. 北京：北京化工大学，2017.
[156] 沈金水，卢都友，许仲梓. EDTA 对加压水热法制备 α-半水磷石膏的影响 [J]. 硅酸盐通报，2015，34（10）：2816-2821.
[157] Mi Y, Chen D Y, He Y L, et al. Morphology-controlled preparation of α-calcium sulfate hemihydrate from phosphogypsum by semi-liquid method [J]. Crystal Research and Technology, 2018, 53 (1): 1700162.
[158] 管青军，孙伟，余伟健，等. 苹果酸和甘油作用下 α-半水石膏晶体形貌和粒度的协同调控研究 [J]. 矿产保护与

利用，2019，39 (4)：1-8.

[159] Shen Z X，Guan B H，Fu H L，et al. Effect of potassium sodium tartrate and sodium citrate on the preparation of α-calcium sulfate hemihydrate from flue gas desulfurization gypsum in a concentrated electrolyte solution [J]. Journal of the American Ceramic Society，2009，92 (12)：2894-2899.

[160] 沈卓贤. 脱硫石膏在常压盐溶液中制备 α-半水石膏的转晶剂作用研究 [D]. 杭州：浙江大学，2008.

[161] 彭家惠，瞿金东，张建新，等. 丁二酸对 α 半水脱硫石膏晶体生长习性与晶体形貌的影响 [J]. 东南大学学报 (自然科学版)，2011，41 (6)：1307-1312.

[162] Ma B G，Lu W D，Su Y，et al. Synthesis of α-hemihydrate gypsum from cleaner phosphogypsum [J]. Journal of Cleaner Production，2018，195：396-405.

[163] 张稼祥，徐玲玲. EDTA 对脱硫石膏制备 α-半水石膏晶体生长的影响 [J]. 南京工业大学学报 (自然科学版)，2018，40 (2)：90-94.

[164] 何玉龙，陈德玉，蔡攀，等. 晶形控制剂对 α 半水石膏结晶形态的调控研究 [J]. 人工晶体学报，2016，45 (1)：192-199.

[165] Guan Q J，Tang H H，Sun W，et al. Insight into influence of glycerol on preparing α-$CaSO_4 \cdot 1/2H_2O$ from flue gas desulfurization gypsum in glycerol - water solutions with succinic acid and NaCl [J]. Industrial & Engineering Chemistry Research，2017，56 (35)：9831-9838.

[166] Guan Q J，Sun W，Hu Y H，et al. Synthesis of α-$CaSO_4 \cdot 0.5H_2O$ from flue gas desulfurization gypsum regulated by $C_4H_4O_4Na_2 \cdot 6H_2O$ and NaCl in glycerol-water solution [J]. Rsc Advances，2017，7 (44)：27807-27815.

[167] 吴传龙. 常压醇水法 α-半水石膏的形貌调控及性能研究 [D]. 绵阳：西南科技大学，2016.

[168] 刘红霞. 常压盐溶液法 α-半水脱硫石膏的制备及晶形调控研究 [D]. 重庆：重庆大学，2010.

[169] Shao D D，Zhao B，Gao L L，et al. Preparation of whitening dihydrate gypsum and short columnar α-hemihydrate gypsum with FGD gypsum [J]. Crystal Research and Technology，2017，52 (9)：1700166.

[170] Kong B，Guan B H，Yates M Z，et al. Control of α-calcium sulfate hemihydrate morphology using reverse microemulsions [J]. Langmuir，2012，28 (40)：14137-14142.

[171] 周晓东，姚传捷，邓晓清，等. 以脱硫石膏制备 α 型半水石膏晶须的研究 [J]. 武汉工程大学学报，2010，32 (11)：62-64.

[172] 张巨松，郑万荣，陈华，等. 影响 α 半水石膏粒度、形貌及强度的因素 [J]. 沈阳建筑大学学报 (自然科学版)，2006，22 (6)：930-934.

[173] 郑万荣，张巨松，杨洪永，等. 转晶剂、晶种和分散剂对 α 半水石膏晶体粒度、形貌的影响 [J]. 非金属矿，2006，29 (4)：1-4.

[174] 丁萌，李建锡，李兵兵. 磷石膏制备 α 半水石膏的试验研究 [J]. 硅酸盐通报，2013，32 (11)：2379-2384.

[175] 段正洋，李建锡，郑书瑞，等. 转晶剂对磷石膏制备 α 半水石膏影响的研究 [J]. 硅酸盐通报，2015，34 (5)：1397-1401.

[176] 岳文海，王志. α 半水石膏晶形转化剂作用机理的探讨 [J]. 武汉工业大学学报，1996 (2)：1-4.

[177] Duan Z Y，Li J X，Li T G，et al. Influence of crystal modifier on the preparation of α-hemihydrate gypsum from phosphogypsum [J]. Construction and Building Materials，2017，133：323-329.

[178] Mi Y，Chen D Y，Wang S Z. Utilization of phosphogypsum for the preparation of α-calcium sulfate hemihydrate in chloride-free solution under atmospheric pressure [J]. J. Chem. Technol. Biotechnol.，2018，93 (8)：2371-2379.

[179] 罗东燕，邱树恒，陈霏，等. 用蒸压法将磷石膏制备 α 半水石膏的研究 [J]. 新型建筑材料，2015，42 (9)：23-26.

[180] 栾扬，赵志曼，李黎山，等. 复合转晶剂对磷建筑石膏晶体转晶影响的叠加效应研究 [J]. 硅酸盐通报，2018，37 (10)：3086-3090.

[181] 邹辰阳. α-半水脱硫石膏常压盐溶液法制备工艺及调晶剂技术机理研究 [D]. 重庆：重庆大学，2011.

[182] 彭家惠，陈明凤，张建新，等. 有机酸结构对 α 半水脱硫石膏晶体形貌的影响及其调晶机理 [J]. 四川大学学报 (工程科学版)，2012，44 (1)：166-172.

[183] 彭家惠，张建新，瞿金东，等. 有机酸对 α 半水脱硫石膏晶体生长习性的影响与调晶机理 [J]. 硅酸盐学报，2011，39 (10)：1711-1718.

[184] 蒋光明. α半水石膏亚稳定特性及其在醇水溶液中的结晶规律及颗粒特性 [D]. 杭州：浙江大学，2015.
[185] 郭泰民. 工业副产石膏应用技术 [M]. 北京：中国建材工业出版社，2010.
[186] 牟国栋. 半水石膏水化过程中的物相变化研究 [J]. 硅酸盐学报，2002，30 (4)：532-536.
[187] 阮长城. 常用石膏外加剂对α-半水石膏性能影响研究 [D]. 宜昌：三峡大学，2015.
[188] 杨林. 半水磷石膏矿物学特征及胶凝性能变化行为 [D]. 贵阳：贵州大学，2016.
[189] Schmidt H，Paschke I，Freyer D，et al. Water channel structure of bassanite at high air humidity：crystal structure of $CaSO_4 \cdot 0.625H_2O$ [J]. Acta Crystallographica Section B Structural Science，2011，67 (6)：467-475.
[190] 刘伟华，杨克锐. 不同电价阳离子对α-半水石膏水化性能的影响 [J]. 新型建筑材料，2007，34 (10)：29-31.
[191] Jaffel H，Korb J，Ndobo-Epoy J，et al. Probing microstructure evolution during the hardening of gypsum by proton NMR relaxometry [J]. The Journal of Physical Chemistry B，2006，110 (14)：7385-7391.
[192] 岳文海，赵青南. 硬石膏水化硬化过程中的热力学研究 [J]. 武汉工业大学学报，1988 (3)：283-289.
[193] Boisvert J，Domenech M，Foissy A，et al. Hydration of calcium sulfate hemihydrate ($CaSO_4 \cdot 1/2H_2O$) into gypsum ($CaSO_4 \cdot 2H_2O$). The influence of the sodium poly (acrylate) /surface interaction and molecular weight [J]. Journal of Crystal Growth，2000，220 (4)：579-591.
[194] Saha A，Lee J，Pancera S M，et al. New insights into the transformation of calcium sulfate hemihydrate to gypsum using time-resolved cryogenic transmission electron microscopy [J]. Langmuir，2012，28 (30)：11182-11187.
[195] Van Driessche A E，Benning L G，Rodriguez-Blanco J D，et al. The role and implications of bassanite as a stable precursor phase to gypsum precipitation [J]. Science，2012，336 (6077)：69-72.
[196] Stawski T M，van Driessche A E S，Ossorio M，et al. Formation of calcium sulfate through the aggregation of sub-3? nanometre primary species [J]. Nature communications，2016，7 (1)：11177.
[197] Ossorio M，Stawski T，Rodríguez-Blanco J，et al. Physicochemical and additive controls on the multistep precipitation pathway of gypsum [J]. Minerals，2017，7 (8)：140.
[198] Gurgul S J，Seng G，Williams G R. A kinetic and mechanistic study into the transformation of calcium sulfate hemihydrate to dihydrate [J]. Journal of Synchrotron Radiation，2019，26 (3)：774-784.
[199] 范征宇，宋亮. 缓凝剂对半水磷石膏凝结硬化性能的影响 [J]. 哈尔滨师范大学自然科学学报，2002，18 (1)：67-71.
[200] 余海燕，石峻尧，杨久俊，等. α、β-半水石膏复合胶凝材料的性能及微观结构研究 [J]. 南阳理工学院学报，2015，7 (4)：98-102.
[201] Liu C B，Gao J M，Tang Y B，et al. Early hydration and microstructure of gypsum plaster revealed by environment scanning electron microscope [J]. Materials Letters，2019，234：49-52.
[202] 喻德高，杨新亚，杨淑珍，等. 半水石膏性能与微观结构的探讨 [J]. 武汉理工大学学报，2006，28 (5)：27-29.
[203] 叶青青. 颗粒级配对α半水石膏水化和强度的影响 [D]. 杭州：浙江大学，2010.
[204] Guan B H，Ye Q Q，Wu Z B，et al. Analysis of the relationship between particle size distribution of α-calcium sulfate hemihydrate and compressive strength of set plaster—Using grey model [J]. Powder Technology，2010，200 (3)：136-143.
[205] Ye Q Q，Guan B H，Lou W B，et al. Effect of particle size distribution on the hydration and compressive strength development of α-calcium sulfate hemihydrate paste [J]. Powder Technology，2011，207 (1-3)：208-214.
[206] Zhao H，Hu G H，Ye G B，et al. Effects of superplasticisers on hydration process，structure and properties of α-hemihydrate calcium sulfate [J]. Advances in Cement Research，2017，30 (1)：1-8.
[207] 姚明珠，李展，谢鹏，等. 聚羧酸超塑化剂改性α半水石膏的研究 [J]. 胶体与聚合物，2019，37 (3)：113-115.
[208] 彭家惠，刘先锋，张建新，等. 磷酸盐对α半水脱硫石膏凝结硬化的作用机理 [J]. 深圳大学学报 (理工版)，2014，31 (4)：388-394.
[209] Chen X，Gao J，Liu C，et al. Effect of neutralization on the setting and hardening characters of hemihydrate phosphogypsum plaster [J]. Construction and Building Materials，2018，190：53-64.
[210] 何玉龙. 磷石膏制备高强石膏及应用的研究 [D]. 绵阳：西南科技大学，2016.
[211] Hammas I，Horchani-Naifer K，Férid M. Solubility study and valorization of phosphogypsum salt solution [J]. International Journal of Mineral Processing，2013，123：87-93.
[212] 李美. 磷石膏品质的影响因素及其建材资源化研究 [D]. 重庆：重庆大学，2012.

[213] 彭家惠，万体智，汤玲，等. 磷石膏中杂质组成、形态、分布及其对性能的影响 [J]. 中国建材科技，2000 (6)：31-35.
[214] 杨显万，何蔼平，袁宝州. 高温水溶液热力学数据计算手册 [M]. 北京：冶金工业出版社，1983.
[215] 李显波，叶军建，王贤晨，等. 盐介质对磷石膏常压盐溶液法制备 α 半水石膏的影响研究 [J]. 矿产保护与利用，2017 (6)：79-86.
[216] 朱佳兵，钟辉，刘善东，等. 硫酸钙在高温盐溶液中的溶解度 [J]. 化工技术与开发，2015，44 (12)：13-14.
[217] 刘先锋，舒渝艳，魏桂芳，等. 盐溶液浓度对常压水热法制备 α-半水脱硫石膏的影响 [J]. 科学技术与工程，2012，12 (16)：3877-3879.
[218] 刘仕忠，朱家骅，周加贝，等. $(NH_4)_2SO_4$-H_2O 体系中 $CaSO_4 \cdot 2H_2O$ 溶解度的突变现象 [J]. 磷肥与复肥，2017，32 (4)：5-8.
[219] Wu X Q，He W，Guan B H，et al. Solubility of calcium sulfate dihydrate in Ca－Mg－K chloride salt solution in the range of (348.15 to 371.15) K [J]. Journal of Chemical & Engineering Data，2010，55 (6)：2100-2107.
[220] 王可苗. Ca-Mg-K-Cl-H_2O 盐溶液体系中硫酸钙的结晶过程 [D]. 武汉：武汉科技大学，2013.
[221] 王鑫，纪利俊，陈葵，等. pH 与 Ca^{2+} 浓度对磷石膏常压制备 α-半水硫酸钙的影响 [J]. 无机盐工业，2017，49 (11)：54-58.
[222] Marinkovic S，Kostic-Pulek A，Manovic V. Differential thermal analysis and gypsum binders [J]. Journal of Mining & Metallurgy，2001，37 (3-4)：77-87.
[223] 何伟，吴晓琴，刘芳. 硫酸钙在 Ca-Mg-K-Cl-H_2O 体系转化过程中溶解度研究 [J]. 环境科学与技术，2010，33 (5)：35-38.
[224] 郭会宾，张兴儒. NaCl 盐溶液制备半水石膏的工艺条件研究 [J]. 青海大学学报（自然科学版），2013，31 (2)：24-31.
[225] 唐明亮，郑海，沈裕盛，等. α 半水石膏水热法制备工艺参数对颗粒粒度特性影响探讨 [J]. 混凝土与水泥制品，2015 (7)：71-74.
[226] Glew D N，Hames D A. Gypsum，disodium pentacalcium sulfate，and anhydrite solubilities in concentrated sodium chloride solutions [J]. Canadian Journal of Chemistry，1970，48 (48)：3733-3738.
[227] Freyer D，Reck G，Bremer M，et al. Thermal behaviour and crystal structure of sodium-containing hemihydrates of calcium sulfate [J]. Monatshefte für Chemie，1999，130 (10)：1179-1193.
[228] 杨润，陈德玉，米阳，等. 常压无氯复合盐溶液磷石膏制备 α-半水石膏 [J]. 非金属矿，2019，42 (4)：1-5.
[229] Liu X F，Peng J H，Zhang J X，et al. Effect of organic diacid carbon chain length on crystal morphology of α-calcium sulfate hemihydrate in preparation from flue gas desulphurization gypsum [J]. Appl. Mech. Mater.，2012，253-255：542-545.
[230] 张秀英，迟铭巧，闫秀莹. 有机转晶剂对常压盐溶液法制备的 α-半水石膏晶体形态的影响 [J]. 金属矿山，2016 (10)：181-184.
[231] 孙亚平. 苯二羧酸异构体加合结晶分离的基础研究 [D]. 扬州：扬州大学，2015.
[232] Li X B，Zhang Q，Shen Z H，et al. L-aspartic acid：A crystal modifier for preparation of hemihydrate from phosphogypsum in $CaCl_2$ solution [J]. Journal of Crystal Growth，2019，511：48-55.
[233] Teng W，Wang J，Wu J，et al. Rapid synthesis of alpha calcium sulfate hemihydrate whiskers in glycerol-water solution by using flue-gas-desulfurization gypsum solid waste [J]. Journal of Crystal Growth，2018，496-497：24-30.
[234] Tan H，Dong F. Morphological regulation of calcium sulfate hemihydrate from phosphogypsum [J]. Materialwissenschaft und Werkstofftechnik，2017，48 (11)：1191-1196.
[235] Lu W D，Ma B G，Su Y，et al. Preparation of α-hemihydrate gypsum from phosphogypsum in recycling $CaCl_2$ solution [J]. Construction and Building Materials，2019，214：399-412.
[236] 李美，彭家惠，张欢，等. 共晶磷对石膏性能的影响及其作用机理 [J]. 四川大学学报（工程科学版），2012，44 (3)：200-204.
[237] 高英，叶荣，宋永会，等. 溶液条件对磷酸钙沉淀法回收磷的影响 [J]. 安全与环境学报，2007，7 (3)：58-62.
[238] 马保国，高超，卢文达，等. 磷基高强石膏制备中电解质溶液循环利用研究 [J]. 无机盐工业，2018，50 (3)：49-52.

[239] 许鹏云，李晶，陈洲，等. 红外光谱分析技术在浮选过程中的应用研究进展 [J]. 光谱学与光谱分析，2017，37 (8)：2389-2396.

[240] 叶军建，张覃，侯波，等. 显微-反射傅里叶变换红外光谱研究油酸钠与胶磷矿吸附机理 [J]. 光谱学与光谱分析，2018，38 (10)：3036-3040.

[241] Mandal P K，Mandal T K. Anion water in gypsum ($CaSO_4 \cdot 2H_2O$) and hemihydrate ($CaSO_4 \cdot 1/2H_2O$) [J]. Cem. Concr. Res.，2002，32 (2)：313-316.

[242] Mao J W，Jiang G M，Chen Q S，et al. Influences of citric acid on the metastability of α-calcium sulfate hemihydrate in $CaCl_2$ solution [J]. Colloid. Surface. A.，2014，443：265-271.

[243] Fu H L，Huang J S，Yin L W，et al. Retarding effect of impurities on the transformation kinetics of FGD gypsum to α-calcium sulfate hemihydrate under atmospheric and hydrothermal conditions [J]. Fuel，2017，203：445-451.

[244] 赵泽佳. 氨基酸在金属氧化物表面吸附机制及器件应用研究 [D]. 哈尔滨：哈尔滨工业大学，2014.

[245] 刘莹，何领好，宋锐. 纳米氧化锌表面修饰的研究进展 [J]. 化学通报，2007 (11)：823-828.

[246] 师奇松，梁发强. 一种新的铽发光配合物的合成、晶体结构及表征 [J]. 稀有金属材料与工程，2010，39 (7)：1202-1205.

[247] Wang W，Zhao Y L，Liu H，et al. Fabrication and mechanism of cement-based waterproof material using silicate tailings from reverse flotation [J]. Powder Technology，2017，315：422-429.

[248] Wang X S，Zhou M，Ke X，et al. Synthesis of alpha hemihydrate particles with lithium and carboxylates via the hydrothermal method [J]. Powder Technology，2017，317：293-300.

[249] Mielczarski J A，Cases J M，Alnot M，et al. XPS characterization of chalcopyrite，tetrahedrite，and tennantite surface products after different conditioning. 1. Aqueous Solution at pH 10 [J]. Langmuir，1996，12 (10)：455-479.

[250] Ikumapayi F，Makitalo M，Johansson B，et al. Recycling of process water in sulphide flotation：Effect of calcium and sulphate ions on flotation of galena [J]. Minerals Engineering，2012，39 (12)：77-88.

[251] Chang Z Y，Chen X M，Peng Y J. Understanding and improving the flotation of coals with different degrees of surface oxidation [J]. Powder Technology，2017，321：190-196.

[252] Guan Q J，Hu Y H，Tang H H，et al. Preparation of α-$CaSO_4 \cdot 1/2H_2O$ with tunable morphology from flue gas desulphurization gypsum using malic acid as modifier：A theoretical and experimental study [J]. Journal of Colloid and Interface Science，2018，530：292-301.

[253] Gao Y S，Gao Z Y，Sun W，et al. Adsorption of a novel reagent scheme on scheelite and calcite causing an effective flotation separation [J]. Journal of Colloid and Interface Science，2018，512：39-46.

[254] Jiang W，Gao Z Y，Khoso S A，et al. Selective adsorption of benzhydroxamic acid on fluorite rendering selective separation of fluorite/calcite [J]. Applied Surface Science，2018，435：752-758.

[255] Demri B，Muster D. XPS study of some calcium compounds [J]. Journal of Materials Processing Technology，1994，55 (3)：311-314.

[256] Mikhlin Y，Karacharov A，Tomashevich Y，et al. Interaction of sphalerite with potassium n-butyl xanthate and copper sulfate solutions studied by XPS of fast-frozen samples and zeta-potential measurement [J]. Vacuum，2016，125：98-105.

[257] Guan Q J，Sun W，Hu Y H，et al. Simultaneous control of particle size and morphology of α - $CaSO_4 \cdot 1/2H_2O$ with organic additives [J]. Journal of the American Ceramic Society，2019，102：2441-2449.

[258] 郑福尔，刘明华，黄金阳，等. 一种球形木质素吸附剂对 L-天门冬氨酸的吸附行为研究 [J]. 离子交换与吸附，2007，23 (5)：400-407.

[259] Jones R O，Gunnarsson O. The density functional formalism，its applications and prospects [J]. Reviews of Modern Physics，1989，61 (3)：689-746.

[260] Clark S J，Segall M D，Pickard. C J，et al. First principles methods using CASTEP [J]. Zeitschrift für Kristallographie，2005，220 (5/6)：567-570.

[261] Yang L，Cao J X，Li C Y. Enhancing the hydration reactivity of hemi-hydrate phosphogypsum through a morphology-controlled preparation technology [J]. Chinese Journal of Chemical Engineering，2016，24 (9)：1298-1305.

[262] Wu G F，Zhao C H，Guo C Q，et al. DFT study on the interaction of TiO_2 (0 0 1) surface with HCHO mole-

cules [J]. Applied Surface Science, 2018, 428: 954-963.
[263] Du Z, Zhao C H, Chen J H, et al. DFT study of the interactions of H_2O, O_2 and H_2O+O_2 with TiO_2 (1 0 1) surface [J]. Computational Materials Science, 2017, 136: 173-180.
[264] Li X B, Zhang Q, Ke B L, et al. Insight into the effect of maleic acid on the preparation of α-hemihydrate gypsum from phosphogypsum in Na_2SO_4 solution [J]. Journal of Crystal Growth, 2018, 493: 34-40.
[265] Li X B, Zhang Q. Hydration mechanism and hardening property of α-hemihydrate phosphogypsum [J]. Minerals, 2019, 9: 1-15.
[266] 潘伟，王培铭. 缓凝剂和减水剂作用于半水石膏水化硬化的研究进展 [J]. 材料导报，2011，25 (13)：91-96.
[267] 杨克锐，刘伟华，魏庆敏. 用双电层理论研究不同电价阳离子对α半水石膏水化的影响 [J]. 河北理工学院学报，2005，27 (2)：87-90.
[268] Bellotto M, Artioli G, Dalconi M C, et al. On the preparation of concentrated gypsum slurry to reuse sulfate-process TiO_2 byproduct stream [J]. Journal of Cleaner Production, 2018, 195: 1468-1475.
[269] 王颖，高鹿鸣. 氨基酸类缓凝剂对脱硫石膏水化的影响 [J]. 新型建筑材料，2017，44 (7)：21-23.
[270] 陈明凤，杜勇，彭家惠，等. 缓凝剂在磷石膏水化进程中的影响 [J]. 重庆大学学报，2010，33 (11)：77-83.
[271] Ding Y, Fang Y C, Fang H, et al. Study on the retarding mechanism and strength loss of gypsum from hydrolyzed wheat protein retarder [J]. Journal of the Korean Ceramic Society, 2015, 52 (1): 28-32.
[272] Harouaka K, Kubicki J D, Fantle M S. Effect of amino acids on the precipitation kinetics and Ca isotopic composition of gypsum [J]. Geochimica et Cosmochimica Acta, 2017, 218: 343-364.
[273] 沙作良，周玲，张广林. 真空制盐结晶过程影响因素分析 [J]. 中国井矿盐，2008，39 (4)：3-6.